Peter Karlson

Biochemie

Ein Lernprogramm

Programmiert von Johannes Zielinski
und Mitarbeitern

 Georg Thieme Verlag Stuttgart 1977

Prof. Dr. Peter Karlson
Direktor des Instituts für Physiologische Chemie
Institutsgruppe Lahnberge
Marburg/Lahn

Prof. Dr. Johannes Zielinski
Direktor des Instituts für Erziehungswissenschaften
der Rhein.-Westf. Technischen Hochschule Aachen

CIP-Kurztitelaufnahme der Deutschen Bibliothek

Karlson, Peter
Biochemie : e. Lernprogramm / programmiert von
Johannes Zielinski u. Mitarb. – Stuttgart :
Thieme, 1977.
  (Thieme-Lernprogramm)
  ISBN 3-13-494701-3

© 1977 Georg Thieme Verlag, Herdweg 63, Postfach 732, D-7000 Stuttgart 1 — Printed in Germany
Druck: Druckerei Georg Appl, Wemding

ISBN 3 13 494701 3   5 4 3 2 1 0

Vorwort

In den letzten Jahrzehnten ist die Biochemie in immer stärkerem Maße zur Grundlage der biologischen Wissenschaften und der Medizin geworden. Die bedeutenden Erfolge auf den Gebieten des Energiestoffwechsels, des Membranaufbaus und der biochemischen Genetik haben uns in den Stand gesetzt, viele Phänomene des Lebendigen auf biochemischer Grundlage zu verstehen. Die biochemischen Ursachen vieler Krankheiten sind zumindest in den Grundzügen erkannt. So ist denn heute eine gründliche Kenntnis der Biochemie für den Mediziner wie für den Biologen eine Notwendigkeit.

Um den Studierenden der Medizin und der Biologie das erste Eindringen in die Biochemie zu erleichtern, haben wir diese „Programmierte Unterweisung" geschrieben. Die programmierte Unterweisung ist eine moderne Methode der Präsentation von Lernstoffen, eine Methode, die es dem Lernenden erlaubt, in gründlicher, sicherer und hochwirksamer Weise selbst schwierige Lernstoffe in einer angemessenen Zeit zu bewältigen. Das Verfahren erscheint auf den ersten Blick relativ einfach: der Stoff wird in kleine Portionen — Lernelemente — aufgeteilt; in diesen der Menge und dem Umfang nach stets überschaubaren Lerneinheiten werden durch eine bestimmte Strategie des Vorgehens die wesentlichen Tatsachen und wichtige Zusammenhänge durch informatorische Vorgaben und überprüfende Aufgaben herausgehoben, so daß der Lernende sie sich schnell einprägen kann. Dies setzt jedoch voraus, daß der Benutzer eines Lernprogrammes nicht (wie mancher Leser) den Text überfliegt, sondern sich intensiv damit befaßt, wobei es sehr darauf ankommt, daß er den methodischen Intentionen der Autoren folgt und daraus seinen Lerngewinn zieht.

Bisher erschienene Lernprogramme stellten gleichzeitig Lehrbücher dar. In der vorliegenden programmierten Unterweisung BIOCHEMIE wird — unseres Wissens erstmalig für das Fach Biochemie — der Versuch unternommen, die Vorzüge eines Lehrbuches (seine Überschaubarkeit, seinen fachwissenschaftlich-systematischen Aufbau, die Vollständigkeit der informationellen Darbietung usf.) mit den Vorzügen eines Lernprogramms (seine hohe Lernwirksamkeit, seine Steuerung der Lernaktivität, sein permanenter Aufgabencharakter usf.) in einen Verbund zu bringen und mit Hilfe des Lernprogrammes das Lerngeschehen auf der Seite des Benutzers so zu regeln und anzuregen, daß die Vorzüge sich summieren.

In der vorliegenden programmierten Unterweisung wurde bewußt — dies sei nochmals betont — das Wesentliche aus dem umfangreichen Stoffgebiet der Biochemie herausgehoben. Dem Studierenden, dem fortgeschrittenen Lerner, dem um seine Fortbildung Bemühten und Interessierten ist damit ein Weg gewiesen, der ihn, wird er konsequent durchlaufen, mit den Wissensgrundlagen dieses Faches vertraut macht, so daß er das „konventionelle" Lehrbuch als eine zweite Informationsschiene mit Gewinn frequentieren kann.

Das „Kurze Lehrbuch der Biochemie", nunmehr bereits in der 9. Auflage, enthält noch zahlreiche weiterführende Fachaussagen, die in die programmierte Unterweisung nicht aufgenommen wurden; mit der Auswahl, die P. Karlson besorgte, ist gleichzeitig eine Gewichtung des Lehr- und Lernstoffes vorgenommen worden.

Die Formalisierung des Lernprogrammes wurde in der Phase der Rohprogrammierung von Herrn Dr. med. Werner Daniel (Hannover) ausgeführt. Eine erste Überarbeitung auf der Grundlage gutachterlicher Stellungnahmen und Erprobungsdaten leistete Herr Studienrat Hans-Josef Bernhard (Wittlich). Beiden Herren sowie einer Reihe weiterer Mitarbeiterinnen und Mitarbeiter, die an der Erstellung der programmierten Unterweisung mitgewirkt haben, sei hier unter besonderer Würdigung ihres Einsatzes herzlich gedankt. Für die endgültige Programmfassung zeichnete Johannes Zielinski verantwortlich.

Wir hoffen, daß dieser programmierten Unterweisung ein ähnlich guter Erfolg beschieden ist, wie dem Lehrbuch selbst, und daß dieses Lernprogramm den Studenten, die programmiert lernen wollen, eine wesentliche Hilfe sein möge.

Peter Karlson, Marburg
Johannes Zielinski, Aachen

Marburg, März 1977

Wie man erfolgreich mit einem Lernprogramm arbeitet

Ein Lernprogramm ist nach der Methode der programmierten Unterweisung gestaltet. Das augenfällige Charakteristikum dieser Lernmethode besteht darin, daß der Stoff in kleine, unschwer zu bewältigende Einheiten aufgegliedert und angeordnet ist: in Lernelemente. Die Lernelemente sind numeriert. Sie werden in der Reihenfolge ihrer Numerierung durchgearbeitet.

Um einen möglichst hohen Lernerfolg zu erzielen, ist es unerläßlich, folgende Hinweise zu beachten:

1. Jedes Lernelement ist in der Regel so aufgebaut, daß auf eine Information eine Aufgabe folgt, deren Lösung dem Lernenden Auskunft darüber gibt, ob bzw. inwieweit er den vorgetragenen Lernstoff beherrscht.

2. Damit der Lernende Sicherheit darüber gewinnen kann, daß seine Lösung richtig und vollständig ist, enthält das vorliegende Lernprogramm im Antwortenteil die entsprechenden Muster-Lösungen. Solange der Lernende ein Lernelement durcharbeitet, sollte er in diesen Lösungsteil nicht einsehen. Der sorgfältige Antwortvergleich — eine Art ständiger Selbstkontrolle — stellt sicher, daß nur das Richtige gelernt wird.

3. Bemerkt der Lernende, daß zwischen seiner Lösung und der im Lernprogramm vorgegebenen Muster-Lösung Unstimmigkeiten herrschen, so darf er die vorgedruckte Lösung nicht einfach übernehmen, sondern er sollte sich fragen, wie es zu diesem Widerspruch (seinem Fehler oder seiner Ungenauigkeit) gekommen ist. Nur wer sich diszipliniert dieser Überprüfung unterzieht, wird mit hohem Gewinn an einem Lernprogramm arbeiten.

4. Nach jedem Kapitel ist eine Erfolgskontrolle vorgesehen. Sie faßt in Aufgabenform noch einmal die wichtigen Erkenntnisse des Kapitels zusammen. An Hand der Erfolgskontrolle kann der Lerner seinen tatsächlich erzielten Lernerfolg überprüfen. Die Erfolgskontrollen sind darüber hinaus für die Nacharbeit, die Wiederholung gewisser Stoffteile sowie vor allem für die Examensvorbereitung geeignet.

Der programmierten Unterweisung wird zuweilen der Vorwurf gemacht, daß sie den raschen und um eine schnelle Information bemühten Lerner in seinem Lerntempo bremse. Ganz abgesehen davon, daß der für das Stoffgebiet BIOCHEMIE geschaffene Verbund von Lehrbuch und Lernprogramm diesen Lernern auf der Schiene des Lehrbuches die Möglichkeit offen hält, in gewohnter Weise rasch voranzukommen, darf jenem kritischen Einwand mit dem Argument begegnet werden, daß kaum eine andere Methode besser geeignet ist, ein *gründliches* und *nachhaltig wirkendes* Lernen zu provozieren, als die programmierte Unterweisung.

Prof. Dr. Johannes Zielinski

Inhaltsverzeichnis

Lektion	Fragenteil	Antwortenteil

Fragenteil

Lernelemente und Erfolgskontrollen

Lektion 1:
Organische Chemie und Biochemie

Lernelemente

1 Die Biochemie kann als Bestandteil der organischen Chemie angesehen werden. Beide beschäftigen sich mit den _____ -Verbindungen.

Im folgenden werden wir einen kurzen Abriß einiger wichtiger Stoffklassen und Reaktionen aus dem Bereich der organischen Chemie geben, die für die Biochemie von besonderer Bedeutung sind.

> ▷ Lesen Sie bitte zunächst Kapitel 1, Abschnitt 1 auf Seite 3ff LB (Kurzes Lehrbuch der Biochemie für Mediziner und Naturwissenschaftler von Peter Karlson, 9. neubearbeitete Auflage, Georg Thieme Verlag Stuttgart, 1974).

---

2 Die für die Biochemie wichtigen carbocyclischen und heterocyclischen Verbindungen sind in der Tabelle 1-1 (S. 4 LB) dargestellt.
Demnach heißt

ein gesättigtes Ringsystem aus 5 Gliedern und einem Sauerstoffatom als Heteroatom:
_____ ;

ein (6 + 5) ungesättigtes Ringsystem mit einem N-Atom im 5-Ring: _____ .

---

3   ▷ Lesen Sie nun im Lehrbuch den Abschnitt „Funktionelle Gruppen", Seite 5.

Lösen Sie bitte folgende Aufgabe:
Ordnen Sie die nachstehenden funktionellen Gruppen in das angegebene Schema ein.

	O-Funktionen		N-Funktionen	
	in Formel-schreibweise	Bezeichnung der Gruppe	in Formel-schreibweise	Bezeichnung der Gruppe
Einwertige				
Zweiwertige				
Dreiwertige				

---

4 Befindet sich eine OH-Gruppe in einer Kohlenstoffverbindung, so bezeichnet man diese Verbindung als *Alkohol*.

→

Die allgemeine Formel lautet:

---

5 Sind die Substituenten R_1, R_2 und R_3 kein Wasserstoff, so handelt es sich um einen „tertiären"
Alkohol.
Ein „sekundärer" bzw. „primärer" Alkohol behält ein bzw. zwei H-Atome an dem Kohlenstoff,
der die OH-Bindung trägt.

Schreiben Sie bitte die allgemeine Formel für primäre und sekundäre Alkohole auf:

_____   _____

primäre Alkohole   sekundäre Alkohole

---

6 Die Alkohole bilden eine Reihe von Derivaten (abgeleitete Verbindungen).

Die Esterbildung:

Alkohol + Säure $\rightleftharpoons$ Ester + Wasser
    (Carbonsäure)
    (Phosphorsäure)

Die Esterbildung ist eine _____ , da die Endkonzentration von
beiden Seiten erreicht werden kann.

Die Ätherbildung:

Zwischen zwei Molekülen Alkohol entsteht durch Wasserabspaltung Äther.

$$R^1{-}CH_2{-}OH \quad + \quad HO{-}\overset{\displaystyle R^2}{\underset{\displaystyle R^3}{CH}} \quad \longrightarrow \qquad\qquad + \quad H_2O$$

Die Dehydrierung der Alkoholgruppen zur Carbonylverbindung:

Unter Dehydrierung versteht man die Abspaltung von _____ -Atomen.

a) Bei der Dehydrierung eines primären Alkohols entsteht ein Aldehyd.

b) Bei der Dehydrierung eines _____ Alkohols

(z.B. $R^1{-}\overset{\displaystyle R^2}{\underset{\displaystyle H}{C}}{-}OH$) entsteht ein Keton.

Tertiäre Alkohole (lassen sich / lassen sich nicht) _____ ohne Zerstörung
des Kohlenstoffskeletts dehydrieren.

Antwortenvergleiche auf S. A2

7   ▷ Lesen Sie bitte im LB den Abschnitt „Amine", S. 6f.

Verbindet sich das C-Atom *nicht* mit einer Hydroxyl-Gruppe, wie wir dies bei den
_____ gesehen haben, sondern mit einer Aminogruppe _____, so entsteht ein
_____ .

Im Gegensatz zur Nomenklatur der Alkohole richtet sich die Bezeichnung primär, sekundär
und tertiär nach den Alkylgruppen am Ammoniak-Atom.

Demnach müssen die Formeln lauten:

primäres Amin: sekundäres Amin: tertiäres Amin:

Eine besondere Verbindung ist noch das quartäre Ammoniumsalz

$$R^1 - \overset{\overset{\displaystyle R^2}{|}}{\underset{\underset{\displaystyle R^4}{|}}{N^\oplus}} - R^3$$

quartäres Ammoniumsalz

Hierbei trägt das N-Atom eine

— positive Ladung   ☐
— negative Ladung   ☐

8   Wie Sie wissen, entstehen durch _____ von primären Alkoholen Aldehyde und von sekundären Alkoholen Ketone.

Nennen Sie bitte nochmals die allgemeine Formel für

— Aldehyde: — Ketone:

Dehydriert man ein primäres Amin, so entsteht ein Produkt, das zur Substanzgruppe der
Imine gehört.

Die funktionelle Gruppe der Imine ist die $=$NH-Gruppe, die _____ .

9   ▷ Lesen Sie jetzt bitte im LB die Abschnitte „Phenole" und „Carbonsäuren", S. 9ff.,
durch.

Die Phenole sind eine Substanzgruppe, in der eine _____-Gruppe direkt am aromatischen
Ring steht.

Demnach hat der einfachste Vertreter der Gruppe, das Phenol, folgende Formel:

10   Phenole sind aufgrund der mesomeren Formeln (starke / schwache) _____
(Säuren / Basen) _____ .

Darüber hinaus kann die phenolische OH-Gruppe selbstverständlich Äther und Ester bilden.
Sie ähnelt darin einer uns schon bekannten Substanzklasse, den _____ .

---

11   Die funktionelle Gruppe der Carbonsäuren ist die _____-Gruppe mit der Formel:

Wie alle Säuren, so dissoziieren auch die Carbonsäuren in wäßriger Lösung in _____
(genauer $H_3O^{\oplus}$-Ionen) und das Säureanion

R—

Am Carbonsäureanion herrscht Mesomerie.

---

12   Beim physiologischen pH (7,4) liegen die meisten organischen Säuren als Anionen vor, d.h.
die Carbonsäuren sind (dissoziiert/undissoziiert) _____ und bilden Salze.

Arbeitshinweis: Schreiben Sie die Formeln aller Carbonsäuren aus Übungsgründen mindestens
einmal nieder. Benutzen Sie dazu LB, Tabelle 1—2 (S. 10).

---

13   Ihnen wird folgende Aufgabe gestellt:
Beurteilen Sie (in Kenntnis der Tabelle 1—2) die Monocarbonsäuren von der Ameisensäure bis
zur Isovaleriansäure und die Dicarbonsäuren von der Oxalsäure bis zur Bernsteinsäure und der
Glutarsäure.

Um die Aufgabe zu lösen, ist folgende Frage zu beantworten:
Durch welches gemeinsame Bauprinzip unterscheiden sich die Säuren von der jeweils nächst
tieferstehenden in der gleichen Spalte?

---

14   Machen Sie sich aus der Tabelle 1—2 mit den Namen der Salze vertraut.

Zur Übung:
Tartrat ist das _____ der _____ .

---

15   **Eine kleine Übung**
Sie erinnern sich an das Bauprinzip der auf S. 10 angegebenen Dicarbonsäuren, das in der
jeweiligen Zunahme um eine _____-Gruppe bestand.   →

Antwortenvergleiche auf S. A2/A3

Ergänzen Sie bitte die _____-Formeln. Achten Sie gleichzeitig auf die Namen der in Klammer stehenden zugehörigen Salze.

HOOC—COOH	HOOC—_____—COOH	HOOC—_____ —_____—COOH
Oxalsäure	_____	Bernsteinsäure
Salz:		
[_____]	[Malonat]	[_____]

HOOC—_____ —_____ —_____—COOH

_____

[Glutarat]

---

16 Wie heißen die Salze folgender Hydroxy- bzw. Ketosäuren?

Carbonsäure	*Salz*
Milchsäure	_____
Brenztraubensäure	_____
Glycerinsäure	_____
Äpfelsäure	_____

---

17 Wie wir bereits erfahren haben, liegen die Carbonsäuren in den Zellen und Körperflüssigkeiten, also bei einem physiologischen pH zum größten Teil dissoziiert vor.

Drücken Sie diesen Vorgang durch die Dissoziationsgleichung aus.

R—_____ $\rightleftarrows$ _____ + _____

Carbonsäure $\rightleftarrows$ Carbonsäureanion + _____

---

18 Wir wenden das Massenwirkungsgesetz auf die Dissoziationsgleichung an.

Allgemein gilt:

$$\frac{[\text{Carbonsäureanion}^{\ominus}] \cdot [\text{Proton}^{\oplus}]}{[\text{undissoziierte Carbonsäure}]} = K \text{ (konstant)}$$

[ ] bedeutet Konzentration

Demnach muß die Gleichung der im LE 17 benutzten Formel lauten:

---

19 ▷ Lesen Sie nun im LB Abschnitt „Dissoziation der Carbonsäuren" von S. 10 bis zum Ende des dritten Absatzes auf S. 11.   →

Die $H^{\oplus}$-Ionenkonzentration kann man durch den pH-Wert ausdrücken. Der pH-Wert ist eine Meßzahl, die als negativer dekadischer Logarithmus der $H^{\oplus}$-Konzentration definiert ist.

Vervollständigen Sie bitte folgende Definitionsgleichung:

$$pH = -\underline{\hspace{3cm}}$$

---

20   Wenden wir das Gelernte auf das Massenwirkungsgesetz an.

$[Ac^{\ominus}] \triangleq$ Konzentration des Carbonsäureanions
$[HAc] \triangleq$ Konzentration der undissoziierten Carbonsäure

Wir können nun schreiben:

$$\frac{[Ac^{\ominus}]}{[HAc]} \cdot [H^{\oplus}] = K$$

Ist nun $[Ac^{\ominus}]$ gleich $[HAc]$, dann entspricht der Wert für $[H^{\oplus}]$ dem Wert ___. Setzt man für $[H^{\oplus}]$ den ___-Wert ein, so ist es zweckmäßig, den negativen dekadischen Wert von K einzuführen, der als pK-Wert definiert ist.

---

21   Schreiben Sie jetzt bitte das Massenwirkungsgesetz

$$\log \frac{[Ac^{\ominus}]}{[HAc]} + \log [H^{\oplus}] = \log K$$

unter Verwendung von pH und pK:

$$-pH = -pK$$

Für die Berechnung von pH ergibt sich nun die Henderson-Hasselbalchsche Gleichung:

$$\boxed{pH = }$$

Die Henderson-Hasselbalchsche Gleichung ist für die Berechnung des pH-Wertes verschiedener Gemische aus Salz- und Säurekonzentrationen (= Puffer) von entscheidender Bedeutung.

---

22   ▷ Bevor Sie weiterarbeiten, lesen Sie im LB den Abschnitt „Dissoziation der Carbonsäuren" zu Ende (S. 11).

Puffer mildern ___-Änderungen, die auf Zusatz von Säuren und/oder Basen entstehen.

Wird einem Puffergemisch Säure zugesetzt, so erhöht sich momentan die ___-Konzentration. Damit ist das Gleichgewicht gestört. Es stellt sich dadurch wieder ein, daß $H^{\oplus}$ und $Ac^{\ominus}$ zu HAc zusammentreten, bis die durch das Massenwirkungsgesetz geforderten Konzentrationen erreicht sind.

⇨ Antwortenvergleiche auf S. A3/A4

23 Der größte Teil der _____-Ionen verschwindet, und der pH-Wert ändert sich (stark / wenig) _____ .

Die Pufferkapazität ist erschöpft, wenn zuviel _____ zugesetzt wurde.

---

24 Als Puffergemisch eignen sich am besten (schwache/starke) _____ Säuren oder Basen im Gemisch mit ihren _____ .
Die höchste Pufferkapazität besteht im Bereich des ____-Wertes (vgl. Massenwirkungsgesetz).
Nennen Sie bitte drei wichtige Puffer für das biochemische Arbeiten:

_____

_____

_____

---

25 ▷ Lesen Sie nunmehr im LB den Abschnitt „Isomerien'', S. 13ff.

Unter Isomerie versteht man Verbindungen gleicher Summenformel, aber unterschiedlicher Strukturformel.
Isomere Verbindungen unterscheiden sich in ihren _____ und _____ Eigenschaften.

---

26 Man unterscheidet bei den _____ Isomeren cis- und trans-Verbindungen je nach Lage zur Molekülebene.

In den _____-Verbindungen liegen die angelagerten Molekülgruppen (z.B. COOH-Gruppen) auf derselben Seite der Molekülebene; in den trans-Verbindungen liegen sie auf der entgegengesetzten Seite.

Die _____- und _____-Verbindungen sind demnach _____ Isomere, die sich in der Lage ihrer spezifischen Molekülgruppe zur Molekülebene unterscheiden.

---

27 Entscheiden Sie, ob bei den folgenden Formeln eine wirkliche Isomerie besteht. Begründen Sie Ihre Meinung.

```
        H                    H
        |                    |
  H—C—COOH          HOOC—C—H
        |                    |
  H—C—COOH            H—C—COOH
        |                    |
        H                    H
```

_____

_____

_____

_____

---

28   ▷ Lesen Sie den Abschnitt Spiegelbildisomerie im LB, S. 14/15 so aufmerksam durch, daß Sie eine räumliche Vorstellung gewinnen.

Spiegelbildisomerie, auch _____ genannt, tritt bei asymmetrischen Molekülen auf.

Ein asymmetrisches C-Atom liegt vor, wenn vier *verschiedene* Substituenten vorhanden sind.

Zur Darstellung solcher Formeln wählt man die Fischersche Projektionsformel.

Als Beispiel der Spiegelbildisomerie sei hier die Schreibweise für das L-Serin angegeben:

$$
\begin{array}{c}
COOH \\
| \\
H_2N-C-H \\
| \\
H_2C-OH
\end{array}
$$

Die Aminogruppe steht links, wenn die COOH-Gruppe in der Schreibweise oben angegeben wird.

Wir werden auf die Schreibweise noch häufig zurückkommen.

---

29   ▷ Lesen Sie jetzt bitte den Abschnitt 5 ,,Biochemisch wichtige Reaktionen'', S. 18, genau durch.

Die Biochemie kennt weit weniger Reaktionstypen, als der Chemiker sie bei seinen Synthesen verwendet; dafür ist die Spezifität außerordentlich groß.

In der Biochemie überwiegt das Prinzip der _____ .

Im lebenden Organismus haben folgende Reaktionstypen größere Bedeutung:

— Bildung und Spaltung zusammengesetzter Verbindungen;
— Dehydrierung und Hydrierung;
— Lösung und Knüpfung von C—C-Bindungen;
— Abspaltung von Wasser (oder Ammoniak) unter Ausbildung von Doppelbindungen;
— Anlagerung von Wasser an Doppelbindungen.

Kleine Erfolgskontrolle

30   Wie heißen die Salze der folgenden Hydroxy- bzw. Keto-(Oxo)-carbonsäuren?

Carbonsäuren	*Salze*
Milchsäure	_____
Brenztraubensäure	_____
Glycerinsäure	_____
Äpfelsäure	_____
Weinsäure	_____

▷ Antwortenvergleiche auf S. A4/A5

31   Wir haben jetzt die Säuren und Salze, die in der Tabelle 1—2 auf S. 10 des LB angegeben sind, besprochen. Lesen Sie diese Tabelle im LB nochmals aufmerksam durch. Lösen Sie dann bitte folgende Aufgabe:

Welche sind die zu den angegebenen Salzen gehörigen Carbonsäuren? Geben Sie Formeln und Namen der Carbonsäuren an.

Salze	*Carbonsäure-Namen*	*Carbonsäure-Formeln*
Acetat	_____	_____
Butyrat	_____	_____
Malonat	_____	_____
Succinat	_____	_____
Oxalat	_____	_____

Lektion 2:
Aminosäuren

Lernelemente

1 ▷ Lesen Sie bitte im LB zunächst den Vorspann zu Kapitel 2 und vom Abschnitt 1 die ersten drei Absätze.

Aminosäuren besitzen — wie bereits der Name sagt — zwei charakteristische Gruppen:

     — die Amino-Gruppe   ————

     — die Carboxy-Gruppe ————

In den im Eiweiß vorkommenden Aminosäuren steht die Amino-Gruppe stets in α-Stellung zur Carboxy-Gruppe, d.h. also an dem der COOH-Gruppe benachbarten C-Atom.

Bitte vervollständigen Sie den nachstehenden Ansatz zur allgemeinen Formel einer Aminosäure:

$$
\begin{array}{c}
\text{O} \\
\| \\
\text{C} \\
| \\
\text{C--H} \\
| \\
\text{R}
\end{array}
$$

---

2 Wie Sie sicher noch aus der Lektion 1 in Erinnerung haben, war die Voraussetzung für eine Spiegelbildisomerie und damit für das Auftreten von D- und L-Konfiguration ein (symmetrisches/asymmetrisches) _____ Molekül.

Der einfachste Vertreter der Aminosäuren, das Glykokoll oder Glycin, Formel:
_____ $-CH_2-$ _____ , (kann deshalb/kann deshalb nicht) _____ Spiegelbildisomerie zeigen.

---

3 Wie jede Säure-Gruppe kann die Carboxy-Gruppe nach folgendem Schema $H^{\oplus}$-Ionen abdissoziieren:

    $R-COOH$ _____ $+$ _____

Ebenso kann die basische Amino-Gruppe _____-Ionen aufnehmen.
Sie kennen bereits als Analogie zu diesem Vorgang die Ammoniumsalzbildung:

    $NH_3 +$ _____   _____

▷ Bitte lesen Sie jetzt den Abschnitt „Zwitterionen-Formeln".

↴ Antwortenvergleiche auf S. A6

4 In wäßriger Lösung liegen die Aminosäuren in einer Form, in der sowohl die Carboxy-Gruppe als auch die Amino-Gruppe dissoziiert sind. Diese Form bezeichnet man als Zwitterion.

Vervollständigen Sie die Zwitterionenformel einer allgemeinen Aminosäure.

$$\begin{array}{c} COO^{\ominus} \\ | \\ -C-H \\ | \\ R \end{array}$$

Zwitterionenformel

---

5 Ein einzelnes Aminosäure-Molekül kommt in wäßriger Lösung in ungeladener Form *nicht* vor. Es tritt nur in einer der drei (geladenen/ungeladenen) _____ Formen auf.

Geben Sie die drei Möglichkeiten an, in denen ein Aminosäuremolekül in wäßriger Lösung vorliegen kann.

I.	II.	III.

---

6 In einer Aminosäure-Lösung, die eine große Zahl von Molekülen enthält, stellt sich ein Gemisch von I, II und III ein.

Welche Form überwiegt, hängt einerseits von den Dissoziationskonstanten der Carboxy- und Amino-Gruppe ab.

Andererseits hängt die Zusammensetzung des Gemisches von dem _____ der Lösung ab.

Der Dissoziation der sauren und basischen Gruppen der Aminosäuren liegt ebenso wie der von schwachen Säuren und Basen das _____ zugrunde.

Der pK-Wert der Carboxy-Gruppe liegt bei _____ — _____. Der pK-Wert der Amino-Gruppe liegt bei _____ — _____.

---

7 Den pH-Wert, bei dem die Aminosäuren ganz überwiegend in der Zwitterionenform — bei geringen, aber genau gleichen Mengen der beiden anderen geladenen Formen — vorliegt, bezeichnet man als _____ Punkt.

An diesem _____ Punkt besteht keine Pufferwirkung, da überwiegend eine Form der Aminosäure, nämlich die _____, mit einer _____ und einer _____ Ladung vorliegt.

---

8   ▷ Lesen Sie jetzt den Abschnitt 2. „Die einzelnen Aminosäuren" im LB, S. 23ff.

Die Aminosäuren kann man in 4 Gruppen einteilen:

Gruppe I:
Aminosäuren mit unpolarem Rest R, d.h. mit einer reinen Kohlenwasserstoff-Seitenkette.

Geben Sie die Formeln des Molekülteils an, der allen Aminosäuren gemeinsam ist. Kennzeichnen Sie sodann den unterschiedlichen Molekülteil mit dem Buchstaben R. (Vgl. Tabelle 2—2)

Demnach haben alle Aminosäuren ein gemeinsames Bauprinzip. Der einfachste Vertreter der Gruppe I, also der Aminosäuren, die einen unpolaren Rest haben, ist das _____
oder _____ (abgekürzt: Gly).
Glycin trägt als Rest R ein Wasserstoffatom, weist deshalb (kein/ein) _____ asymmetrisches C-Atom auf. Demnach besitzt es (keine/eine) _____ Spiegelbildisomerie.

Schreiben Sie die Formel von Glycin:

9   Alanin (Ala) trägt als Rest R eine _____.
Die Restgruppe von Valin hat folgendes Aussehen: von Leucin:

↳ Antwortenvergleiche auf S. A6/A7

10   Betrachten wir das L-Valin, das folgendes Aussehen hat:

$COO^\ominus$

Vervollständigen Sie die Formel und trennen Sie durch einen Kreis um den Molekül-Rest die Gruppe R vom Aminosäure-Stamm.

Erweitert man den Rest R des L-Valins vor der Verzweigung der Kette um ein CH_2-Glied, so erhält man das _____ (abgekürzt: _____).

---

11   Bei der Aminosäure Prolin (abgek. _____) tritt in der Seitenkette ein Ringschluß auf. Das Kohlenstoffgerüst von L-Prolin sieht folgendermaßen aus:

$COO^\ominus$ oder

N

Tragen Sie in die unvollständige Formel die fehlenden Wasserstoffatome und Ladungen ein.

Überlegen Sie, welche der Ihnen bekannten Aminosäuren ebensoviele C-Atome hat wie das L-Prolin. Es ist das _____.

---

12   Der Ring des L-Prolins besteht aus (4/5/6) ____ C-Atomen und einem ____-Atom. L-Prolin hat demnach einen (4/5/6) ____-Ring.

Die nächste Aminosäure dieser Gruppe ist das L-Phenylalanin. Welches Aussehen müßte — aus dem Namen abgeleitet — das L-Phenylalanin haben?

---

13   Zum Einprägen:
Die wichtigsten Aminosäuren mit _____ Rest der Gruppe I lauten in Kurzform:

Gly, _____, _____, _____, _____, _____, _____.

---

14   Die *Gruppe II* der Aminosäuren besitzt in den Seitenketten nicht ionisierte, aber polar wirkende Gruppen wie ____, ____, $\overset{O}{\overset{\|}{C}}$ NH   sowie einige Heterocyclen.

→

Der einfachste Vertreter der Gruppe II ist die Aminosäure Serin (abgek. _____).
Serin erhält man durch Substitution eines Wasserstoffatoms der Methylgruppe des Alanins mit einer OH-Gruppe.

L-Serin hat folgende Formel:

Ersetzt man die OH-Gruppe durch eine SH-Gruppe, so erhält man die Aminosäure
L-_____ (abgek. _____).
Wird im L-Serin ein H-Atom der CH_2-Gruppe durch eine Methylgruppe ersetzt, so erhalten wir das L-_____ (abgek. Thr).

Die Formel für L-Threonin muß lauten:

---

15 Wir erwähnten, daß in der Gruppe II die Aminosäuren mit _____ _____,
aber _____ wirkenden Gruppen in der Seitenkette zusammengefaßt werden.

Geben Sie bitte die jeweils charakteristische Gruppe der Seitenkette an.

　　　　　L-Serin　　　　_____-Gruppe

　　　　　L-Threonin　　 _____-Gruppe

　　　　　L-Cystein　　　_____-Gruppe

Welche Aminosäuren gehören ebenfalls der Gruppe II an? Geben Sie dazu 3 Beispiele an.

　　　　　z.B.　　_____

　　　　　　　　_____

　　　　　　　　_____

Vergleichen Sie Ihre Angaben zudem mit dem LB.

Antwortenvergleiche auf S. A7

16   Zur Gruppe III der Aminosäuren gehören die sauren Aminosäuren, also Aminosäuren, die eine zweite _____-Gruppe im Rest R des Moleküls tragen. Die wichtigsten Vertreter dieser Gruppe sind die L-Glutaminsäure (abgek. Glu) und die L-Asparaginsäure (abgek. Asp). Machen Sie sich mit den Formeln der beiden Aminosäuren in der Tabelle 2—2 vertraut.

---

17   Zur *Gruppe IV* der Aminosäuren gehören die basischen Aminosäuren, also Aminosäuren, die eine zusätzliche basische Gruppe im Molekül tragen. Sie werden auch als _____-monocarbonsäuren bezeichnet.

Verdeutlichen Sie sich die Unterschiede in den Formeln der drei Aminosäuren

L-Lysin   (Lys)
L-Arginin   (Arg)
L-Histidin   (His)

gem. Tabelle 2—2 des LB.

---

18   L-Lysin, der erste Vertreter der Gruppe IV, die Aminosäuren mit einer _____ Gruppe in der Seitenkette umfaßt, hat _____ C-Atome wie ebenfalls L-Arginin und L-Histidin.

L-Lysin hat neben der allen Aminosäuren eigenen Aminogruppe in α-Stellung eine zweite Amino-Gruppe in _____-Stellung.

Die Ladungsverteilung hängt vom pH-Wert ab. Bei pH 9 tragen die Carboxy-Gruppen eine negative Ladung und die Amino-Gruppe der _____-Stellung eine positive Ladung.

Das L-Lysin bei pH 5 hat folgendes Aussehen:

---

19   Arginin trägt eine Guanidino-Gruppe in _____-Stellung. Guanidin hat die Formel

$$\begin{array}{c} H_2N \\ \diagdown \\ C{=}NH \\ \diagup \\ H_2N \end{array}$$

→

Im Arginin ist das Guanidin mit einer NH_2-Gruppe an das ____-C-Atom angeschlossen. Die an der Doppelbindung stehende $=NH$-Gruppe erhält das Proton. Demnach lautet die Formel für L-Arginin:

---

20   Histidin trägt den Imidazol-Ring im Molekül.
Das Imidazol mit seinen 3 C-Atomen wird in β-Stellung angelagert.
Demnach hat das L-Histidin folgendes Aussehen:

Vervollständigen Sie bitte die Zeichnung.

---

21   Wir fassen zusammen.

Nennen Sie bitte die Charakteristika der 4 Aminosäure-Gruppen.

	Charakteristikum	*Beispiele*
Gruppe I	_____	1. _____
		2. _____
Gruppe II	_____	1. _____
	_____	2. _____ →
	_____	

▷   Antwortenvergleiche auf S. A8

Gruppe III   _____   1. _____

                _____   2. _____

Gruppe IV   _____   1. _____

                _____   2. _____

Kontrollieren Sie die von Ihnen aufgeführten Beispiele anhand der Tabelle 2—2 im LB.

---

22 Geben Sie die Formeln folgender Aminosäuren an.
Kennzeichnen Sie durch römische Ziffern, zu welcher Gruppe die jeweilige Aminosäure gehört.

L-Methionin (Met)

____

L-Leucin (Leu)

____

L-Prolin (Pro)

____

L-Serin (Ser)

____

---

23   ▷ Lesen Sie bitte jetzt im LB den Abschnitt 3 „Trennung von Aminosäuren".

Um herauszufinden, aus welchen Bausteinen sich Proteine zusammensetzen, unterzieht man das Protein einer _____, indem man es längere Zeit mit 6n-HCl kocht.

Durch diesen Vorgang werden die _____, aus denen die Proteine bestehen, in Freiheit gesetzt.

24 Das Proteinhydrolysat besteht zunächst aus einem Gemisch von Aminosäuren. Um ein Protein genau identifizieren zu können, ist es notwendig, die Menge und die Art der in ihm vorhandenen Aminosäuren zu wissen. Man muß das Aminosäuregemisch zu diesem Zweck in seine Bestandteile auftrennen. Dieser Vorgang ist sehr schwierig, da Aminosäuren die gleichen funktionellen Gruppen, nämlich die _____-Gruppe und die _____-Gruppe tragen und damit zunächst (sehr ähnlich/nicht ähnlich) _____ sind.

25 Eine Methode, die vor allem zur Identifizierung der Aminosäuren, also zur (quantitativen/qualitativen) _____ Analyse verwendet wird, ist die Papierchromatographie. Die Papierchromatographie ist in der Lage, noch sehr kleine Mengen (bis unter $5\,\mu g$) nachweisen zu können.

26 Statt der Papierchromatographie eignet sich vorzüglich zur _____ Bestimmung der Aminosäuren die *Ionenaustauschchromatographie*.
Ionenaustauscher sind Kunstharze mit sauren oder basischen Gruppen.
Als Säure-Gruppen kommen z.B. $-SO_3H-$ oder $-COOH$-Gruppen in Frage.
Ein basisches Kunstharz ist Harz $-NH_3^{\oplus}OH^{\ominus}$. Dieses tauscht das $OH^{\ominus}$ gegen _____ oder $R-COO^{\ominus}$ aus.

27 Wie lange eine Aminosäure vom Ionenaustauscher festgehalten wird, hängt von zwei Parametern ab:

- von den Dissoziationskonstanten K der einzelnen Gruppen

- und vom pH-Wert des Elutionsmittels.

Da nun die pK-Werte der Amino-Gruppen und Carboxy-Gruppen der Aminosäuren, wie Sie wissen, (gleich/unterschiedlich) _____ sind und der pH-Wert des Elutionsmittels durch Pufferwechsel während des Trennungsganges geändert wird, kommen die einzelnen Aminosäuren (zur gleichen Zeit/zu verschiedenen Zeiten) _____ _____ am Ende der Austauschsäule an.

28 ▷ Durchdenken Sie jetzt die Abb. 2—3 im LB.

Die _____ der Ninhydrinreaktion ist auf der Ordinate aufgetragen.
Die Höhe der „Spikes" der einzelnen Aminosäuren gibt Ihnen eine Aussage über die (Qualität/Quantität) _____ der Aminosäuren.

Die Lokalisation der verschiedenen „Spikes" auf der Abszisse erlaubt anhand von Vergleichstabellen eine Aussage über die (Qualität/Quantität) _____ der betreffenden Aminosäure.

▷ Antwortenvergleiche auf S. A9

Kleine Erfolgskontrolle

29 Geben Sie an, wie sich die Zwitterionenform einer Aminosäure durch Säure- bzw. Alkalizusatz ändert.

I. Zwitterionenform   II. Nach Säurezusatz   III. Nach Alkalizusatz

30 In welchem Bereich der Titrationskurve wirken die Aminosäuren als Puffer?

31 Wie errechnet man den isoelektrischen Punkt? In welcher überwiegenden Form liegt die Aminosäure an ihm vor?

32 Nennen Sie die Charakteristika der vier Gruppen unserer Aminosäure-Einteilung:

1. Gruppe: _____

2. Gruppe: _____

3. Gruppe: _____

4. Gruppe: _____

33 Gehören die in den Proteinen vorkommenden Aminosäuren der D- oder der L-Reihe an?

34 Geben Sie die Kurzbezeichnungen folgender Aminosäuren an:

1. L-Alanin   2. L-Lysin   3. L-Cystein

$\rightarrow$

4. L-Tyrosin   5. L-Glutamin   6. L-Serin

7. L-Valin   8. Glykokoll

---

35   Nennen Sie bitte die Formeln folgender Aminosäuren:

1. L-Histidin

2. L-Asparagin

3. L-Prolin

4. L-Leucin

5. L-Methionin

6. L-Tryptophan

7. L-Arginin

8. L-Glutaminsäure

 Antwortenvergleiche auf S. A9/A10

36   Welche beiden Methoden zur Aminosäure-Trennung kennen Sie?

    1. _____

    2. _____

Zur qualitiven Analyse verwendet man vor allem die _____ ,
zur quantitativen Analyse die _____ .

Lektion 3:
Peptide

Lernelemente

1 ▷ Lesen Sie zunächst im LB gründlich das Kapitel 3 „Peptide" durch.

Peptide sind ihrer chemischen Natur nach Carbonsäureamide. Carbonsäureamide sind Verbindungen, bei denen die Hydroxy-Gruppe der Carbonsäure durch $-NH_2$ oder $-NH-R$ ersetzt sind.

Vervollständigen Sie bitte die begonnene Formel so, daß die allgemeine Formel eines Carbonsäureamids daraus wird.

$$R-C$$

2 Proteine zerfallen bei der _____ in ihre Bestandteile, die Aminosäuren. Peptide, die ihrer chemischen Struktur nach _____ sind, bestehen ebenfalls aus Aminosäuren und unterscheiden sich nur durch ihre Kettenlänge von den Proteinen. Man hydrolisiert also Peptide in _____ .

3 In einer typischen Peptid-Kette sind mehrere _____ untereinander verbunden. Da Peptide Carbonsäureamide sind, muß in einer Peptid-Kette die _____ der einen Aminosäure mit der _____ der nächsten Aminosäure verbunden sein. Damit entsteht ein Bindungsmodus von der allgemeinen Form:

$$\overset{\displaystyle O}{\underset{\displaystyle }{\overset{\displaystyle \|}{-C}}} - \underset{\displaystyle H}{N} -$$

Diesen bezeichnet man als Peptid-Bindung.

4 Durch Hydrolyse einer Peptid-Kette werden Carbonsäureamid-Bindungen gespalten; die Kette zerfällt in _____ .

Vervollständigen Sie bitte die Reaktionsgleichung folgender Hydrolyse. Geben Sie dabei die Namen der entstehenden Aminosäuren an.

$\rightarrow$

◻ Antwortenvergleiche auf S. A10/A11

$$H_3\overset{\oplus}{N}-\underset{\underset{CH_3}{\overset{|}{HC}-CH_3}}{\overset{|}{\underset{|}{C}}}-H \quad CO-NH-\underset{\underset{\underset{OH}{\overset{|}{\bigcirc}}}{\overset{|}{CH_2}}}{\overset{|}{C}}-H \quad CO-NH-\underset{\underset{\underset{CO-NH_2}{\overset{|}{CH_2}}}{\overset{|}{CH_2}}}{\overset{COO^{\ominus}}{\overset{|}{C}-H}}$$

$$\underset{-H_2O}{\overset{+H_2O}{\rightleftharpoons}}$$

_____ + _____ + _____ + $NH_4^{\oplus}$

---

5 Die Nomenklatur der Peptide ist denkbar einfach: Peptide aus zwei, drei bzw. acht Aminosäuren bezeichnet man als Di-, Tri- bzw. Oktapeptide usw.

Peptide mit 10 oder weniger Aminosäuren heißen Oligopeptide. Peptide mit mehr als 10 Aminosäuren bezeichnet man als Polypeptide.

Sind die Peptide aus über 100 Aminosäuren aufgebaut, so spricht man von Proteinen oder Makropeptiden.

Das Peptid im LE 4 war ein _____ , also ein _____ .

---

6 Nach Tabelle 2–2 werden die Aminosäure-Reste abgekürzt. Man verwendet dabei als Abkürzungen die ersten drei Anfangsbuchstaben der Aminosäure.

Demnach lautet der Alanin-Rest   _____ ,

der Prolin-Rest   _____ ,

der Methionin-Rest   _____ .

Will man jedoch ein Peptid vollständig kennen, so reicht es nicht aus, zu wissen, aus welchen und wie vielen Aminosäuren es aufgebaut ist. Entscheidend ist die Reihenfolge, die _____ , in der die einzelnen Aminosäuren in einer Peptid-Kette angeordnet sind. Die _____-Ermittlung erfolgt nach dem Edman-Abbau.

---

7 Der Edman-Abbau erfolgt nach folgendem vereinfachten Schema:

Das Peptid wird bei pH 8–9 mit dem Edman-Reagenz (Phenylsenföl) zur Reaktion gebracht. Das Edman-Reagenz verbindet sich mit der endständigen Amino-Gruppe der ersten Aminosäure in der Peptid-Kette. Im sauren Medium erfolgt dann eine Spaltung des entstehenden Derivates. Es entsteht ein _____ , das z.B. durch Papierchromatographie identifiziert werden kann. Mit dem Restpeptid kann die Reaktion wiederholt werden, so daß die einzelnen Bausteine nacheinander abgespalten und identifiziert werden können.

$\rightarrow$

Peptid   +   Edman-Reagenz-Peptid-Kette

$\boxed{1} - \boxed{2} - \boxed{3} - \boxed{4}$ ____ $+ \boxed{E} - \boxed{1} - \boxed{2} - \boxed{3} - \boxed{4} \rightarrow$

$\left(E\ \ 1\right)$ + $\boxed{2} - \boxed{3} - \boxed{4}$

Edman-Aminosäure-   +   Peptid-Restkette
Derivat

---

8 Beim ersten Schritt des Edman-Abbaus haben wir also zwei Reaktionsprodukte:

1. Edman-_____

2. _____

Der Edman-Abbau ist damit eine Methode, die sich vorzüglich zur _____
von Peptiden eignet.

---

9 Glutathion, ein in der Natur vorkommendes Peptid, ist aus drei Aminosäuren zusammengesetzt.
Man bezeichnet es deshalb nach der Nomenklatur als _____-peptid. Es besteht aus den
Aminosäure-Resten Glutaminsäure, _____ und _____ .

---

10 Glutathion bildet seiner chemischen Struktur nach in gewisser Hinsicht eine Ausnahme unter
den Peptiden und Proteinen, da die ____-Carboxy-Gruppe der Glutaminsäure die Bindung mit
der Amino-Gruppe des Cysteins eingeht.

Auch kann Glutathion leicht dehydriert werden und unter Abgabe von Wasserstoff in die
Disulfid-Form übergehen:

$$2 \ \underset{\underset{Glu}{|}}{\overset{\overset{Gly}{|}}{Cys-SH}} \quad \underset{-2[H]}{\overset{+2[H]}{\rightleftarrows}}$$

—   —

---

11 Die Disulfid-Bildung kann man formal noch auf eine zweite Weise ausdrücken, indem man die
Ionenform des Glutathions betrachtet.

Man kann die Reaktion als eine _____ unter Elektronenentzug verstehen.

Die Formelgleichung dazu lautet:

$$2 \ R-CH_2-S^{\ominus} \quad \overset{+}{\underset{-}{\rightleftarrows}} \quad R-CH_2-S-S-CH_2-R$$

Antwortenvergleiche auf S. A11/A12

Kleine Erfolgskontrolle

12   1. Was sind Peptide ihrer chemischen Natur nach?

_____

2. Welche Bindungsart ist für die Peptide typisch? Geben Sie bitte die Formel und die
Bezeichnung an.

_____

3. Nennen Sie den Unterschied zwischen Oligopeptiden, Polypeptiden und Makropeptiden.

_____

_____

_____

_____

_____

_____

4. Geben Sie drei Schreibweisen für ein Peptid an, das sich aus den Aminosäuren Tyrosin,
Valin, Glutamin und Glycin in der genannten Reihenfolge zusammensetzt.

a) _____

b) _____

c) _____

c) _____

oder _____

5. Wozu dient der Edman-Abbau? Wie funktioniert er schematisch?

_____

_____

_____

6. Welche natürlich vorkommenden Peptide bzw. Peptid-Klassen kennen Sie?

_____

_____

_____

Lektion 4:
Proteine

Lernelemente

1 Die Peptide und Proteine unterscheiden sich in der _____ der Aminosäuren, aus denen sie zusammengesetzt sind.
Als Grenzstein zwischen beiden Stoffgruppen haben wir eine Kettenlänge von ca. _____ Aminosäure-Resten genannt.

---

2 Trotz des fließenden Übergangs zwischen den beiden Stoffgruppen kann man als generelles Einteilungsschema akzeptieren:

Eine durch Peptid-Bindungen verbundene Aminosäure-Kette aus 100 bis etwa 1000 Aminosäuren —

ein Molekulargewicht von über 10000 bis 100000 —

bezeichnet man als _____ .

Enthält die Aminosäure-Kette weniger als 100 Aminosäuren, so spricht man von _____ .

▷ Lesen Sie nun Kapitel 4, Abschnitt 1. „Bauprinzip der Proteine".

---

3 Nach dem bisher Gesagten können wir folgende Fragen ohne Schwierigkeiten beantworten:

— Aus welchen Bausteinen sind Proteine aufgebaut?
Aus _____

— Durch welche Bindungsart sind die Bausteine miteinander verbunden?
Durch _____

— Geben Sie bitte die Bindungsart als Formelausdruck an.

---

4 Will man die Struktur eines Proteins kennenlernen, so reicht es — ebenso wie bei den Peptiden — nicht aus, zu wissen, welche und wieviele Aminosäuren das Protein bilden. Entscheidend ist vielmehr wiederum die _____ , in der die Aminosäuren angeordnet sind. Zur Ermittlung der Aminosäuresequenz dient ebenso wie bei den Peptiden der _____ - _____ .

▷ Lesen Sie nunmehr den Abschnitt „Die Sequenz der Aminosäuren" im LB.

⟐ Antwortenvergleiche auf S. A12/A13

5 Man findet eine Reihe von verschiedenen Proteinen, die in der Sequenz ihrer Aminosäuren eine große Übereinstimmung zeigen.
Diese Proteine bezeichnet man als „homologe Proteine". Beispiele für _____
Proteine sind Trypsin und Chymotrypsin oder die α- und β-Ketten des Hämoglobins.

---

6 Die Peptid-Kette als Ganzes kann darüber hinaus noch verschiedene Konformationen aufnehmen: Sie kann z.B. als gestreckte Kette vorkommen, als ungeordnetes Knäuel, als geordnete Schraube usw.

Nach der *Sequenzermittlung* bleibt also noch die (ein-/zwei-/drei-) _____ -dimensionale Anordnung der Aminosäure-Kette zu klären.

---

7 Die Anordnung der Aminosäure-Ketten im Raum bezeichnet man als Kettenkonformation. Darunter fallen die Begriffe Sekundärstruktur und Tertiärstruktur.

Unter Sekundärstruktur versteht man die _____ Anordnung der Peptid-Kette selbst ohne Rest R.

Unter Tertiärstruktur versteht man die _____ Lage aller Atome, auch der Seitenkette.

Die Aggregation mehrerer Peptid-Ketten — das vierte Strukturprinzip — zu einem definierten Molekül bezeichnet man als _____ .

---

8 ▷ Lesen Sie bitte Abschnitt 3 „Prinzipien der Kettenkonformation".

Spricht man von räumlicher Gestalt der Proteinmoleküle, so spricht man von der Art der „Faltung" der Kette.

Die Faltung ergibt sich aus der Konsequenz bindender Kräfte zwischen Abschnitten der Peptid-Kette.

Die Faltung wird bei den globulären Proteinen durch Nebenvalenzen der Peptid-Gruppe sowie der _____ _____ hervorgerufen.

▷ Vgl. Schema (Abb. 4–1), LB S. 40.

---

9 Die wichtigste Hauptvalenzbindung zwischen den Seitenketten der Aminosäuren ist die

_____ .

Neben der _____ , die sich zwischen zwei Cystein-SH-Gruppen durch Dehydrierung ausbildet, sind Ionenbeziehungen zwischen positiv und negativ geladenen Gruppen in den Seitenketten möglich.

Zählen Sie unter den Ihnen bekannten Aminosäuren diejenigen auf, welche derartige Gruppen in den Seitenketten besitzen:

a) AS mit positiv geladener Gruppe: _____

_____

_____

→

b) AS mit negativ geladener Gruppe: _____

_____

---

10 Wasserstoff-Brückenbindungen, die wichtigsten Nebenvalenzkräfte, können sich zwischen einer
$>$C=O-Gruppe und dem Proton einer NH- oder OH-Gruppe ausbilden.
Entscheidend ist der Abstand, in dem sich diese Gruppen befinden.
Liegt der Abstand unter 2,8 Å, so können sich _____ ausbilden. Man symboli-
siert sie durch punktierte Linien: C=O ..... H−N.

---

11 Die hydrophobe Bindung ist die zweite Form der _____ . Dabei
kommen sich Seitenketten vom Kohlenwasserstofftyp sehr nahe, wie z.B. die Seitenketten von
Valin, Leucin, Isoleucin, Phenylalanin.

Die hydrophoben Bindungen sind vor allem im _____ des Proteinmoleküls wirksam.

Solche Bindungen verdrängen entsprechend ihrem Namen _____ aus
ihrem Wirkungsbereich.

---

12   ▷ Lesen Sie bitte den Abschnitt „Stereochemie der Peptid-Ketten".

Wir wissen von den Proteinen heute nicht nur, daß sie sich ausschließlich aus (L-/D-) ____ -
Aminosäuren aufbauen und damit die entsprechende sterische Konfiguration am ____-C-Atom
aufweisen; auch die räumlichen Dimensionen innerhalb einer Peptid-Kette sind bekannt.

      ▷ Betrachten Sie dazu Abb. 4−2 im LB.

Die Abstände zwischen den Atomen sind in Å-Einheiten angegeben. Die Peptid-Bindung der
beteiligten Atome nimmt eine räumlich (ein-/zwei-/drei-) _____-dimensionale Lage an,
also eine _____ Lage.

Geben Sie die mesomeren Grenzstrukturen der Peptid-Bindung an:

         H
         |
         N −   ⟷
        `C
         |
         O

---

13   ▷ Lesen Sie nunmehr den Abschnitt „Konstruktion von Modellstrukturen".
         Vergleichen Sie nochmals Abb. 4−2 im LB.

Eine Fortsetzung der Peptid-Kette ergibt eine gestreckte Polypeptid-Kette, ein _____-
Molekül.
Zwischen den _____-Gruppen und den _____-Gruppen der gegenüberliegenden
Ketten können sich Wasserstoff-Brückenbindungen bilden.

→

Antwortenvergleiche auf S. A13/A14

Bei einer ebenen Polypeptid-Kette könnten sich _____-Bindungen ergeben, falls eine zweite Kette danebengelegt wird; jedoch hätten in einem solchen Modell die _____ zu wenig Raum.

---

14   Nach Pauling muß ein solcher sich bildender, ebener „Peptid-Rost" (vgl. Abb. 4—3) gefaltet sein, um dem experimentellen Befund gerecht zu werden. Die Identitätsperiode ist nämlich um ca. _____ kürzer, als sich für die gestreckte Kette errechnet.

Eine solche Struktur der Peptid-Ketten wird als _____ bezeichnet.

Welche Vorteile besitzt das Modell „Faltblattstruktur" vor dem Modell „Peptid-Rost"?

(sinngemäß:) _____

_____

_____

_____

_____

15 Bei den Faltblattstrukturen wird eine Struktur begünstigt, bei der sich die _____-_____ zwischen den Ketten ausbilden.

Durch Wickeln der Peptid-Kette um einen Zylinder dagegen stehen sich CO- und NH-Gruppen im passenden Abstand von _____ zu _____ gegenüber.

In der Natur verbreitet ist die α-Schraube, auch α-_____ genannt, mit 3, 7 Aminosäure-Reste pro Windung.

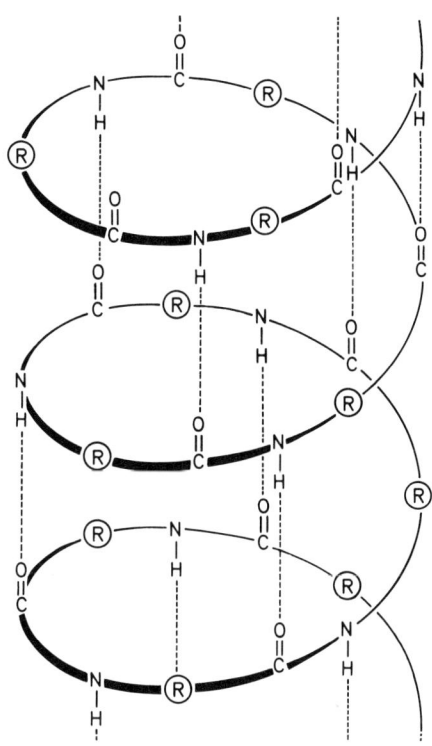

Diese Darstellung gibt das Modell einer α-Schraube wieder. Durch die Absättigung der Wasserstoffbindungen (innerhalb einer Kette/zwischen zwei Ketten) _____ erhält die _____ eine besondere Stabilität. Die Stabilität wird durch Verklammern der Windungen aufgrund der _____ gewährleistet.

---

16 ▷ Lesen Sie jetzt bitte den Abschnitt „Konformation der Skleroproteine".

Skleroproteine dienen als Stütz- und Gerüstsubstanzen. Zu den Skleroproteinen zählen z.B.

— das Keratin der _____, Nägel und _____,

— das Kollagen.

Die Skleroproteine weisen eine bestimmte Ordnung der Moleküle auf, Voraussetzung für die Anwendung der _____-Forschung.

→

 Antwortenvergleiche auf S. A14

Aufgrund der Identitätsperiode lassen sich drei Gruppen unterscheiden:

1. _____

2. _____

3. _____

---

17 Im folgenden werden wir uns vor allem auf die verschiedenen Molekülstrukturen der drei Gruppen konzentrieren.
Der bedeutendste Vertreter der Seidenfibroin-β-Keratin-Gruppe ist das β-Keratin. Es besitzt eine _____-Struktur, also Wasserstoffbindungen zwischen den einzelnen Ketten.

---

18 Das α-Keratin besitzt die α-Helix und gehört zur α-Keratin-Myosin-Fibrinogen-Gruppe.
Die α-Keratin-Struktur wurde untersucht bei der Wolle der Schafe.
____ oder ____ α-Helices sind in einem „Seil" verdreht. ____ solcher „Seile" bilden eine Protofibrille. Durch Recken der Haare im nassen Zustand auf die doppelte Länge geht die ____-Keratin-Struktur in die ____-Keratin-Struktur über, also in eine Faltblattstruktur.

---

19 Die Kollagene bilden den Hauptbestandteil des Binde- und Stützgewebes, vor allem der Haut und der Knochensubstanz.

▷ Schlagen Sie bitte im LB Abb. 4—5 auf.

Sie erkennen:
Der Struktur des Tropokollagens liegen _____ Ketten zugrunde, die sowohl _____ _____ verdreht als auch — nach Art eines Seiles — umeinander verstrickt sind.

Jede Kette benötigt drei Aminosäuren pro Windung als Bausteine, um sich um $360°$ zu verdrehen, wobei die dritte Aminosäure stets _____ darstellt.

---

20 ▷ Lesen Sie bitte den Abschnitt „Konformation der globulären Proteine" im LB.

Globuläre Proteine liegen in verdünnter Lösung als einzelne, voneinander unabhängige Moleküle vor.

Derartige miteinander (verbundene/unverbundene) _____ Moleküle der globulären Proteine können sich ausbilden, wenn die Protein-Ketten „gefaltet" sind und Kräfte von Haupt- und Nebenvalenzen zur Wirkung kommen.
Als _____-valenzen liegen vor allem Disulfid-Bindungen vor. Disulfid-Bindungen bilden sich zwischen zwei _____-Gruppen durch _____ .

---

21 Als Ordnungsprinzipien spielen bei den globulären Proteinen die _____
und die _____ eine Rolle.

Der Anteil der α-Helix an der Gesamtstruktur von Protein zu Protein (ist gleich/variiert stark)
_____ , wie Sie beim Lesen an einigen Beispielen erkannt haben.

---

22 Viele Proteine, insbesondere Enzymproteine, haben in Lösung Molekulargewichte von 70 000
bis zu mehreren 100 000. Diese Proteine verfügen über eine *Quartärstruktur.*

Definieren Sie zur Wiederholung nochmals, was man unter einer Quartärstruktur versteht.

_____

_____

_____

_____

---

23 Die Verbindung der einzelnen Peptid-Ketten bei derartigen Proteinen mit _____
kann durch Disulfidbrücken, aber auch durch Nebenvalenzen, wie z.B. _____ und
_____ Bindungen erfolgen.

---

24 Wenden wir uns nochmals einigen allgemeinen Prinzipien der Raumstruktur zu. Es handelt
sich dabei zum größten Teil um die Wiederholung von Fakten, die wir bereits besprochen
haben.

Die räumliche Faltung der Proteine hängt wahrscheinlich bereits von der _____ der
Aminosäuren in der Peptid-Kette und von eventuell vorhandenen Disulfidbrücken ab.

---

25 Wie die bisher untersuchten Proteine gezeigt haben, finden sich alle geladenen Gruppen an
der Moleküloberfläche.
Da hydrophobe Bindungen vor allem im _____ des Moleküls wirksam werden, befinden sich die hydrophoben Seitenketten (an der Moleküloberfläche/im Molekülinnern)
_____ .

---

26 Bei der Denaturierung wird die Raumstruktur eines Proteins _____ .

Eine definierte Struktur ist gleichzusetzen mit einem bestimmten Zustand der Ordnung. Bei
dem Prozeß der Denaturierung geht dieser geordnete Zustand über in einen _____
Zustand.

---

27 Die biologischen Eigenschaften der Proteine sind eng an ihre definierte Struktur gebunden.
Daraus wird verständlich, daß bei der Denaturierung und der damit verbundenen Strukturänderung gleichzeitig die biologischen Eigenschaften _____ .

(Bitte beenden Sie den Satz.)

▷ Antwortenvergleiche auf S. A14/A15

28 Neben den biologischen Eigenschaften ändern sich bei der Denaturierung außerdem die
_____ und _____ Eigenschaften des Proteins, da diese
ebenfalls von der Protein-_____ bestimmt werden.

---

29 Definieren Sie bitte nochmals mit eigenen Worten, was die Denaturierung an einem Protein
bewirkt.

_____

_____

_____

_____

---

30   ▷ Lesen Sie als nächstes im LB Kapitel 4, Abschnitt 6 ,,Molekulargewichte der
         Proteine''.

Bei der Abgrenzung von den Peptiden wurden die Proteine als _____
Stoffe gekennzeichnet.
Bei der Sedimentationsmessung werden die Proteinlösungen Schwerefeldern ausgesetzt, die
man durch rasch rotierende Zentrifugen herstellt. Die dabei auftretende Sedimentations-
geschwindigkeit läßt sich durch folgende Formel ausdrücken:

$$\frac{dx}{dt} = sw^2x$$

Geben Sie die Bedeutung der Variablen an.

   $x \mathrel{\widehat{=}}$ _____

   $w \mathrel{\widehat{=}}$ _____

   $t \mathrel{\widehat{=}}$ _____

   $s \mathrel{\widehat{=}}$ _____

Je größer das Molekulargewicht, desto (größer/kleiner) _____ ist die Sedimentations-
geschwindigkeit.

---

31 Die Sedimentationskonstante für ein bestimmtes Protein ist demnach vom _____
abhängig. Das Molekulargewicht M berechnet sich wie folgt:

$$M = \frac{R \cdot T \cdot s}{D(1 - \frac{\quad}{\quad})}$$

$R \mathrel{\widehat{=}}$ Gaskonstante
$T \mathrel{\widehat{=}}$ absolute Temperatur
$D \mathrel{\widehat{=}}$ Diffusionskonstante

ρ Prot: _____

ρ L: _____

32 Die bis heute ermittelten Aminosäuresequenzen von Peptid-Ketten sprechen dafür, daß es wenige Ketten mit mehr als 300–500 Aminosäuren gibt. Legt man ein durchschnittliches Molekulargewicht von 110–120 pro Aminosäure-Rest zugrunde, so ergeben sich für diese Ketten Molekulargewichte von _____ – _____ .

---

33 ▷ Schlagen Sie im LB Tabelle 4–1 auf.

Bei den Enzymproteinen findet man Molekulargewichte, die diesen Grenzwert von _____ weit überschreiten. In diesen Fällen handelt es sich zumeist nicht um Peptid-Ketten mit mehr als _____ Aminosäuren, sondern um die Aggregate mehrerer gleicher oder verschiedener Ketten.

---

34 ▷ Lesen Sie jetzt bitte Abschnitt 7 des Kapitels 4 und dort den Unterabschnitt „Dialyse".

Ein wichtiges physiologisches und experimentelles Trennungsprinzip zwischen Proteinen und niedermolekularen Substanzen ist die *Dialyse*. Aufgrund ihrer zu hohen Molekülgröße diffundieren Proteine nicht durch Membranen mit einer Porengröße von weniger als einigen nm. Da kleinere Moleküle und Ionen solche Membranen ohne Schwierigkeiten passieren können, benutzt man die Dialyse zur _____ von Salzen und Eiweiß.

34a ▷ Nunmehr lesen Sie bitte im nächsten Abschnitt den Teil über die Elektrophorese.

Die Elektrophorese dient zur Trennung von Proteinen und zum _____ von Verunreinigungen in einem Proteinpräparat. Da bei der Verknüpfung von Aminosäuren zu einer Peptid-Kette die Ladungen in wäßriger Lösung größtenteils ionisiert vorliegen, Carboxy- und α-Amino-Gruppen verschwinden, kommen als Ursache für den Ladungszustand eines Proteins nur geladene Gruppen in den Seitenketten der Aminosäuren in Betracht.

Zählen Sie bitte die Aminosäuren mit geladenen Gruppen in der Seitenkette auf, die Sie kennen.

_____

---

35 Geben Sie die Formeln dieser Aminosäuren an. Markieren Sie die Gruppen, die in einer Peptid-Kette Ladungen tragen können.

His	Arg	Glu

→

▷ Antwortenvergleiche auf S. A15/A16

Asp   Lys

---

36 Der Ladungszustand der Seitenkette ist abhängig vom _____ der Lösung.

Die sauren Gruppen sind bei niedrigem pH-Wert (geladen/ungeladen) _____,
d.h. (dissoziiert/undissoziiert) _____.

Bei hohem pH-Wert sind die basischen Gruppen (geladen/ungeladen) _____ .

---

37 Betrachten wir die Situation bei physiologischem pH von 7,4, so müssen die sauren Gruppen
(dissoziiert/undissoziiert) _____, d. h. _____ geladen vorliegen, während die basischen Gruppen _____ Ladungen tragen können.

---

38 Wie Sie bei der Besprechung der Titrationskurve der Aminosäuren gelernt haben, gibt es einen
pH-Wert, an dem die Zahl der positiven und negativen Ladungen genau gleich ist. Dies ist der
_____ _____ . Bei diesem pH-Wert haben die Proteine die geringste Löslichkeit und lassen sich am leichtesten ausfällen.

---

39 Legt man an die Lösung eines Proteins, in dem die negative Ladung überwiegt, ein elektrisches
Feld an, so wandert das Protein zur _____ . Die Wanderungsrichtung ist also abhängig
davon, welche Netto-Ladung das Protein trägt.
Nach welcher Richtung wandert das Protein am isoelektrischen Punkt?

---

40   ▷ Lesen Sie bitte im LB, S. 53, den Absatz „Serologische Unterscheidungen von
                Proteinen''.

Eine andere Methode, die _____ Methode, zur Unterscheidung von Proteinen geht von der Tatsache aus, daß sogenannte Antigene, d.h. körperfremde Proteine und
Kohlenhydrate oder auch Bakterien und Viren den Organismus zur Produktion von „Antikörpern'' stimulieren.

---

41 Diese Antikörper, die sich bilden, wenn der Organismus mit _____ konfrontiert wird, sind ebenfalls _____ .
Sie sind in der Lage, sich mit dem auslösenden Antigen in spezifischer Weise zu verbinden.

---

42 Lösen Bakterientoxine oder Viren die _____ -bildung aus, so kommt es bei anschließender Verbindung zwischen den _____ und den _____ zu einer Inaktivierung der Antigene.
Man kann also sagen:

  ● Die Antikörperbildung ist die Grundlage der Immunität.

---

43 Durch die hohe _____ der Antigen-Antikörper-Reaktion ist diese serologische Methode vorzüglich dann geeignet, (selbst kleinste/nur grobe) _____ Unterschiede der Proteine noch nachzuweisen.

---

44   ▷ Bitte lesen Sie Abschnitt 9 des Kapitels 4.

Wir kommen nochmals auf die Einteilung der Proteine zurück. Wir haben zwei große Gruppen unterschieden, die _____ und die _____ oder

_____ _____ .

Besprochen wurde bereits die Konformation der _____ und der _____ _____ Proteine.

---

45 Wir wollen uns von den Sphäroproteinen nur drei verschiedene Gruppen merken:

    1. _____

    2. _____

    3. _____

---

46 Von den Histonen ist bekannt, daß sie basische Proteine sind, die in den Zellkernen vorkommen.
_____ sind Proteine, die im reinen Wasser löslich sind und die bei (hoher/niedriger) _____ Konzentration an Ammoniumsulfat ausgefällt werden.

_____ sind in verdünnten *Neutral-Salz*-Lösungen gut löslich.

---

47 Eine Substanzgruppe, die erstmals von dem üblichen Bauschema etwas abweicht, sind die Proteide.
Proteide sind definiert als Komplexe, die aus einem Proteinanteil und einer nichtproteinartigen „prosthetischen" Gruppe bestehen.

→

⇪ Antwortenvergleiche auf S. A16/A17

Dies kommt im Namen der Gruppen, in die man die Proteide aufteilt, zum Ausdruck.
Zählen Sie bitte 4 Gruppen von Proteiden auf. Unterstreichen Sie im Namen den Hinweis
auf die prosthetische Gruppe.

_____	_____
_____	_____
_____	_____

48   ▷ Lesen Sie nun im LB den Abschnitt „Die Plasmaproteine".

Wir werden nun die Plasmaproteine etwas genauer anschauen. Man versteht darunter die Proteine, die im Blutplasma enthalten sind. Als _____ bezeichnet man die Flüssigkeit, die wir nach Abzentrifugieren der Erythrozyten aus dem ungeronnenen Blut erhalten.

49   Nach Abzentrifugieren der _____ finden wir im Blutplasma 7—8% Eiweiß,
das aus einem Gemisch verschiedener Proteine besteht, unter denen sich u.a. die Gerinnungsfaktoren befinden.
Während man das Blutplasma durch Zentrifugieren (geronnenen/ungeronnenen) _____
_____ Blutes erhält, gewinnt man das Serum durch Zentrifugieren geronnenen Plasmas oder
Gesamtblutes.
Das bedeutet, daß sich Serum vom Plasma, das unter _____% Eiweiß noch sämtliche
_____-faktoren enthält, vor allem durch das Fehlen des Fibrinogens unter-
scheidet.

50   Zur Analyse von Plasmen und Seren verwendet man meist die _____.
Man führt sie bei pH 8,6 durch, so daß alle Proteine zur _____ wandern.
Durch Anfärben und anschließender photometrischer Messung erhält man eine Aussage über
die _____-Fraktionen.

Die Reihenfolge der Proteine im Elektropherogramm, das bei pH 8,6 durchgeführt wurde,
lautet:

_____ , _____ ,

α __ -, α __ -, β-, __ -Globuline

51   Die Albuminfraktion stellt mit _____% den größten Teil des Gesamteiweißes dar. Dieser
Anteil dient im wesentlichen der Osmoregulation des Blutes, ferner als Proteinreserve des
Organismus.

→

Während die Bedeutung des Albumins primär in der _____ und der
_____ _____ liegt, machen die Lipoproteine wasserunlösliche
Fette und Lipide durch Bindung an Protein in dem wäßrigen Medium Blut transportabel.

---

52 Man kann also sagen, die Lipoproteine haben für die wasserunlöslichen _____ und
_____ eine Art _____ in dem wäßrigen Medium Blut.

Als physikalisches Charakteristikum der Lipoproteine merken wir uns, daß sie eine relativ
geringe Dichte besitzen, die auf den (Lipid-/Protein-) _____-anteil zurückzuführen ist.

---

53 Die Glykoproteine stellen die meisten Proteine der _____-Fraktion. Unter diesen
wiederum ist das saure _____-Glykoprotein besonders reich an Kohlenhydraten.

---

54 Die Immunglobuline oder Antikörper bilden die Fraktion des ____-Globulins.

Man unterscheidet heute drei Arten von Immunglobulinen, die sich u.a. durch ihren Aufbau
und Gehalt an Kohlenhydraten unterscheiden:

   Immunglobulin G,
   Immunglobulin A,
   Immunglobulin M.

---

55 Die Immunglobuline G stellen den Hauptteil der γ-Globulinfraktion des Humanserums. Sie
haben ein Molekulargewicht von 160000 und einen Kohlenhydratanteil von etwa 3%.

Betrachten Sie Tabelle 4–2 im LB. Geben Sie die biologische Funktion der Immunglobuline
G an.

---

56 Wenn man die Baustruktur der Immunglobuline weiter schematisiert, so ergibt
sich folgendes Bild:

H–Kette

L–Kette

Kohlenhydrate

Geben Sie an, wo die Bindungsstellen
bzw. das Mittelstück zu suchen sind
und welche Teile spezifisch bzw. unspe-
zifisch sind.

Antwortenvergleiche auf S. A17/A18

57 Geben Sie bitte an, womit sich die Antikörper im Organismus verbinden:

_____

Diese Bindung erfolgt über Nebenvalenzen, also z.B. _____ und
_____-Bindungen. Die Bindung wird wahrscheinlich durch entsprechende reaktions-
fähige Gruppen des Proteins bestimmt.

---

58 Wir haben festgestellt, daß das Blutplasma etwa 7–8% Eiweiß enthält, das ein Gemisch verschiedener Proteine darstellt, unter denen sich auch die _____
befinden. Dagegen liegt im Serum kein _____ mehr vor.

---

59 Bei der Blutgerinnung, die wir nun etwas näher betrachten, unterscheiden wir zwei, vom
Reaktionsbeginn her·gesehen verschiedene Systeme, die in einen gemeinsamen Endweg
münden.
Es handelt sich um

1. das _____

2. das _____ .

---

60 Die Blutgerinnung ist notwendig, um den Körper vor dem _____ der Blutflüssigkeit
zu schützen. Bei der Blutgerinnung bezeichnet man die inaktiven Proteine mit _____
_____ , die aktiven Formen erhalten den Zusatz _____ .

▷ Vergleichen Sie dazu die Tabelle 4–3 im LB.

---

61 Sowohl das exogene System als auch endogene System führen auf verschiedenen Wegen zur
Umwandlung des Faktors X (Name: _____) in die _____
Form Xa.

▷ Betrachten Sie dazu Abb. 4–12 im LB.

---

62 Im _____ System führt ein lokaler Gewebeschaden zur Freisetzung des Faktors III
(Name: _____).

Der Faktor III bewirkt, vermutlich über das Proconvertin (Faktor _____), die Umwandlung
des Faktors X in die aktive Form _____ .

---

63 Xa bildet mit Faktor V (Name: _____), $Ca^{2\oplus}$-Ionen und Phospholipid
einen _____ , der den Faktor II (Name: _____) in die Form IIa
umwandelt.

---

64 Das Thrombin (Faktor _____) wirkt auf das Fibrinogen (Faktor ____).

Das Fibrinogen, das ein lösliches Protein ist, spaltet zwei kleine Peptide ab.

---

65 Durch das entstehende _____ _____ wird ein Gerinnsel gebildet.

Der durch _____ aktivierte Faktor XIII bewirkt eine Stabilisierung des Gerinnsels durch Transaminierung.

Der Wundverschluß entsteht schließlich durch Zusammenwirken des Fibringerinnsels mit den _____ Elementen.

---

66 Durch die Aktivierung des Hagemann-Faktors (Faktor _____) wird die Gerinnung im endogenen System eingeleitet. Die Aktivierung erfolgt durch Kontakt mit (physiologischen/unphysiologischen) _____ Oberflächen.

---

67 Füllen Sie bitte nebenstehende Kaskade der Aktivierungen aus, die durch den Faktor XIIa ausgelöst werden.

Oberflächenkontakt, Phospholipid

$$\Downarrow$$

XIIa ⟵ XII

$$\Downarrow$$

$\underline{\quad}$ a ⟵ $\underline{\quad}$
$\Downarrow$ a ⟵ IX

$$\Downarrow$$

VIII ⟶ $\underline{\quad}$ a

$$\Downarrow$$

X $\underline{\qquad\qquad\qquad}$ Xa

$$\Downarrow \underline{\quad}$$
$Ca^{2\oplus}$

Prothrombin II $\underline{\qquad\qquad}$ IIa (Thrombin).

$$\Downarrow$$

I ⟶ Ia
(Fibrinogen) (Fibrin)

Antwortenvergleiche auf S. A18/A19

Kleine Erfolgskontrolle

68 Welche willkürlich gewählte Anzahl an Aminosäuren gilt als Grenzstein zwischen Peptiden und Proteinen?

_____

_____

69 Was versteht man unter „homologen Proteinen"? Geben Sie ein Beispielpaar an.

_____

_____

_____

_____

70 Definieren Sie bitte die Begriffe

    a) Primärstruktur: _____

    b) Kettenkonformation: _____

    c) Quartärstruktur: _____

71 Geben Sie an, welche der folgenden Bindungsarten Haupt- bzw. Nebenvalenzbindungen sind und zwischen welchen Gruppen sie auftreten.

    a) Disulfidbindungen: _____

    _____

    b) Wasserstoff-Brückenbindungen: _____

    _____

    c) Hydrophobe Bindungen: _____

    _____

72 Welche Raumstrukturen liegen folgenden Skleroproteinen zugrunde?

    a) β-Keratin: _____

    b) α-Keratin: _____

    c) Tropokollagen: _____

73 Was versteht man unter einem allosterischen Effekt? Welches Beispiel kennen Sie dazu?

_____

_____

_____

_____

74 Welche Parameter eines Proteins werden bei der Denaturierung verändert?

_____

_____

75 Was versteht man unter der Sedimentationskonstanten? Wovon ist sie abhängig?

_____

_____

76 Wozu verwendet man die Dialyse? Welches Prinzip liegt der Dialyse zugrunde?

_____

_____

_____

77 Wovon hängen bei einer Elektrophorese folgende Größen ab?

a) Wanderungsrichtung: _____

_____

b) Wanderungsgeschwindigkeit der Proteine: _____

_____

78 Auf welchem Prinzip beruht die serologische Methode zur Unterscheidung von Proteinen?

_____

Antwortenvergleiche auf S. A20

79 Was versteht man unter Proteiden?

_____

_____

80 Ordnen Sie die folgenden Plasmaproteinfraktionen nach ihrer Wanderungsgeschwindigkeit in einem normalen Elektropherogramm: Präalbumine, β-, α_2-, γ-, α_1-Globuline, Albumine.

_____

81 Welche Funktion hat Albumin im Blut?

_____

82 Durch welche Art von Kräften kommt die Bindung zwischen Antigen und Immunglobulin zustande? _____

83 Welche zwei Systeme der Blutgerinnung kennen Sie? Bei welchem Reaktionsschritt münden sie in den gemeinsamen Endweg?

_____

_____

84 Zeichnen Sie den Weg der Blutgerinnung vom Prothrombin bis zum stabilisierten Fibringerinnsel als Pfeilschema.

85 Wie wirkt das Plasmin im Rahmen der Fibrinolyse?

_____

Lektion 5:
Enzyme und Biokatalyse

Lernelemente

1 Die Enzyme, auch Fermente genannt, stellen eine Gruppe biologisch besonders wichtiger Proteine dar.

Enzyme sind Katalysatoren: ihre Wirkung ist für alle Schritte im Stoffwechsel des Organismus Voraussetzung. Ohne den katalysierenden Einfluß von Enzymen sind die meisten Stoffwechselreaktionen (nicht möglich/möglich) _____ .

▷ Lesen Sie nun bitte die ersten drei Absätze von Kapitel 5, Abschnitt 1 „Chemische Natur der Enzyme".

2 Die unter dem _____ Einfluß von Enzymen umgesetzten Stoffe nennt man Substrate. Das sog. „aktive Zentrum" des Enzyms bewirkt, daß bestimmte Substrate von einem Enzym angegriffen werden können. Das aktive Zentrum entsteht durch spezifische Faltung bestimmter Polypeptid-Kettenabschnitte.

Bei der Denaturierung von Proteinen wird ihre _____ so verändert, daß im Fall der Denaturierung eines Enzyms auch die spezifische _____ des _____ , das für die katalytische Wirksamkeit verantwortlich ist, zerstört wird. Die Katalysatorfunktion des Enzyms (bleibt jedoch bestehen/geht damit verloren) _____ .

Da eine große Anzahl von Enzymen wegen ihrer Zusammensetzung zur Gruppe der Proteide gehört, die wir bereits kennengelernt haben, geben Sie bitte nochmals an, was man unter einem Proteid versteht.

_____

_____

_____

_____

3 Andere Enzyme können in ihrer aktiven Form eine derartige nichtproteinartige Gruppe reversibel binden. Den Proteinanteil eines solchen Komplexes bezeichnet man als *Apoenzym*, die _____ Gruppe als *Coenzym*; beide zusammen bilden das *Holoenzym*.

Man kann also formulieren: _____-Enzym + _____-Enzym = _____-Enzym.

Der Proteinanteil eines Enzyms, also das _____-Enzym, entscheidet darüber, welche Substrate vom Enzym umgesetzt werden. Der Proteinanteil trifft also eine (spezifische/unspezifische) _____ Auswahl unter den verschiedenen Substraten. Man spricht deshalb von Substratspezifität.

→

⇨ Antwortenvergleiche auf S. A21/A22

Neben der _____ liegt zusätzlich in vielen Fällen im Proteinanteil die sog. Wirkungsspezifität eines Enzyms, wodurch bestimmt wird, welche von verschiedenen Reaktionsmöglichkeiten das betreffende Substratmolekül eingeht.

▷ Lesen Sie jetzt im LB Kapitel 5, Abschnitt 1 zu Ende.

---

4   MERKE: Substrat- und Wirkungsspezifität eines Enzyms sind im (protein-/nichtproteinartigen) _____ Anteil eines Enzyms, also im _____-Enzym lokalisiert.

---

5   Wir wenden uns nun den chemischen Gleichgewichten und der chemischen Energetik zu. Dazu lesen Sie bitte zunächst im Kapitel 5, Abschnitt 2, den Unterabschnitt über „Gleichgewichte chemischer Reaktionen" durch.

Bei der Dissoziation der Carbonsäuren haben Sie ein Gesetz kennengelernt, das für Gleichgewichte angewendet wird. Es handelt sich dabei um das _____.
Geben Sie die Formel dieses Gesetzes für die Dissoziation von Carbonsäuren (RCOOH) ganz allgemein an.

$$\overline{} =$$

Wie Sie wissen, wird zwischen den verschiedenen Reaktionspartnern ein _____ erreicht. Dabei spielt es (keine/eine) _____ Rolle, von welcher Seite der Reaktionsgleichung aus die Reaktion gestartet wird. Theoretisch ist also jede Reaktion _____.

---

6   Geben Sie von der allgemeinen Reaktionsgleichung A + B $\rightleftharpoons$ C + D das Massenwirkungsgesetz an.

$$\overline{} =$$

Liegt nun das Gleichgewicht weitgehend auf der rechten Seite der Reaktionsgleichung, wenn also die Konzentrationen der Substanzen C und D relativ (hoch/niedrig) _____ sind, so ist die Gleichgewichtskonstante relativ (groß/klein) _____.

Je weiter das Gleichgewicht einer Reaktion auf der rechten Seite liegt, je (kleiner/größer) _____ also die Gleichgewichtskonstante K ist, desto größer ist das Energiepotential, das die Reaktionspartner auf der linken Seite vor Eintritt der Reaktion besitzen. Dieses Energiepotential wird durch die Reaktion reduziert.

▷ Lesen Sie bitte im LB Kapitel 5, Abschnitt 2, „Die chemische Energie".

7 Aus dem Text haben Sie entnommen, daß man die Reaktionsenergie mit der Gleichgewichtskonstanten K durch folgende Formel verknüpfen kann:

$$\Delta G^0 = -RT \cdot \ln K$$

Geben Sie bitte mit Hilfe des LB die Bedeutung der an dieser Formel beteiligten Parameter an:

ΔG^0 = _____

_____

Index^0 = _____

R = _____

T = _____

$\ln K$ = _____

Für ΔG^0, die Änderung der _____ des Systems durch die Reaktion, wird manchmal auch kurz die Bezeichnung „freie Enthalpie" oder „freie Energie" gebraucht.

Geben Sie nochmals die Formel an, in der ΔG^0 mit der Gleichgewichtskonstanten K verknüpft ist.

_____ = _____

8 Das negative Vorzeichen für ΔG^0 trifft für alle Reaktionen zu, bei denen Energie freigesetzt wird. Der im Verlauf derartiger exergonischer Reaktionen freiwerdende Energiebetrag wird (negativ/positiv) _____ gezählt.

Im Gegensatz zu den _____ Reaktionen bezeichnet man Reaktionen, in deren Verlauf vom System Energie (aufgenommen/abgegeben) _____ werden muß, als endergonische Reaktionen, wobei ΔG^0 ein (positives/negatives) _____ Vorzeichen erhält.

Freiwillig ablaufende _____ Reaktionen laufen solange ab, wie die freie Energie des Systems noch abnehmen kann. Ist dies nicht mehr möglich, befinden sich die Reaktionspartner im _____ , und ΔG erreicht den Wert Null.

9   ▷ Um sich ausführlicher mit der Wirkungsweise eines Katalysators beschäftigen zu können, lesen Sie zunächst bitte Abschnitt 3 des Kapitels 5.

Da bei Zimmertemperatur viele Stoffe nebeneinander vorliegen, ohne daß sich das Reaktionsgleichgewicht zwischen ihnen einstellt, muß ein gewisser Energiebetrag, die sogenannte _____ zugeführt werden, um den Reaktionsablauf unter Freisetzung von Energie, also _____ , in Gang zu setzen. Der Katalysator greift nun über die Aktivierungsenergie in den Reaktionsablauf ein: er setzt die zum Auslösen einer Reaktion notwendige Aktivierungsenergie herab, d.h. der Katalysator (vergrößert/verkleinert) _____ die Aktivierungsenergie.

$\rightarrow$

▷ Antwortenvergleiche auf S. A22/A23

Wird dadurch, daß Katalysatoren die Aktivierungsenergie herabsetzen, die Einstellung des Gleichgewichtszustandes einer Reaktion beschleunigt oder verzögert? _____

---

10   ▷ Lesen Sie im LB Kapitel 5, Abschnitt 4.

Formulieren Sie mit eigenen Worten, warum ein lebender Organismus als ein geschlossenes System im Gleichgewichtszustand nicht existieren kann.

_____

_____

Damit ein System Energie liefern bzw. Arbeit leisten kann, muß es (sich im Gleichgewicht befinden/auf das Gleichgewicht zustreben) _____ , darf jedoch nicht (sich im Gleichgewicht befinden/auf das Gleichgewicht zustreben) _____ .

Ein solcher Status ist mit dem Zustand des sog. Fließgleichgewichts im lebenden Organismus verwirklicht.

---

11   Ein solches _____ (engl.: steady state) läßt sich schematisch so darstellen:

Substrate   Reaktionsprodukte

An den Grenzen des Systems sind Transportvorgänge notwendig, um im System des Fließgleichgewichts das Einströmen von _____ und das Herausschleudern von _____ zu gewährleisten.

Beschriften Sie bitte nachstehendes Schema eines Fließgleichgewichts. Markieren Sie die Stellen, wo Transportvorgänge eingreifen müssen.

Dieses Schema läßt sich ohne weiteres auf die Gegebenheiten eines lebenden Organismus übertragen, wobei O_2 und Nahrungsmittel als Substrate aufgenommen und Ausscheidungsprodukte wieder abgegeben werden. Deswegen bezeichnet man einen lebenden Organismus als (offenes/geschlossenes) _____ System, dessen Gesetzmäßigkeiten noch näher betrachtet werden sollen.

12 Zunächst sollen zwei Dinge nochmals genau getrennt werden: Einerseits haben wir bei der Besprechung der Katalysatorwirkung von Enzymen das allgemeine chemische Gleichgewicht kennengelernt, wobei das Enzym zwar die (Lage/Einstellung) _____ , nicht aber die (Lage/Einstellung) _____ des Reaktionsgleichgewichts beeinflussen kann.

Andererseits finden wir im Organismus das System des _____-Gleichgewichts, in dem sich stationäre Konzentrationen ausbilden, die von denen des chemischen Gleichgewichts verschieden sind und (sehr wohl/nicht) _____ von Enzymen beeinflußt werden können. Dadurch, daß (keine/eine) _____ absolute Gleichgewichtslage erreicht wird, aber dauernd Reaktionen auf das _____ hin ablaufen, kann der Organismus die Energie erhalten, die er zum Leben braucht.

---

13 Frage: Welchen Sinn hat die Kopplung einer endergonischen Reaktion mit der Umsetzung einer energiereichen Verbindung?

_____

_____

_____

▷Lesen Sie jetzt bitte im LB Kapitel 5, Abschnitt 5.

Sie haben im Text eine energiereiche „aktivierende" Komponente von biochemisch entscheidender Bedeutung kennengelernt, die uns im folgenden noch häufig begegnen wird. Geben Sie bitte den Namen dieser Verbindung an: _____ .

---

14 Die Bildung von Glucose-6-Phosphat aus Phosphorsäure H_3PO_4 und der Alkoholgruppe der Glucose ist mit +3 kcal/Mol stark (endergonisch/exergonisch) _____ , so daß also im Gleichgewicht nur eine sehr (kleine/große) _____ Menge Glucose-6-Phosphat gebildet wird. Die Situation ändert sich grundlegend, wenn man die Phosphorsäure zunächst auf ein höheres Energieniveau bringt.
Die Phosphorsäure (Ⓟ) erreicht z.B. dadurch ein höheres _____ , daß man sie mit Adenosindiphosphat (ADP) verbindet, wodurch das energiereiche _____ entsteht. Formelmäßig stellt sich das folgendermaßen dar:

ADP + Ⓟ = ATP + H_2O

Reagiert nun die Glucose mit ATP, so ist die Reaktion mit ΔG = −4 kcal/Mol (endergonisch/ exergonisch) _____ . Dadurch kann eine (kleine/große) _____ Menge Glucose-6-Phosphat gebildet werden.

Durch diesen Schritt ist also die endergonische Reaktion zwischen _____ und _____ durch Darstellung der energiereichen Zwischenverbindung _____ in eine exergonische Reaktion umgewandelt worden. Dabei war die Darstellung der Zwischenverbindung mit ΔG^0 = +7 kcal/Mol ebenfalls _____ ; d.h. sie benötigte Energie.

---

15 Das im LB besprochene Beispiel einer energieliefernden Reaktion ist die Oxidation von _____ zu _____ .   →

◻ Antwortenvergleiche auf S. A23

Geben Sie bitte an, durch welchen Prozeß ATP gespalten (a) und durch welchen es gebildet (b) wird. (Nehmen Sie die Schemazeichnung im LB zur Hilfe.)

a) _____

b) _____

_____

Es wäre wenig sinnvoll, wenn die durch biochemische Reaktionen freigesetzte Energie in Form von _____ vorläge, da der Organismus diese Art von Energie zur Aufrechterhaltung seiner Lebensvorgänge nicht verwerten kann. Deshalb ist die im Ablauf biochemischer Reaktionen umgesetzte Energie _____ Energie und keine _____-_____ .

---

16 Mit ATP haben wir die erste sog. energiereiche Bindung kennengelernt. Ganz allgemein versteht man darunter Bindungen, bei deren Hydrolyse eine größere Energiemenge freigesetzt wird. Diese Bindungen befinden sich also auf einem (hohen/niedrigen) _____ Energiepotential, weshalb ihre Hydrolyse eine stark (endergonische/exergonische) _____ Reaktion ist.
Da energiereiche Bindungen in vielen biochemischen Verbindungen vorkommen und man die Höhe ihres Energiepotentials vergleichen will, hat man sich auf eine Standardreaktion geeinigt: Die *Hydrolyse*. Bei der Hydrolyse vergleicht man die freie Energie, die bei der Reaktion energiereicher Verbindungen mit _____ auftritt.

---

17 Die energiereiche Bindung, bei deren _____ eine größere Energiemenge freigesetzt wird, wird formal durch das Zeichen ~ ausgedrückt. Eine mit diesem Bindungszeichen versehene Gruppe muß als sehr (reaktionsfähig/-träge) _____ betrachtet werden.
Im ATP z.B. liegen zwei Phosphatgruppen mit hohem Energiepotential vor. Kennzeichnen Sie diesen Sachverhalt in der folgenden Verbindungsdarstellung durch die entsprechenden Bindungssymbole.

Ade – Rib (P) (P) (P)

---

18 Wie wir im LE 3ff erfahren haben, verfügt ein Enzym über die Fähigkeit, auszuwählen, welche spezifische Wirkung es auslöst, d.h. welche der möglichen Reaktionen es katalysiert und mit welchem spezifischen Substrat es sich verbindet. Wie Sie wissen, bezeichnet man diese beiden Eigenschaften als _____- und _____-spezifität, die im (protein/nichtproteinartigen) _____ Anteil des Enzyms, dem _____-Enzym lokalisiert sind.

▷ Lesen Sie nun im LB die ersten vier Absätze von Kapitel 5, Abschnitt 6.

19 Es gibt eine Reihe von Enzymen, die zwar die gleichen Reaktionen katalysieren, also die
gleiche _____ haben, sich aber mit analytischen Methoden trennen
lassen. Man bezeichnet diese Enzyme als *Isoenzyme*. Obwohl _____ die gleichen Reaktionen katalysieren, unterscheiden sie sich doch in ihrer Primärstruktur. Für die
biologische Funktion ist wichtig, daß die Aktivität auf verschiedene Weise reguliert werden
kann.
Wir merken uns: Als Isoenzyme bezeichnet man Enzyme mit gleicher _____
aber unterschiedlicher _____ .

▷Lesen Sie jetzt im LB den Absatz „Isoenzyme".

20 Die zweite selektive Aktivität eines Enzyms ist neben seiner Wirkungsspezifität die

_____ .

Es werden also (in jedem Fall alle/keinesfalls alle) _____ Stoffe,
die eine bestimmte Reaktion eingehen können, an Enzyme gebunden und damit in die Lage
versetzt zu reagieren.

21 Enzyme reduzieren die _____ einer Reaktion, wodurch die Reaktionsgeschwindigkeit erhöht wird. Die Reaktionsgeschwindigkeit, von der wir auf die
_____ und die _____ des Enzyms schließen, wird definiert als Stoffumsatz
pro Zeiteinheit, was meistens in der Einheit Mikromol (μMol) pro Minute angegeben wird.

22 Wie muß das Massenwirkungsgesetz für folgende Gleichung aussehen, wenn angenommen wird,
daß sich aus Enzym und Substrat ein Komplex bildet?

Enzym + Substrat $\rightleftharpoons$ Enzym-Substrat-Komplex

_____ =

▷Lesen Sie jetzt im LB die Abschnitte 7 und 8 von Kapitel 5 durch.

23 Wenn einer bestimmten Enzymmenge mehr und mehr Substrat zugesetzt wird, nimmt die
Konzentration des _____ und damit die Reaktions-
_____ zu. An einem bestimmten Punkt erhöht die weitere Zugabe von
Substrat nicht mehr die Reaktionsgeschwindigkeit. Wann ist dies der Fall? Bei welcher
Reaktionsgeschwindigkeit?

_____

_____

_____

_____

▷ Antwortenvergleiche auf S. A24

24 Da die Sättigung nur als Grenzwert erreicht wird, läßt sich die Substratkonzentration für Sättigung nur schlecht bestimmen. Allerdings läßt sich aus der gut bestimmbaren maximalen Reaktionsgeschwindigkeit ohne weiteres die halbmaximale Reaktionsgeschwindigkeit errechnen.

Wenn die Reaktionsgeschwindigkeit der Konzentration des _____ proportional ist, dann muß bei halbmaximaler Geschwindigkeit die eine _____ des Enzyms als ES-Komplex, die andere _____ ungebunden vorliegen, was bedeutet, daß die Konzentrationen (E) und (ES) (genau gleich/verschieden groß) _____ sind.

Die sich aus dem Massenwirkungsgesetz

$$\frac{(E) \cdot (S)}{(ES)} = K$$

ergebende neue Formel lautet:

_____ .

Dieser Wert wird nach dem Begründer die „Michaelis-Konstante" (K_m) genannt. Der gefundene Wert K lautet:

(S) Halbmax. Geschwindigkeit = _____

Was bedeutet eine hohe „Michaelis"-Konstante im Hinblick auf die Substratkonzentration und die Affinität des betreffenden Enzyms zum Substrat?

_____   _____

_____

_____

_____

25 Durch Vereinfachung der Darstellungsmethoden von Enzymen liegen heute bereits viele Enzyme in kristallisierter, reiner Form vor, was die Bestimmung der „molekularen Aktivität" dieser Enzyme ermöglicht.
Statt dessen ist auch der Begriff „Wechselzahl" gebräuchlich. Beide Bezeichnungen geben an, wieviele Substratmoleküle pro Minute von einem Enzymmolekül umgesetzt werden können.

Welche Bedeutung hat eine hohe Wechselzahl für die Reaktionsgeschwindigkeit?

_____

_____

_____

_____

26 Die für die einzelnen Enzyme ermittelten Wechselzahlen beziehen sich jeweils auf die höchst-
möglichste Aktivität der Enzyme. Um sie zu erreichen, müssen ganz bestimmte optimale Bedingungen erfüllt sein. Die Eigenschaften von Enzymen sind beispielsweise stark pH-abhängig,
so daß die spezifische katalytische Enzymwirkung nur in einem bestimmten _____-Bereich
eintritt. Den _____ , in dem ein Enzym seine höchste Aktivität entfaltet, nennt
man das pH-Optimum.

27 Während viele Enzyme einerseits z.B. _____ als Aktivatoren benötigen,
kann man andererseits viele Enzyme durch bestimmte Substanzen „vergiften", d.h. ihre katalytische Aktivität vollkommen unterbinden. Als Beispiel für eine derartige „_____ "
von Enzymen merken wir uns, daß das Atmungsferment durch Cyanid ($CN^{\ominus}$) in seiner Wirkung blockiert wird.

28 In diesem Zusammenhang kann ein aus anderen Bereichen der Medizin bekanntes Phänomen
an Bedeutung gewinnen: die „*kompetitive Hemmung*".

Von _____ Hemmung spricht man dann, wenn ein anderes organisches Molekül aufgrund seiner strukturellen Ähnlichkeit mit dem Substrat um die Bindung am aktiven
Zentrum des Enzyms konkurriert, wobei jeweils derjenige Konkurrent (Hemmstoff oder Substrat), der in höherer Konzentration vorliegt, in der Lage ist, den anderen aus seiner Enzymbindung zu verdrängen.

Wenn also ein Hemmstoff eine kompetitive Hemmung dadurch bewirkt, daß er in reversibler
Bindung mit dem _____ vorliegt, so muß man nur die _____
erhöhen, um ihn wieder aus dieser Bindung zu vertreiben.

29 Neben der _____ Hemmung besitzt die allosterische Hemmung im Rahmen der
Enzymkatalyse eine wichtige Bedeutung. Bei diesem Hemmungstyp werden Inhibitor und
Substrat nicht an derselben Stelle des Enzymmoleküls gebunden, (konkurrieren/konkurrieren
also nicht) _____ miteinander um die Enzymbindung. Während
es sich bei der kompetitiven Hemmung lediglich um eine _____ zwischen
Hemmstoff und Substrat um die Enzymbindung handelt, verändert der Inhibitor bei der
allosterischen Hemmung die _____ des Enzyms.

30 Als allosterische Hemmstoffe wirken z.B. die Endprodukte längerer Stoffwechsel-Ketten.
Man spricht in diesem Fall von „Rückkopplungshemmung". Welche physiologische Bedeutung hat Ihrer Meinung nach dieser Regelmechanismus?

_____

_____

Aus dem Abschnitt 9 sollten Sie den Begriff Multi-Enzym-Komplex in Erinnerung behalten
haben. Definieren Sie bitte mit eigenen Worten, was darunter zu verstehen ist.

_____

_____

_____

▷ Antwortenvergleiche auf S. A24/25

31   ▷ Lesen Sie jetzt bitte Abschnitt 10 im Kapitel 5 einschl. der Tab. 5—2.

Man unterscheidet heute bei der Einteilung der Enzyme 6 Hauptklassen, deren Namen und generelles Wirkungsprinzip einzuprägen sind.

Schreiben Sie deshalb die Namen der 6 Hauptklassen aus Tabelle 5—2 heraus.

1. _____

2. _____

3. _____

4. _____

5. _____

6. _____

---

32   Zählen Sie nochmals die 6 Hauptklassen der Enzyme mit stichpunktartiger Angabe der Wirkung auf.

1. _____   kata-   _____
                        lysie-   _____
                        ren

2. _____   _____
                                _____

3. _____   _____

4. _____   _____
                                _____

5. _____   _____
                                _____

6. _____   _____

Kleine Erfolgskontrolle

33 Zu welchen chemischen Substanzgruppen gehören die bisher bekannten Enzyme?

_____

_____

34 Mit welchen anderen Namen kann man den Proteinanteil (a) und die nichtproteinartige, prosthetische Gruppe (b) eines Enzyms bezeichnen?

a) _____   b) _____

Welche Auswahlkriterien sind im Proteinanteil lokalisiert?

_____

_____

35 Durch welche Formel ist die chemische Energie ΔG^0 mit der Gleichgewichtskonstanten K verknüpft?

_____

_____

36 Was versteht man unter einer exergonischen (a) und einer endergonischen (b) Reaktion? Wie wirkt sich dieses Energieverhalten auf das Vorzeichen von ΔG aus?

a) _____

b) _____

_____

37 Wie beeinflußt ein Enzym bzw. ein Katalysator Aktivierungsenergie (a), Reaktionsgeschwindigkeit (b) und Gleichgewichtslage (c) einer chemischen Reaktion?

a) _____

b) _____

c) _____

_____

38 Was versteht man unter einem Fließgleichgewicht?

_____

_____

_____

Antwortenvergleiche auf S. 25

39   Durch welches chemische Prinzip kann man eine endergonische Reaktion trotzdem zum Ablauf bringen?

_____

_____

40   Was versteht man unter einer energiereichen Bindung? Durch welches formale Zeichen werden energiereiche Bindungen allgemein gekennzeichnet?

_____

_____

Formales Zeichen: _____

41   Definieren Sie bitte die Ausdrücke Wirkungsspezifität (a) und Substratspezifität (b) von Enzymen.

a) _____

_____

_____

b) _____

_____

_____

42   Was versteht man unter Isoenzymen?

_____

_____

_____

_____

43   Was gilt als Maß für die Menge und Wirksamkeit eines Enzyms?

_____

_____

44   Was versteht man unter der Michaelis-Konstanten K_m?

_____

_____

45   Definieren Sie bitte den Begriff „Wechselzahl".

_____

_____

_____

46   Welche Bedingungen haben Sie als Voraussetzungen einer optimalen Enzymaktivität kennengelernt?

1. _____

2. _____

3. _____

4. _____

5. _____

6. _____

47   Geben Sie den Unterschied zwischen kompetitiver und allosterischer Hemmung an.

_____

_____

_____

_____

_____

_____

_____

_____

Antwortenvergleiche auf S. A26

48   Was versteht man unter einem Multi-Enzym-Komplex?

_____

_____

_____

_____

49   Zählen Sie die 6 Hauptklassen der Enzyme auf.

1. _____

2. _____

3. _____

4. _____

5. _____

6. _____

Lektion 6:
Coenzyme

Lernelemente

1 Coenzyme und prosthetische Gruppen kann man zunächst einmal danach unterscheiden, daß Coenzyme (leicht/schwer) _____ , prosthetische Gruppen dagegen (leicht/schwer) _____ vom Apoenzym abtrennbar sind. Darüber hinaus gibt es jedoch noch einen bedeutungsvolleren Unterschied: Coenzyme und prosthetische Gruppen machen während der Katalyse unterschiedliche Verwandlungsprozesse durch.

▷Lesen Sie dazu zunächst die ersten 4 Absätze von Kapitel 6.

2 Die leicht abtrennbaren _____ spielen in der katalysierten Reaktion sozusagen die Rolle eines zweiten Substrates. Man könnte sie deshalb auch als Co-_____ bezeichnen. Sie fungieren ganz allgemein als Wasserstoff- oder Gruppendonator.

3 Im Gegensatz zum Coenzym, das nach Ablauf der katalysierten Reaktion vom Enzymprotein getrennt vorliegt, ist die prosthetische Gruppe während der gesamten Reaktion (fest/nicht) _____ an das zugehörige Enzymprotein gebunden. Sie nimmt ebenso wie das Coenzym im Reaktionsverlauf vorübergehend Wasserstoff oder andere Gruppen auf, um sie in einem zweiten Reaktionsschritt wieder abzugeben. Da Apoenzym und prosthetische Gruppe während der gesamten Reaktion miteinander _____ sind, muß das Holoenzym nacheinander mit zwei verschiedenen Substraten reagieren, von denen das eine den Wasserstoff _____ , das andere ihn wieder _____ .

▷Lesen Sie nun den Abschnitt 1 im Kapitel 6 zu Ende.

Geben Sie anschließend nochmals mit eigenen Worten den Unterschied zwischen Coenzym und prosthetischer Gruppe an.

_____

_____

_____

_____

_____

_____

_____

_____

_____

▷ Antwortenvergleiche s. S. A 28

4 Einige Vitamine sind Bestandteile von Coenzymen, weshalb zunächst geklärt werden muß, was Vitamine sind. *Vitamine* sind Nahrungsbestandteile, die im Organismus biokatalytische Funktionen ausüben, die für eine normale Entwicklung Bedingung sind. Die Eigenschaften als Biokatalysatoren lassen sich dadurch erklären, daß diese Vitamine Bestandteile von _____ sind.

---

5 Wir werden uns nun kurz mit dem Aufbau und der Einteilung der Coenzyme beschäftigen. Nahezu alle Coenzyme enthalten als wesentlichen Bestandteil Phosphorsäure.

▷ Lesen Sie dazu zunächst Kapitel 6, Abschnitt 3.

Geben Sie die Bindungsart an, in der die Phosphorsäure im Coenzym vorliegt.

_____

Nucleotide sind Bausteine der Nucleinsäuren. Nucleotide sind aus einer Base, aus dem Monosaccharid *Ribose* und _____ zusammengesetzt.

---

6 Bei Betrachtung der ersten beiden Coenzym-Gruppen wird schon am Gruppennamen deutlich, daß man die Coenzyme unterteilt nach _____ .

Damit läuft die Einteilung der Coenzyme größtenteils mit der der Enzyme parallel: die entsprechenden Enzyme der Coenzyme aus Gruppe I sind die _____ , der Gruppe II die _____ .

Geben Sie den Namen derjenigen Enzymgruppe an, die zu ihrer katalytischen Aktivität keine eigentlichen Coenzyme benötigt.

_____

---

7 Im folgenden werden wir, beginnend mit den Coenzymen der Oxireduktasen, einzelne Coenzyme besprechen. Dabei handelt es sich also um _____ -übertragende Coenzyme.

▷ Lesen Sie zunächst im LB Kapitel 6, Abschnitt 4 den Unterabschnitt „Die Nicotinamidnucleotide".

---

8 Viele wasserstoffübertragende Enzyme enthalten als wirksame Gruppen Dinucleotide, die — wie der Name schon sagt — aus _____ Nucleotiden zusammengesetzt sind.

Zählen Sie die bereits im LE 5 kennengelernten drei Nucleotidbausteine nochmals auf.

---

9   Eine Base der Dinucleotide (die typisches Cosubstrat vieler _____
ist) ist ein Pyridinderivat, das Nicotinsäureamid. Ersetzt man die COOH-Gruppe der Nicotin-
säure durch die Säureamid-Gruppe, so erhält man das _____ mit
der Formel:

---

10   Nun können wir die _____-Bindung zwischen dem Pyridiniumkation und dem
Monosaccharid _____ knüpfen. In nachstehender Zeichnung erkennen Sie, wo die beiden Bestandteile miteinander verbunden werden.

---

11   Das zweite _____ ist in unserem Fall Adenosin, bestehend aus der Purinbase
Adenin und dem Zucker Ribose. Um das Dinucleotid zu erhalten, müssen
_____ und _____ in diesem Fall durch
Phosphorsäure miteinander verbunden werden.
Mit der Verbindung der beiden Bestandteile durch _____ haben wir das
„Nicotinamid-adenin-dinucleotid", abgek. NAD, vorliegen. Dadurch ergibt sich folgende
Formel:

Nicotinamid-adenin-dinucleotid = Diphospho-pyridin-nucleotid
NAD⊕   =   DPN⊕

Dem NAD ist das Nicotinamid-adenin-dinucleotid-Phosphat (NADP) sehr ähnlich, da es nur
einen zusätzlichen dritten Phosphorsäure-Rest an der Ribose des Adenosins in 2′-Stellung
besitzt.

→

Antwortenvergleiche s. S. A 28

Die Abkürzungen NAD (Vollständiger Name: _____)
und NADP (Vollständiger Name: _____)
werden wegen der positiven Ladung des Pyridinteils dieser Coenzyme mit einem ⊕-Zeichen
versehen und sehen nun so aus:

————————

————————

---

12 Wie Sie wissen, besteht die Funktion dieser beiden Coenzyme in der reversiblen Aufnahme
von _____ . Dieser Vorgang spielt sich am Pyridinring des Nicotinamids ab.
Durch die Wasserstoffaufnahme wird der Pyridinring (reduziert/oxidiert) _____ ,
verliert eine Doppelbindung, und der Ringstickstoff verliert seine (positive/negative)
_____ Ladung, was sich abgekürzt so darstellen läßt:

$$NAD^{\oplus} + 2[H] \; \rightleftarrows \; NADH + H^{\oplus}$$

Ergänzen Sie bitte nachstehende Formeln so, daß die obige Gleichung stimmt.

$$
\begin{array}{ll}
\text{H} \quad \text{O} & \text{O} \\
\quad \text{C−NH}_2 \quad {}_{+2[H]} & \text{C−NH}_2 \\
\overset{\oplus}{\text{N}} \quad {}_{-2[H]} & \overset{+}{} \\
\quad\quad\quad & \text{N} \\
\text{Rib−Ⓟ—Ⓟ—Ade} & \text{Rib−Ⓟ—Ⓟ—Ade}
\end{array}
$$

---

13 Dadurch, daß NADH im Gegensatz zu _____ bei _____ mμ ein Absorptionsmaximum
zeigt, hat man mit dem Anstieg der Lichtabsorption in diesem Bereich ein Maß für die Menge
des im Reaktionsverlauf entstehenden _____ .

Man kann auch sagen: Die Zunahme der Absorption pro Zeiteinheit ist ein direktes Maß für
die _____ . Dieser „optische Test" findet im Labor häufig
Anwendung.

---

14 Aus Gründen der Vereinfachung verzichtet man darauf, die in biochemischen Reaktionsgleichungen häufig mitwirkenden Reduktionen von Pyridinnucleotiden durch die Strukturformel
darzustellen. Man wählt dafür vielmehr den Abkürzungsmodus NAD⊕ und NADH, der Ihnen
bereits geläufig ist.

Vervollständigen Sie in dieser Form die nachstehende Reaktionsgleichung (Dehydrierung
eines primären Alkohols zu einem _____).

$$NAD^{\oplus} + R - CH_2OH \; \rightleftarrows$$

15 Wie eingangs festgestellt, liegt die eigentliche Bedeutung dieser dissoziablen Coenzyme in der reversiblen Übertragung von _____ . Jedoch besteht zwischen den Coenzymen NADP$^{\oplus}$ und NAD$^{\oplus}$ ein Unterschied im Hinblick auf die Art und Weise, wie das reduzierte Coenzym wieder _____ wird.

Während NADP . H den Wasserstoff für Biosynthesen verschiedenster Art liefert, gibt NAD . H seinen Wasserstoff vor allem an die Enzyme der Atmungs-Kette ab.

Gemeinsam ist den beiden Coenzymen jedoch die _____ Übertragung von

_____ .

---

16 Nennen Sie nochmals die unterschiedlichen „Adressaten'' der Wasserstoffübertragung von

NAD·H: _____

NADP·H: _____

---

17 Das Vitamin B$_2$, _____ , ist ein Alloxazinderivat, bestehend aus einem Pteridin-ring mit einem ankondensierten Benzolring und dem 5wertigen Alkohol Ribit.

▷ Lesen Sie nun im LB den Abschnitt „Flavinnucleotide''.

Zählen Sie bitte nochmals die Bestandteile des Riboflavingerüstes auf:

_____

Wirkgruppe des „alten gelben Enzyms'' ist nicht das Riboflavin selbst, sondern die Riboflavin-5-Phosphorsäure, meist als Flavinmononucleotid (abgek. FMN) bezeichnet. Dieser Name ist an sich inkorrekt, da hier nicht ein N-Glykosid der Ribose, sondern ein Derivat des 5wertigen Alkohols _____ vorliegt. Da sich die Benennung FMN weitgehend eingebürgert hat, soll sie im folgenden beibehalten werden.

Allerdings kommt in den meisten Flavoproteinen nicht das „Mononucleotid'', sondern das Flavin-adenin-dinucleotid (abgek. FAD) vor, dessen Strukturformel so aussieht:

↳ Antwortenvergleiche s. S. A 29

18 Ebenso wie $NAD^\oplus$ ist (das Coenzym/die prosthetische Gruppe) _____
_____ FAD in der Lage, unter Einwirkung des zugehörigen Enzymsystems
_____ anzulagern und wieder abzugeben. Die Wasserstoffanlagerung erfolgt
bei den Flavinnucleotiden FMN und FAD am N^1 und N^{10} des Pteridinrings.

---

19 Wir haben bisher zwei Arten von Coenzymen der Oxidoreduktasen kennengelernt: die
_____ und die _____ .
Ein weiteres Redoxsystem, das in diese Coenzym-Gruppe gehört und in der Atmungs-Kette
eine Rolle spielt, ist das Ubichinon oder Coenzym Q.

---

20 Während es sich beim Ubichinon, dem _____ , wie der Name schon sagt, um
(ein Coenzym/eine prosthetische Gruppe) _____ handelt, fungiert das Hämin
als prosthetische Gruppe.

Als Hämin bezeichnet man $Fe^{3\oplus}$-Porphyrin, d.h. also eine _____-Porphyrin-Verbindung.
Es kommt in Cytochromen vor, die oft mit den Flavoproteinen vergesellschaftet sind.

Das _____ in den Cytochromen ist durch Wertigkeitswechsel des Eisens am Elektronentransport beteiligt, wodurch die Cytochrome als Oxidoreduktasen wirken können.

---

21 Sie haben noch einen weiteren wasserstoffübertragenden Cofaktor, der vor allem bei der oxidativen Decarboxylierung eine Rolle spielt, kennengelernt, die _____ .

---

22 Jetzt kommen wir zur zweiten Gruppe der Coenzyme, zu den _____
Coenzymen.

Wichtigster Vertreter ist das Adenosintriphosphat (abgek. _____), das wir bereits früher als
energiereiche Verbindung kennengelernt haben.

Adenosinmonophosphat ist ein Nucleotid und somit aus drei Bestandteilen aufgebaut: einer
Base, einem Zucker und _____ .

▷ Lesen Sie jetzt bitte Kapitel 6, Abschnitt 5.

Geben Sie an, um welche Base bzw. welchen Zucker es sich beim ATP handelt.

Base: _____

Zucker: _____

Die Basen-Zucker-Verbindung (N-Glykosid-Bindung) heißt als Nucleosid _____ .

---

23 Vom Adenosin zum Adenosinphosphat gelangt man durch Veresterung der OH-Gruppe in
5'-Stellung der Ribose mit Phosphorsäure. Die Verbindung mit einer Phosphorsäure heißt
Adenosinmonophosphat (abgek. AMP). Durch Bindung einer oder zweier weiterer Phosphor-

→

säuren erhält man Adenosindiphosphat (abgek. ADP) bzw. das Adenosintriphosphat (abgek.
_____).

Geben Sie mit Hilfe nachstehender Formel von ADP die Strukturformel von AMP und ATP
an. Beachten Sie dabei, daß AMP keine, ADP eine und ATP zwei energiereiche Phosphatbin-
dung(en) hat.

Adenin

$$\text{CH}_2-\text{O}-\overset{\overset{\text{O}}{\|}}{\underset{\underset{\text{O}^{\ominus}}{\|}}{\text{P}}}-\text{O}\sim\overset{\overset{\text{O}}{\|}}{\underset{\underset{\text{O}^{\ominus}}{\|}}{\text{P}}}-\text{O}^{\ominus}$$

OH HO

Ade—Rib—(P)~(P)

Adenosindiphosphat
ADP   AMP

ATP

In vereinfachter Darstellung hat ADP die Form Ade—Rib—(P)~(P) .

Geben Sie die entsprechenden Schreibweisen für AMP und ATP an.

_____   _____

AMP   ATP

---

24 ATP besitzt mit (ein/zwei/drei) _____ energiereichen Bindungen ein (hohes/niedriges)
_____ Gruppenübertragungspotential. Am häufigsten wird der Orthophosphat-Rest übertragen.

Ergänzen Sie die begonnene Reaktionsgleichung.

Ade—Rib—(P)~(P)~(P) $\xrightarrow{+ \text{ROH}}$ _____

---

25 Aufgrund des hohen _____ für Phosphat-Gruppen
kann ATP die Phosphorsäure auf alkoholische Hydroxy-Gruppen, auf Säuregruppen oder auf
Amid-Gruppen übertragen. Die Übertragungsreaktion wird von Enzymen katalysiert, die man
als _____ bezeichnet.

 Antwortenvergleiche s. S. A 30

26 An Stelle des _____-Phosphatrestes, den wir als erste vom ATP übertragende Gruppe kennengelernt haben, kann der Pyrophosphatrest übertragen werden. Diese Reaktion, die unter Freisetzung von _____ verläuft, ist jedoch vergleichsweise selten.

Vervollständigen Sie bitte die begonnene Formulierung der Reaktion.

Ade—Rib—(P)~(P)~(P) $\xrightarrow{\text{+ ROH}}$ _____ + _____

---

27 Bisher haben wir die Übertragung von _____ und _____ durch ATP und die damit verbundene Freisetzung von ADP und AMP erwähnt. Relativ häufig kann aber auch AMP übertragen und _____ freigesetzt werden.

Vervollständigen Sie die nachstehende Reaktionsgleichung.

Ade—Rib—(P)~(P)~(P) $\xrightarrow{\quad +R-C\overset{O}{\underset{OH}{\diagdown}}\quad}$ _____ + _____

Meist entsteht durch diese Übertragung von _____ eine Verbindung mit hohem Gruppenübertragungspotential, d.h. eine „aktivierte Verbindung".

Die Bildung der neuen _____ Verbindung kann aus Gründen der Gleichgewichtslage jedoch manchmal schwierig sein. Dann kann die Reaktion durch Spaltung des Pyrophosphats mit Hilfe der Pyrophosphatase dennoch erzwungen werden, da durch die Entfernung von (P)~(P) das Gleichgewicht verschoben wird.

---

28 Als Beispiel für eine derartige energetische Kopplung nennt das LB Ihnen die Bildung von aktivem _____ . ATP reagiert mit Schwefelsäure in einer stark (exergonischen/endergonischen) _____ Reaktion. Es wird also (viel/wenig) _____ Adenosin-Phosphorylsulfat gebildet. Wodurch wird dieser unerwünschte Zustand gebessert und warum?

_____

_____

_____

_____

_____

---

29 Außer der Übertragung von _____ , _____ und _____ ist die Übertragung des Adenosylrests unter Abspaltung von Orthophosphat und Pyrophosphat die vierte Reaktionsmöglichkeit des ATP. Die Übertragung des _____ spielt bei der Bildung der „aktiven Methylgruppen" eine Rolle, die wir im folgenden Abschnitt kennenlernen werden.

→

Zählen Sie vorher nochmals die vier Möglichkeiten auf, welche Gruppen vom ATP übertragen werden können, und geben Sie gleichzeitig an, welche Reste vom ATP dabei abgespalten werden.

Übertragen werden kann: *Abgespalten wird dabei:*

a) _____   _____

b) _____   _____

c) _____   _____

d) _____   _____

---

30 Wir kommen nun zu den Coenzymen des C_1-Stoffwechsels, die, ebenso wie das ATP, zu der zweiten Gruppe der Coenzyme unserer Einteilung, den _____ Coenzymen, gehören. Schauen wir uns zunächst an, welche Bruchstücke mit einem Kohlenwasserstoffatom im Stoffwechsel auftreten und von welchen Verbindungen sie sich ableiten.

▷ Lesen Sie dazu Kapitel 5, Abschnitt 6. Geben Sie die 4 dort aufgezählten C_1-Bruchstücke hier an.

a) _____

b) _____

c) _____

d) _____

---

31 Diese vier im Stoffwechsel auftretenden Bruchstücke haben ein gemeinsames Strukturmerkmal:

_____

Sie leiten sich jeweils von verschiedenen Verbindungen ab.

a) Vom Methanol $HO-CH_3$ leitet sich ab die _____

b) vom Formaldehyd $HO-CH_2-OH$ leitet sich ab die _____
_____

c) von der Ameisensäure $H-COOH$ leitet sich ab die _____

d) von der Kohlensäure $HO-COOH$ leitet sich ab die _____ .

▷ Antwortenvergleiche s. S. A 31

32 Geben Sie die Zwitterionenformel von L-Methionin, dem wichtigsten Methylgruppenlieferanten, an.

L-Methionin

Durch ATP wird die an einem _____-Atom hängende Methylgruppe in Methionin „aktiviert", wobei eine sehr reaktionsfähige Sulfoniumverbindung entsteht. Wie im LE 29 bereits erwähnt, überträgt ATP unter Abspaltung von Ortho- und Pyrophosphat den _____-Rest. Die nun vorliegende _____-Verbindung, die man als „Adenosylmethionin" oder „aktives Methyl" bezeichnet, ist in der Lage, ihre _____ _____ zu übertragen.

---

33 Betrachten wir nun die Strukturformel der Folsäure. Sie ist aus drei Bestandteilen aufgebaut: einem substituierten Pteridinring, der Aminobenzoesäure und der Glutaminsäure.

Beschriften Sie in der nachstehenden Formel die drei Bestandteile. Grenzen Sie sie durch Trennungsstriche gegeneinander ab.

---

34 Das Coenzym für die „Übertragung von Hydroxymethyl- und Formylgruppen ist nun nicht die Folsäure selbst, sondern die _____ . Die Strukturformel dieser Verbindung unterscheidet sich von der der Folsäure — wie der Name schon sagt — durch _____ _____ .

---

35 Der sog. „aktivierte Formaldehyd" wird als Hydroxymethylgruppe — CH_2OH unter H_2O-Abspaltung am N^{10} gebunden, wo er leicht eine Brücke zum N^5 des Pteridinrings bildet.

→

Zeichnen Sie den Ringschluß in die Formel der Tetrahydrofolsäure ein. Die entsprechende Verbindung trägt den Namen N^5, N^{10}-Methylentetrahydrofolsäure.

---

36 Mit der N^5, N^{10}-Methylen-tetrahydrofolsäure liegt die Form vor, in der die _____ _____ an der Übertragung der Hydroxymethyl-Gruppe bzw. des „aktivierten _____" beteiligt ist. Die Hydroxymethyl-Gruppen selbst stammen zum großen Teil von der bekannten Aminosäure Serin.

Geben Sie die Zwitterionenform der Strukturformel von L-Serin an. Unterstreichen Sie darin die Hydroxymethyl-Gruppe.

(Ser)

---

37 Die Formylgruppe, die z.B. von den Aminosäuren _____ und _____ stammen kann, wird ebenso wie die _____-Gruppe am N^{10}-Atom der Tetrahydrofolsäure gebunden. Damit liegt die „aktive Ameisensäure" vor, die u.a. in der Purinsynthese verbraucht wird, wie wir später sehen werden.

---

38 Zusammenfassend merken wir uns von der Tetrahydrofolsäure, daß sie die _____ _____-Gruppe und die _____-Gruppe am _____-Atom auf hohem Gruppen- übertragungspotential gebunden trägt und damit an der Übertragung dieser beiden C_1-Bruch- stücke beteiligt ist.

---

39 Eines der vier genannten C_1-Bruchstücke haben wir bisher im Hinblick auf seine Übertragung noch nicht besprochen: die Carboxy-Gruppe COOH.

An der Übertragung der _____-Gruppe ist das Biotin beteiligt, das als Vitamin H bekannt ist und die nebenstehende Strukturformel hat:

Biotin

→

Antwortenvergleiche s. S. A 32

Das Vitamin H, _____ , ist ein cyclisches Harnstoffderivat, das durch das Eiklar-
protein Avidin gebunden und dadurch inaktiviert werden kann. Avidin wird als Protein durch
Erhitzen _____ und ist danach (in der Lage/nicht mehr in der Lage) _____
_____ , Biotin zu inaktivieren.

---

40 Das unter dem aktivierenden Einfluß von _____ enstandene aktive _____
greift im Stoffwechsel, wie wir später noch sehen werden, bei zahlreichen Carboxylierungs-
reaktionen ein.

Zählen Sie nun zur Wiederholung nochmals die vier im Stoffwechsel anfallenden C_1-Bruch-
stücke auf. Geben Sie die für ihren Transport verantwortlichen Coenzyme bzw. prosthetischen Gruppen dahinter in Klammern an.

a) _____

b) _____

c) _____

d) _____

---

41 Wir wenden uns nun den Coenzymen des C_2-Stoffwechsels zu, wobei drei im Stoffwechsel
anfallende C_2-Bruchstücke von größerer Bedeutung sind:

a) Acetaldehyd $H_3C-C\!\!\begin{smallmatrix}O\\\\H\end{smallmatrix}$

b) Glykoaldehyd $HOH_2C-C\!\!\begin{smallmatrix}O\\\\H\end{smallmatrix}$

c) Essigsäure $H_3C-COOH$

Lesen Sie zunächst Kapitel 6, Abschnitt 7, im LB.

---

42 Die ersten beiden der genannten C_2-Bruchstücke, der _____ und der _____
_____ , werden im Stoffwechsel unter Mitwirkung der prosthetischen Gruppe
Thiaminpyrophosphat übertragen.
Thiaminpyrophosphat enthält das Vitamin B_1, Thiamin. Das Vitamin B_1 _____
setzt sich aus einem substituierten Pyrimidinring und einem substituierten Thiazolring zusammen, die nicht durch Kondensation, sondern über den quartären Stickstoff des Thiazolrings
miteinander verbunden sind.

Markieren Sie in der nebenstehenden Strukturformel
durch einen Trennungsstrich an der Verknüpfungs-
stelle die beiden Bestandteile. Beschriften Sie diese
mit den Namen der Ringsysteme.

Thiamin

43 Die Strukturformel vom Thiamin, dem Vitamin _____ , ist Ihnen bekannt. Die in unserem Zusammenhang als (prosthetische Gruppe/Coenzym) _____ wirksame Verbindung ist nicht das Thiamin selbst, sondern sein _____ . In dieser Verbindung, dem _____ , trägt die $-CH_2OH$-Gruppe des Thiazolringes ein Diphosphat-Molekül.

Ergänzen Sie bitte die nachstehende Strukturformel. Unterstreichen Sie den Phosphatanteil.

---

44 Außer Acetaldehyd und Glykolaldehyd haben wir als drittes C_2-Bruchstück des Stoffwechsels die _____ genannt. Deren Rest und der Rest anderer Carbonsäuren werden vom Coenzym A (abgek. CoA) übertragen.

Essigsäure und andere Carbonsäuren werden so vom _____ gebunden, daß sie ein hohes Gruppenübertragungspotential besitzen. Das heißt: ihre Hydrolyse ist (exergonisch/endergonisch) _____ .

---

45 Die Struktur des Coenzyms A ist, wie Sie im LB gelesen haben, recht kompliziert. Die wichtigsten Bestandteile des Coenzyms A kann man sich zunächst in folgende drei Einheiten zerlegt vorstellen:

Adenosin-3',5'_____; _____-Pantothen-_____ und Cysteamin

Unterteilen Sie die nachstehende Strukturformel von Coenzym A durch Vergleich mit dem LB in die genannten drei Einheiten. Beschriften Sie diese.

Coenzym A

---

46 Ein weiterer Teil der Struktur des CoA, die _____ , ist die einen Phosphatrest tragende Pantothensäure, die sich aus Panteinsäure und β-Alanin zusammensetzt.

→

Antwortenvergleiche s. S. A 32/A 33

Teilen Sie mit Hilfe des LB durch einen Trennungsstrich die Formel der Phospho-Pantothensäure in ihre beiden Bestandteile. Beschriften Sie diese.

$$\text{P}-O-CH_2-\underset{\underset{H_3C}{|}}{\overset{\overset{H_3C}{|}}{C}}-\underset{\underset{OH}{|}}{\overset{\overset{H}{|}}{C}}-\underset{O}{C}\diagdown NH-CH_2-CH_2-C\diagup^{O}_{OH}$$

Phospho-Pantothensäure

---

47   Der letzte fehlende Strukturanteil des CoA ist das Cysteamin, ein Decarboxylierungsprodukt
der Aminosäure Cystein, mit der Formel: $H_2N-CH_2-CH_2-SH$. Von diesem Anteil wird in
endergonischer Reaktion der _____ -Rest

$$H_3C-C\diagup^{O}_{\diagdown}$$

an die freie SH-Gruppe gebunden. Es entsteht die Acetyl-CoA, die aktivierte Essigsäure, die
man abgekürzt so schreibt:

$$H_3C-C\overset{O}{\underset{S\;\overline{Co\;A}}{\diagup\diagdown}}$$

---

48   Die Reaktionen der aktivierten Essigsäure (Acetyl-CoA) lassen sich in zwei Gruppen einteilen:

1. die Reaktionen der Carboxy-Gruppe,

2. die Reaktionen der Methylgruppe bzw. der α-Methylgruppe, wenn es sich um
   höhere Homologe handelt.

Zunächst betrachten wir die Reaktionen der Carboxy-Gruppe, wobei Ihnen zwei Reaktionsmöglichkeiten aus dem ersten Kapitel des LB bekannt sein sollten.
Um welche handelt es sich dabei?

_____

_____

---

49   Bei der Esterbildung wird in der _____ , bei der Säureamidbildung in der
_____ ein H-Atom durch den Acylrest ersetzt.

Zählen Sie nun bitte die drei genannten Reaktions-   1. _____
möglichkeiten der Carboxy-Gruppe des Acetyl-CoA
auf.   2. _____

                                                       3. _____

---

50 Nachdem wir damit die wichtigsten Coenzyme des C_2-Stoffwechsels und einige Gesichtspunkte ihres Reaktionsverhaltens kennengelernt haben, halten wir nochmals fest: Überträger des aktiven Acetaldehyds bzw. Glykolaldehyds ist das _____ .
Überträger der aktivierten Essigsäure ist _____ .

Wir betrachten nunmehr noch einige andere gruppenübertragende Coenzyme.

▷ Lesen Sie hierzu zunächst Kapitel 6, Abschnitt 8.

Wir besprechen als erstes gruppenübertragendes Coenzym das *Uridindiphosphat* als Überträger der „aktiven Glucose", das die nachstehende Strukturformel hat und sich vom ADP lediglich im (Basen-/Zucker-) _____-Anteil unterscheidet.

---

51 Während _____ eine Bedeutung als Träger der aktiven Glucose hat, spielt Cytidindiphosphat bei der Phosphatidbiosynthese eine entscheidende Rolle. Haben wir im ADP die Base _____ , im UDP die Base _____ als Molekülanteil kennengelernt, so haben wir es nun beim Cytidinphosphat mit der Base Cytosin zu tun (diese Base wird in Lektion 7 noch ausführlich besprochen), woraus sich nachstehende Formel ergibt:

Cytidintriphosphat

---

52 Als Coenzym der _____ verknüpft Cytidintriphosphat Diglyceride mit Phosphorylcholin. Dazu wird zunächst Cholinphosphat durch Verbindung mit Cytidintriphosphat in eine energiereiche Bindung gebracht. Das Reaktionsprodukt ist das Cytidindiphosphat-Cholin.

Vervollständigen Sie bitte die nachstehende Reaktionsgleichung.

_____ + _____
Cytidin-diphosphat-cholin

→

⊐ Antwortenvergleiche s. S. A 33

Wir werden auf die Rolle des _____ als Coenzym der Phosphatid-
biosynthese bei der Besprechung der Glycerinphosphatide noch zurückkommen.

---

53 Als Coenzym des Aminosäurestoffwechsels besitzt das Pyridoxalphosphat entscheidende
Bedeutung. Es ist ebenso wie die verwandten Stoffe Pyridoxal und Pyridoxamin ein Derivat
des Pyridinrings.

Im Falle des Pyridoxals ist der Pyridinring mit einer CH_2OH-Gruppe in 5-Stellung, einer

$$\underset{\diagdown}{\overset{\displaystyle O}{\underset{\diagup}{H-C}}}\text{-Gruppe}$$

in 4-Stellung, einer Hydroxy-Gruppe in 3-Stellung und einer Methylgruppe in 2-Stellung substituiert. Zeichnen Sie aus diesen Angaben die Strukturformel von Pyridoxal.

---

54 Das Coferment des Aminosäurestoffwechsels ist nun nicht Pyridoxal selbst, sondern Pyridoxalphosphat, in welchem die CH_2OH-Gruppe mit Phosphorsäure verestert ist. Wie muß die Strukturformel von Pyridoxalphosphat aussehen?

Als Coferment des Aminosäurestoffwechsels ist _____ in der Lage,
Aminosäuren an der

$$\underset{\diagdown}{\overset{\displaystyle O}{\underset{\diagup}{H-C}}}\text{-Gruppe}$$

unter Wasserabspaltung reversibel zu binden. Das daraus entstehende Zwischenprodukt
bezeichnet man als Schiffsche Base (auf deren verschiedene Reaktionsmöglichkeiten wir noch
zurückkommen werden).

→

Geben Sie in dem nachstehenden Reaktionsschema die Formel der Schiffschen Base an.

Pyridoxalphosphat

---

55 Damit haben wir die wichtigsten Coenzyme der zweiten Gruppe unserer Einteilung, der
_____ Coenzyme behandelt. Wir werden jetzt noch kurz einige
Coenzyme betrachten, die mit anderen Enzymen als den Transferasen kooperieren.
Liegt das Gleichgewicht der katalysierten Reaktion nicht auf der Seite der Spaltung, sondern
auf der Seite der Synthese, so bezeichnet man das katalysierende Enzym nicht als _____
sondern als Synthase. An den Reaktionen der Synthasen partizipieren zahlreiche durch
Coenzyme aktivierte Gruppen.

▷ Lesen Sie bitte im LB Kapitel 6, Abschnitt 9. Geben Sie die dort genannten Beispiele für derartige durch Coenzyme aktivierte Gruppen an.

---

56 Betrachten wir kurz ein Coenzym, das manchmal bei Carboxyverschiebungen mitwirkt. Es leitet sich von einem Vitamin ab, das als Schutzfaktor gegen die perniziöse Anämie wirkt.
Es hat den Trivialnamen „Cobalamin''. Wenn Sie den anderen Namen dieses Faktors bereits
wissen, geben Sie ihn bitte hier an:

---

57 Vitamin B_{12}, der Schutzfaktor gegen die _____ , zeigt in seiner
komplizierten Struktur eine gewisse Verwandschaft zum Häminsystem, das wir beim Aufbau
des Hämoglobins noch näher kennenlernen werden.

▷ Antwortenvergleiche s. S. A 34

Kleine Erfolgskontrolle

58   Definieren Sie die Begriffe „Coenzym" und „prosthetische Gruppe" unter Betonung ihrer Unterschiede.

_____

_____

_____

_____

_____

_____

_____

_____

59   Die biokatalytische Funktion zahlreicher Vitamine ist heute weitgehend bekannt. Worin besteht sie?

_____

_____

60   Wie heißt das Coenzym, das die nachstehende Strukturformel besitzt? Mit welcher Hauptklasse von Enzymen arbeitet es zusammen? Welche Funktion übt es dabei aus?

_____

_____

_____

_____

61 Demonstrieren Sie in dem nachstehenden begonnenen Formelschema die reversible Aufnahme von Wasserstoff durch NAD$^{\oplus}$.

62 Welchen physikalischen Unterschied zwischen NAD$^{\oplus}$ und NAD$\cdot$H macht man sich in der Praxis zur getrennten Bestimmung der beiden Substanzen zunutze?

63 Geben Sie die Strukturformel von Adenosintriphosphat an. Benennen Sie seine Bestandteile.

64 Welche Gruppen können von ATP übertragen werden?

65 Nennen Sie bitte die drei Reaktionsschritte, die aus energetischen Gründen zur Bildung von aktivem Sulfat aus ATP und H_2SO_4 notwendig sind. Gebrauchen Sie dabei die abgekürzte Schreibweise (z.B. Ad—Rib—$\textcircled{P}$ ~ $\textcircled{P}$ ~ $\textcircled{P}$).

→

Antwortenvergleiche s. S. A 35

1. _____

2. _____

3. _____

---

66 Wie heißen die vier im Stoffwechsel auffallenden C_1-Bruchstücke und die jeweiligen Coenzyme bzw. prosthetischen Gruppen, die für den Transfer dieser Gruppen verantwortlich sind?

C_1-Bruchstücke	Coenzyme/prosthetische Gruppen
a) _____	_____
b) _____	_____
c) _____	_____
d) _____	_____

---

67 Welche Aminosäuren kommen als Lieferanten folgender Gruppen in Frage?

a) Methylgruppe: _____

b) Hydroxymethylgruppe: _____

c) Formylgruppe: _____

---

68 Durch welche Coenzyme bzw. prosthetischen Gruppen werden folgende C_2-Bruchstücke übertragen?

a) Acetaldehyd: _____

b) Glykolaldehyd: _____

c) Essigsäure: _____

---

69 Vervollständigen Sie das nachstehende Formelgerüst zur Strukturformel von Thiamin.

$$CH_2$$

70 Nennen Sie die Einzelbestandteile, aus denen sich das Coenzym A zusammensetzt. Geben Sie an, an welcher Stelle der Essigsäurerest gebunden wird.

_____

_____

_____

_____

71 Welche zwei Gruppen von Reaktionsmöglichkeiten des Acetyl-CoA kennen Sie?

a) _____

b) _____

72 Welche Funktionen von Uridindiphosphat (a) und Cytidindiphosphat (b) haben Sie kennengelernt?

a) _____

b) _____

_____

73 Ergänzen Sie die nachstehenden Strukturformeln so, daß Pyridoxol (a), Pyridoxalphosphat (b) und Pyridoxaminphosphat (c) daraus entsteht.

Pyridoxol

a)

Pyridoxal-
phosphat

b)

Pyridoxamin-
phosphat

c)

74 Zu welchem Verbindungstyp gehört das Zwischenprodukt, das bei der Vereinigung von Pyridoxalphosphat mit einer Aminosäure entsteht?

_____

_____

Antwortenvergleiche s. S. A 36

75 a) Gegen welche Krankheit ist Vitamin B_{12} ein Schutzfaktor?

_____

b) Zu welchem anderen Struktursystem zeigt seine Strukturformel eine gewisse Ähnlichkeit?

_____

76 Um welche Vitamine handelt es sich bei den nachstehenden Substanzen?

a) Riboflavin: _____

b) Biotin: _____

c) Thiamin: _____

d) Cobalamin: _____

Lektion 7:
Nucleinsäuren und Proteinbiosynthese

Lernelemente

1 Bei den Kohlenhydraten der Nucleinsäuren handelt es sich um Polyhydroxyaldehyde (bzw. -Ketone) mit fünf C-Atomen, sog. _____ , die als cyclische Halbacetate vorliegen. Nach den zwei verschiedenen Zuckern, die bei den Nucleinsäuren vorkommen, können wir diese in zwei Gruppen unterteilen:

      1.. Die Nucleinsäuren, die Ribose als Zuckerbestandteile haben und die man deshalb
      als _____-Nucleinsäuren (abgek. RNS oder RNA) bezeichnet, und

      2. die Nucleinsäuren, deren Zucker Desoxyribose ist und die deshalb
      _____-Nucleinsäuren (abgek. DNS oder DNA) heißen.

---

2 Nachstehend finden Sie die Strukturformel der β-D-Ribose, dem Zuckerbestandteil der _____ (abgek. _____ oder _____).

Geben Sie die Strukturformel von β-D-Desoxyribose an, die an C-2 statt der OH-Gruppe ein zweites Wasserstoffatom trägt.

β-D-Ribose   β-D-Desoxyribose

Nucleinsäuren, die das Kohlenhydrat (Ribose/Desoxyribose) _____ als Bestandteil tragen, fungieren in der Proteinbiosynthese, diejenigen, welche (Ribose/Desoxyribose) _____ als Bestandteil aufweisen, stellen das genetische Material dar.

---

3 Das Grundgerüst der Pyrimidinbasen ist der Pyrimidinring, ein Sechsring mit zwei Stickstoffatomen in 1- und 3-Stellung.

      Pyrimidin

Fügen wir in 2- und 4-Stellung je eine Hydroxy-Gruppe an den Ring an, so haben wir die organische Base Uracil vorliegen. Aufgrund der möglichen Tautomerie in diesem Molekül können die Wasserstoffatome der beiden OH-Gruppen auch am Ringstickstoff sitzen; der →

Antwortenvergleiche s. S. A 37

Sauerstoff ist dann durch eine (Einfach-/Doppel-) _____-Bindung mit dem Pyrimidin-ring verbunden.

Geben Sie jetzt die Strukturformel dieser Form des Uracils an.

Uracil (tautomere Formen)

---

4   Die zweite Pyrimidinbase, das Cytosin, unterscheidet sich vom Uracil lediglich durch die Ringsubstitution in 4-Stellung: An Stelle der OH-Gruppe liegt beim Cytosin eine Amino-Gruppe vor.

Stellen Sie die Formeln von Uracil und Cytosin gegenüber. Markieren Sie die unterschiedlichen Gruppen.

Cytosin   Uracil

---

5   Als dritter wichtiger Vertreter kommt zu den beiden (Purin-/Pyrimidin-) _____-Basen Uracil und Cytosin noch das Thymin hinzu, das sich vom Uracil lediglich durch eine zusätzliche Methylgruppe in 5-Stellung am Ring unterscheidet.

Stellen Sie Uracil und Thymin gegenüber. Markieren Sie die unterschiedliche Gruppe.

Uracil   Thymin

---

6   Die zweite Gruppe von Basen, die in Nucleinsäuren vorkommen, sind die *Purinbasen.* Substituiert man Purin in 6-Stellung mit einer Amino-Gruppe, so erhält man die Base Adenin, die als Bestandteil des Coenzyms _____ bereits bekannt ist.

Geben Sie die Strukturformel von Adenin an,
und tragen Sie die Ringzählung ein.

Adenin

---

7 Eine zweite häufig in Nucleinsäuren auftretende Purinbase ist neben dem _____ das Guanin oder 2-Amino-6-hydroxypurin. Die Hydroxy-Gruppe in 6-Stellung kann auf Grund der Tautomerie das H-Atom an den Ringstickstoff in 1-Stellung abgeben.

Stellen Sie diese Form des Guanins dem Adenin gegenüber. Markieren Sie die unterschiedlichen Gruppen der beiden Basen.

Adenin   Guanin

8 Wir haben inzwischen die fünf wichtigsten organischen Basen, die wir als Bauelemente der Nucleinsäuren vorfinden, kennengelernt. Es sind die Pyrimidinbasen _____ , _____ und _____ sowie die Purinbasen _____ und _____ .

In den Nucleinsäuren sind die Basen durch eine sog. N-Glykosidbindung mit der Zuckerkomponente (_____ oder _____) verbunden. Die Bindung erfolgt formal unter Wasserabspaltung zwischen dem Ringstickstoff in 1-Stellung bei den Pyrimidinbasen und der OH-Gruppe des Zuckers in 1-Stellung.

Vervollständigen Sie das Reaktionsschema.

$HO-CH_2$ OH

HO   OH

Ribose   Uracil   Uridin

+   ⇄ H_2O +

9 Die durch _____-Bindung zwischen organischer Base und Zucker entstandene neue Verbindung bezeichnet man als Nucleosid. Um die Ringbezifferung zwischen Base und Zucker unterscheiden zu können, werden die C-Atome des Zuckers mit _____ beziffert.

Geben Sie die Formel des Nucleosidcytidins an, das aus der Base Cytosin und dem Zucker Ribose besteht. Tragen Sie die Bezifferung beider Ringsysteme ein.

Cytidin

Antwortenvergleiche s. S. A 38

10   Wie heißen die entsprechenden Nucleoside aus Ribose bzw. Desoxyribose und den nachstehenden Basen?

Thymin: _____

Adenin: _____

Uracil: _____

Guanin: _____

Cytosin: _____

11   Tritt Phosphorsäure als dritter Nucleinsäurebaustein in ein Nucleosid ein, so bezeichnet man es als Nucleotid. Die Phosphorsäure wird esterartig an die Ribose bzw. Desoxyribose gebunden.

Geben Sie die Formel des Adenosin-5'-phosphats an, wobei Sie den Phosphatrest voll ausschreiben sollen.

Adenosin-5'-phosphat

Geben Sie nun nochmals den Unterschied zwischen Nucleosiden und Nucleotiden an:

_____

_____

_____

_____

_____

▷ Lesen Sie nun im LB Kapitel 7 bis zum Abschnitt „Abbau der Purinbasen"
auf S. 109.

12   Vom Abbau der Purinbasen prägen wir uns den wichtigsten Aspekt ein: *Die meisten Puridinderivate werden in Harnsäure umgewandelt.* So kann sich z.B. beim Menschen der normale Harnsäurespiegel im Blut durch Überproduktion erhöhen, was zur Ablagerung der Harnsäure in den Gelenken führt (Gicht).

13   ▷Lesen Sie jetzt bitte im LB Kapitel 7, Abschnitt 3.

Nucleinsäuren sind hochmolekulare Polynucleotide. Die Zuckeranteile der Nucleoside sind durch Phosphorsäure miteinander verbunden. Bei den Desoxyribonucleosiden der DNA kann sich die Phosphorsäure-Bindung, die in Form einer Diester-Bindung zustande kommt, nur unter Beteiligung einer Hydroxy-Gruppe der Desoxyribose ausbilden.

Geben Sie an,

     a) bei welcher der folgenden Stellungen diese Bedingung erfüllt ist, und

     b) warum bei den anderen Stellungen keine Ester-Bindung mit der Phosphorsäure möglich ist:

1'-Stellung: _____   _____

2'-Stellung: _____   _____

3'-Stellung: _____   _____

4'-Stellung: _____   _____

5'-Stellung: _____   _____

---

14   Das Molekulargewicht der nativen DNA kann mehr als 10^9 Dalton betragen; d.h. die Kettenlänge der DNA ist im allgemeinen sehr (groß/klein) _____ . Die Basen Thymin und Adenin findet man dabei ebenso wie Guanin und Cytosin jeweils genau im Molverhältnis 1:1, also (nicht paarweise/paarweise) _____ in der DNA vorliegen.

Desoxyribonucleinsäuren sind somit Polynucleotide mit (hohem/niedrigem) _____ Molekulargewicht, in denen die Basen _____ und _____ ebenso wie _____ und _____ paarweise, d.h. gleich häufig vorkommen. Was bedeutet das im Hinblick auf das Verhältnis von Purin- zu Pyrmidinbasen?

_____

Während wir die Base _____ in DNA praktisch nie vorfinden, ist das Vorkommen von _____ für diesen Nucleinsäuretyp kennzeichnend.

---

15   Der Aufbau der Ribonucleinsäuren gleicht dem der Desoxyribonucleinsäuren sehr stark. Auch hier finden wir durch 3'-5'-Phosphordiester-Bindung verknüpfte Nucleoside. Nur beim Zucker handelt es sich jetzt um _____ , die im Gegensatz zur _____ der DNA in 2'-Stellung eine _____-Gruppe trägt.

Schreiben Sie die nachstehende schematische Darstellung eines RNA-Kettenabschnitts in die Kurzschreibweise um.

→

 Antwortenvergleiche s. S. A 39

Adenin

Thymin

Cytosin

Guanin

Thymin

Desoxyribonucleinsäure
(Formelausschnitt)

---

16 Die Sequenz der durch Phosphorsäure verknüpften Nucleoside wird durch ihre Anfangsbuchstaben abgekürzt, wobei die Phosphorsäure-Bindung durch p oder einfach durch den Bindestrich gekennzeichnet wird.

Geben Sie die Kurzschreibweise eines RNA-Ausschnittes an, dessen Nucleoside in der Reihenfolge Adenosin, Cytidin, Adenosin, Guanosin, Cytidin, Uridin, Cytidin, Guanosin, Adenosin miteinander verbunden sind.

---

17 Wir unterscheiden drei Klassen von Ribonucleinsäuren, deren einzelne Funktionen später noch genauer besprochen werden:

　　　　1. Die ribosomale RNA (rRNA),

　　　　2. die Matrizen- oder Messenger-RNA (mRNA),

　　　　3. die lösliche Transfer-RNA (tRNA).

→

Diese drei Klassen unterscheiden sich vor allem in der Basenzusammensetzung und im Molekulargewicht. Ordnen Sie den drei RNA-Klassen die richtigen Molekulargewichte zu.

1. Messenger-RNA: ____ ;   a) 25 000 – 30 000

2. ribosomale RNA: ____ ;   b) mehrere Hunderttausend

3. Transfer-RNA: ____ ;   c) 500 000 bzw. 1 000 000

---

18 Für die Raumstruktur der DNA gilt heute das Modell von Watson und Crick als bewiesen. Es baut auf der Annahme auf, daß je zwei Basen zweier gegenüberliegender DNA-Ketten miteinander Wasserstoffverbindungen eingehen. Dies ist zwischen den Basenpaaren Adenin und Thymin sowie Guanin und Cytosin möglich. Nachstehend sind die zwei Wasserstoffbrücken, die sich zwischen Adenin und Thymin ausbilden können, dargestellt. Zeichnen Sie die drei zwischen Guanin und Cytosin möglichen Wasserstoffbrücken in die Formel ein.

---

19 Dadurch, daß Wasserstoffbrückenbindungen sich nur zwischen den „richtigen" Basen, also den Paaren _____ und _____ bzw. _____ und _____ ausbilden können, wird durch die Basensequenz des einen DNA-Stranges die des Partnerstranges bereits festgelegt. Dem Adenin liegt immer _____ , dem Guanin immer _____ gegenüber. Die beiden Stränge sind in Form der „Doppelhelix" verdrillt.

---

20 Charakterisieren Sie nochmals mit eigenen Worten die Kennzeichen des Watson-Crick-Modells für die Raumstruktur der DNA.

_____

_____

_____

_____

_____

Antwortenvergleiche s. S. A 39/A 40

21 Ein Sonderfall der Raumstruktur von Nucleinsäuren ist noch wichtig: Nucleinsäuren, die in ihrem Molekül größere Abschnitte mit komplementärer Basensequenz haben, also (nahe/nicht) _____ miteinander verwandt sind, können je einen ihrer _____ zu einer neuen _____ zusammenlagern. Dieses Phänomen nennt man Hybrid-Bildung.

22 Nennen Sie nochmals die Voraussetzung, die für eine Hybrid-Bildung notwendig ist:

Die neue Doppelhelix kommt wiederum aufgrund von _____ zwischen den einzelnen Basen zustande. Also ist eine Hybrid-Bildung zwischen zwei verschiedenen Nucleinsäuren der Nachweis für eine _____ Basenstruktur dieser Nucleinsäuren.

23 Die Desoxyribonucleinsäure ist, wie man heute weiß, der Träger der genetischen Information, die als Basensequenz in der DNA enthalten ist. Dabei bilden die vier Basen _____ , _____ , _____ und _____ gewissermaßen ein Alphabet mit den vier Buchstaben: A, G, C, T.

▷ Lesen Sie dazu den Abschnitt 4 von Kapitel 7.

24 Die Basensequenz der DNA stellt die _____ _____ dar. Dadurch, daß jede Base die korrespondierende Base eindeutig festlegt, kann die _____ übertragen, d.h. weitergegeben werden. Das Alphabet der genetischen Information sind die vier Buchstaben ____ , ____ , ____ , ____ , die stellvertretend für die vier _____ der DNA stehen.

25 Erbfaktoren oder _____ haben die Fähigkeit der _____ (z.B. das Merkmal zur Bestimmung der Haarfarbe).

Da die Gene von Generation zu Generation weitergegeben werden, muß man ihnen die Fähigkeit zur _____ _____ zuschreiben.

Erbfaktoren können durch verschiedenartige Einflüsse plötzlich verändert werden, weshalb man ihnen die Fähigkeit der _____ zuspricht.

Jeder Erbfaktor ist durch die Basensequenz der DNA bestimmt, die die genetische _____ für die Struktur der Proteine, d.h. deren Aminosäuresequenz enthält. Dies geschieht in der Weise, daß jeweils eine Gruppe von drei Basen eine bestimmte Aminosäure bestimmen, worauf wir später noch ausführlicher eingehen werden.

26 Jeweils _____ Basen determinieren eine Aminosäure; die gesamte Basensequenz der DNA bestimmt die Struktur eines _____ , wodurch die DNA die individuellen Erbmerkmale auslöst.

→

Außerdem besitzt die DNA die Fähigkeit der identischen Reduplikation. Mit dem Watson-Crick-Modell vor Augen verstehen Sie leicht, wie diese identische Reduplikation vor sich geht:

_____

_____

_____

27 Bei der identischen Reduplikation dient jeder Einzelstrang sozusagen als Matrize für die Aufreihung der entsprechenden Partner-_____ in Form der Nucleosidtriphosphate, die anschließend enzymatisch unter Abspaltung von Pyrophosphat verknüpft werden. Die neugebildeten DNA-Moleküle verdrillen sich wieder schraubenförmig.

▷ Lesen Sie jetzt im LB Kapitel 7, Abschnitt 5. Beschäftigen Sie sich bitte genauer mit der Abb. 7—4 auf S. 117.

Nach der Reduplikation besteht jedes DNA-Molekül aus einem _____ und einem _____ Einzelstrang. Deshalb bezeichnet man diesen Vorgang als _____

_____ .

28 Die im (Zytoplasma/Zellkern) _____ gebildete mRNA hat zu (einem Strang/beiden Strängen) _____ der DNA-Matrize eine komplementäre Basensequenz. Wenn Sie sich erinnern, was wir über Nucleinsäuren mit komplementärer Basensequenz gesagt haben, so wird Ihnen verständlich, daß die neusynthetisierte mRNA mit einem Strang der DNA ein doppelsträngiges Molekül bilden kann, das man als _____ bezeichnet.

Ein Enzym ist bei der Biosynthese der RNA von besonderer Bedeutung: Die ,,DNA-abhängige RNA-Polymerase''.

29 ▷ Lesen Sie nunmehr im LB Kapitel 7, Abschnitt 6.

Wir wenden uns zuerst der Frage zu, wie die Knüpfung der Peptid-Bindung _____ möglich wird. Da das Reaktionsgleichgewicht weit auf der Seite der (Hydrolyse/Synthese) _____ liegt, ist die Synthese von Proteinen aus freien Aminosäuren (möglich/nicht möglich) _____ . Deshalb müssen die Aminosäuren zunächst

_____ werden.

30 Vervollständigen Sie bitte das nachstehend begonnene Reaktionsschema, das den im LE 29 dargelegten Vorgang zum Ausdruck bringt.

$$R-\underset{\underset{NH_2}{|}}{CH}-\underset{\underset{OH}{}}{\overset{\overset{O}{\|}}{C}} \;+\; (P)\sim(P)\sim(P)-Rib-Ade \;\rightleftharpoons\; \underline{\hspace{4cm}} \;+\; \underline{\hspace{1.5cm}}$$

▷ Antwortenvergleiche s. S. A 40

31   Hat sich die Aminosäure mit dem _____ unter Abspaltung von _____ verbunden, so kann sich das Aminosäure-Adenylsäure-Anhydrid unter Abspaltung von AMP an
die 3'-Hydroxy-Gruppe der Ribose in einem tRNA-Molekül anlagern.

---

32   Nun können Sie beschreiben, wie die Verknüpfung der Peptid-Bindung ermöglicht wird:

_____

_____

_____

_____

_____

_____

_____

_____

_____

Ferner besitzt jede Aminosäure mindestens eine spezifische _____ und mindestens ein
spezifisches aktivierendes _____ .
(Falls Sie die Antworten nicht finden, lesen Sie nochmals den betreffenden Absatz des Abschnittes ,,Aktivierung der Aminosäuren'' im LB auf S. 119.)

---

33   Als zweite Frage ist für uns interessant, wie die Sequenz der Aminosäuren bestimmt wird.
Dazu haben wir bereits eine ganze Reihe von Einzelfakten kennengelernt, die kurz wiederholt
werden sollen:

   1. Die genetische Information, die über die Struktur der Proteine entscheidet, liegt
      im Zellkern in der _____ .

   2. Sie ist dort festgelegt durch die Sequenz der _____ .

   3. Vom Zellkern wird sie ins Zytoplasma übertragen durch die _____ , die zu
      einem Strang der Doppelhelix eine _____ Basensequenz auf-
      weist.

Im Übersetzungsablauf oder der _____ der mRNA-Basensequenz in die Aminosäuresequenz werden immer (zwei/drei/vier) _____ Basen als ein Codewort oder ein
,,Codon'' ,,abgelesen''.

Das Alphabet des genetischen Codes hat so viele Buchstaben, wie die RNA verschiedene
Basen hat, d.h. also _____ .

Aus den vorkommenden vier Basen ergeben sich somit $4^3 = 64$ verschiedene ,,Tripletts'', d.h.
Möglichkeiten für Dreierkombinationen. Da es nur 20 Aminosäuren gibt, determinieren mehrere verschiedene Dreierkombinationen dieselbe Aminosäure (sog. degenerierter Code), und
einige Basenpaarungen sind wirkungslos (Nonsense-Codons). Sie geben das Zeichen ,,Stop''
(Kettenabbruch).

34   Wir halten fest, daß ein Codon, bestehend aus _____ Basen der mRNA, im Ablauf der
Translation _____ bestimmt. Die Codons der mRNA sind in Tab. 7–2
auf S. 120 im LB zusammengestellt.

---

35   Wie werden nun die Codons von den Transfer-Nucleinsäuren erkannt? Diese Frage hat Crick
durch seine Adaptorhypothese zu lösen versucht. Danach trägt jede tRNA an einer hervor-
stehenden Molekülstelle ein sog. „Anticodon", das eine zum Codon der mRNA komplementäre Basensequenz aufweist und sich somit notwendigermaßen an die richtige Stelle mRNA
heftet.

---

36   Der gesamte Vorgang der Translation sowie die Biosynthese der Aminosäuren vollziehen sich
an den _____ . Dabei handelt es sich um (mikroskopische/submikroskopische)
_____ Partikel mit einem Durchmesser von 150–200 Å.

Ribosomen bestehen aus _____ und _____ und sind aus
zwei verschiedenen Untereinheiten zusammengesetzt, die man mit folgendem Parameter
unterscheiden kann: _____ .
Damit haben wir das Prinzip der Proteinbiosynthese besprochen.

---

37   Geben Sie bitte mit Hilfe der Tab. 7–1 auf S. 105 im LB an, welche Aminosäuren die an
den mRNA-Ausschnitt angelagerten Transfernucleinsäuren in folgendem Schema tragen.

UAU – CGU – ACU – AUG – UGU – GAU

---

38   Nun werden wir uns die Wirkungsweise der Gene genauer anschauen. Bitte lesen Sie hierzu
Kapitel 7, Abschnitt 7. Wir haben die Gene als biologische Einheiten definiert mit den Fähigkeiten zur:

1. _____ ,

2. _____ und

3. _____ .

---

39   Tier- und Pflanzenrassen, die bestimmte Stoffwechselvorgänge nicht mehr vollziehen können
und damit auf die Zufuhr von Wachstumsfaktoren angewiesen sind, nennt man _____ .
Da sie Mangel an Substanzen haben, die sie selbst nicht produzieren können, bezeichnet man
sie auch als _____-Mutanten.

→

Antwortenvergleiche s. S. A 41

Auch im menschlichen Stoffwechsel können derartige Störungen vorliegen, wie z.B.:

1. die Föllingsche Imbezillität, bei der der Schritt vom Phenylalanin zum Tyrosin blockiert ist;

2. die Alkaptonurie, bei der der Abbau von Homogentisinsäure zu Fumarsäure plus Acetessigsäure gestört ist; und

3. der Albinismus, bei dem der Weg vom Dopa zum Melanin unterbrochen ist.

Tragen Sie die drei genannten Beispiele in das nachstehende, stark vereinfachte Schema ein, indem Sie die Stoffwechselstörungen durch Unterbrechung der Reaktionspfeile kennzeichnen und die entsprechende Krankheit dazuschreiben.

Föllingsche Imbezillität

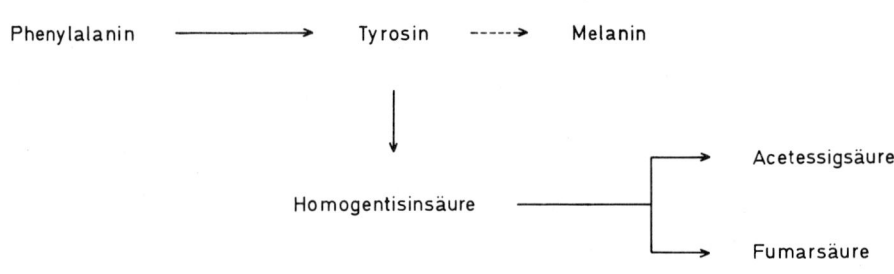

---

40 Über die Wirkungsweise der Gene können wir nun verallgemeinernd sagen:

- *Gene* wirken dadurch, daß sie die Produktion von Enzymen (oder anderen Proteinen) kontrollieren.

Bei einer Mutante kann sich dies in Störungen des _____ äußern.

Nennen Sie nochmals die Krankheitsnamen der erwähnten Beispiele:

_____

_____

_____

Schematisch können wir die Zusammenhänge von Gen bzw. der DNA zum genabhängigen Produkt folgendermaßen darstellen:

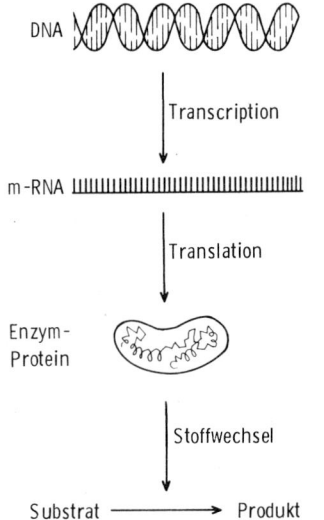

41   Definieren Sie den Begriff „Enzyminduktion":

_____

_____

_____

_____

42   Aufgrund von Untersuchungen an Mutanten, bei denen die _____
gestört ist, nimmt man heute an, daß sich die Kontrolle dieser Mechanismen auf der Stufe
der Genaktivität abspielt. Dabei kann auch eine ganze Gruppe benachbarter Gene, die man
dann als *Operon* bezeichnet, in ihrer Aktivität reguliert werden.

An der Spitze dieses _____ , aus (einem/mehreren) _____ Gen(en) beste-
hend, befindet sich das Operator-Gen, das die Regulationsfunktion für die nachstehenden
Gene ausübt. Diese bezeichnet man als *Strukturgene*, da sie die Struktur bestimmter (Enzym-)
Proteine determinieren.

Auch das _____-Gen unterliegt wiederum einer Fremdkontrolle durch das operon-
unabhängige sog. Regulator-Gen, das nach der Theorie von Jacob und Monod einen Repressor
bilden kann, der das Operator-Gen blockiert und zur Inaktivität zwingt, wodurch die Synthese der mRNA verhindert wird.

Beschriften Sie dazu folgendes Schema:

43   Verdeutlichen wir uns diesen Zusammenhang noch einmal: Das _____
bildet einen _____ . Dieser verbindet sich mit dem _____ und
bewirkt dadurch die Inaktivität des gesamten _____ .

Der vom _____ gebildete Repressor kann sich neben dem _____-
_____ auch mit dem spezifischen Enzym-Induktor, also dem Substrat oder Substrat-Analo-
gen verbinden. Dieser Weg führt zur Inaktivierung des Repressors, da der Repressor-Induktor-
Komplex nicht mehr in der Lage ist, das Operator-Gen zu blockieren.

⟩ Antwortenvergleiche s. S. A 42

44   Beide Möglichkeiten haben im Hinblick auf die Aktivitätsentfaltung des Operons entscheidenden Einfluß. Geben Sie bitte an, was mit der mRNA-Synthese in der Zelle passiert, wenn sich der Repressor

> 1. mit dem Operator-Gen verbindet:

> _____

> 2. mit dem Enzym-Induktor verbindet:

> _____

Damit können wir den Mechanismus der Enzyminduktion verstehen. Schildern Sie mit eigenen Worten, was sich abspielen muß, wenn ein geeigneter Induktor in die Zelle gelangt.

_____

_____

_____

_____

_____

_____

_____

_____

_____

45   Gelangen Viren in eine Wirtszelle, so vermehren sie sich stark, wobei jedes neue Virus exakt die Eigenschaften seines Vorgängers besitzt: Viren besitzen also die Fähigkeit zur

_____ .

Zusammengefaßt weisen die Viren folgende drei fundamentale Eigenschaften auf, die wir bereits von den _____ kennen:

> 1. _____

> 2. _____

> 3. _____ .

> ▷ Lesen Sie jetzt im LB Kapitel 7, Abschnitt 9.

46   Viren nutzen wie Parasiten den Stoffwechsel der Wirtszelle aus, da sie selbst weder über einen eigenen _____ noch über die zur Protein- und Nucleinsäure-Synthese notwendigen _____ verfügen. Die Wirtszelle wird „gezwungen", auf Kosten der eigenen Zellsubstanz virusspezifische Substanzen zu bilden, was zum _____ der Wirtszelle führen kann.

47   Hochmolekulare Nucleinsäuren können durch eine Reihe verschiedener Enzyme, die in dem Fall zur Hauptklasse der Hydrolasen gehören, gespalten werden. Sie verursachen also eine _____ Spaltung der Nucleinsäuren.

▷ Lesen Sie nunmehr im LB Kapitel 7, Abschnitt 10.

---

48   Die ersten Nucleinsäure-spaltenden Enzyme aus der Hauptklasse der _____ , die Sie eben im LB kennengelernt haben, sind die _____ .
Sie spalten also (RNA/DNA) _____. Dagegen spalten die Ribonucleasen (RNAsen) (DNA/RNA) _____ .

Eine im Pankreas vorkommende Ribonuclease spaltet alle Phosphordiester-Bindungen, die von einem Pyrimidin-3'-phosphat ausgehen.

Kennzeichnen Sie durch Pfeile in nachstehendem Schema, an welcher Stelle des RNA-Ausschnittes die Ribonucleasen spalten.

---

49   Im Gegensatz zu den Desoxyribonucleasen und Ribonucleasen, die nur _____ bzw. _____ aufspalten, greifen die unspezifischen Phosphodiesterasen neben den Nucleinsäuren ganz verschiedenartige Phosphorsäurederivate (z.B. auch synthetische Substrate und Lecithine) an. Unspezifische _____ , die die Phosphodiesterasen sehr verschiedener Phosphorsäurederivate spalten, findet man z.B. in der Darmschleimhaut, aber auch in Schlangengiften.

Antwortenvergleiche s. S. A 42/A 43

50 Im Gegensatz zu den Phosphodiesterasen, die (Phosphodiester-Bindungen/Phosphomonoester-Bindungen) _____ spalten, greifen die Phosphomonoesterasen (Phosphodiester-Bindungen/Phosphomonoester-Bindungen) _____- _____ an. Die Phosphomonoesterasen oder „Phosphatasen" spalten 3'-Monophosphat und 5'-Monophosphat in gleicher Weise. Wichtig ist nur, daß es sich um _____-Bindungen handelt.

Nach ihrem pH-Optimum unterscheidet man zwei Arten von Phosphatasen:

1. Mit einem pH-Optimum um 5 die sog. (sauren/alkalischen) _____ Phosphatasen;

2. mit einem pH-Optimum bei 7—8 die sog. (sauren/alkalischen) _____ Phosphatasen.

---

51 Saure Phosphatasen mit ihrem pH-Optimum um ____ findet man vor allem in der menschlichen Prostata, die alkalischen Phosphatasen mit ihrem pH-Optimum bei _____ besonders im Dünndarm und in den Knochen. Diese Unterscheidung hat für die Diagnostik verschiedener Krankheiten Bedeutung.

---

52 Geben Sie nachstehend hinter jedem Enzym die Bindung an, die von ihm gespalten wird (notfalls mit Hilfe des LB).

a) Pankreas-DNAse spaltet: _____

b) Milz-DNAse spaltet: _____

c) Pankreas-RNAse spaltet: _____

_____

d) Schlangengift-Phosphodiesterase spaltet: _____

e) Phosphomonoesterase spaltet: _____

Kleine Erfolgskontrolle

53 Aus welchen Bestandteilen setzen sich die Nucleinsäuren zusammen?

_____

_____

---

54 Nennen Sie die wichtigsten Vertreter der zwei Typen von organischen Basen. Geben Sie deren Strukturformel an.

$\rightarrow$

---

55 Welche Base kommt praktisch nur in RNA, welche nur in DNA vor?

     In RNA: _____

     In DNA: _____

---

56 Wie nennt man die Bindung zwischen den organischen Basen und dem Zucker?

     _____

Stellen Sie diese Bindung am Beispiel des Cytidins dar.

---

57 Worin besteht der Unterschied zwischen Nucleosiden und Nucleotiden? Geben Sie für beide ein Formelbeispiel an.

     _____

     _____

     _____

     _____

Beispiele: Nucleosid   Nucleotid

Antwortenvergleiche s. S. A 44

58   Zu welcher Substanz werden die meisten Puridinderivate abgebaut? Geben Sie die Strukturformel dieses Abbauproduktes an.

---

59   Aus welchem Nucleinsäuretyp stellt das nachstehende Formelbeispiel einen Ausschnitt dar?
Geben Sie die Namen der Basen an und erklären Sie, wie sie miteinander verknüpft sind.

Die Nucleoside sind durch _____ verknüpft.

---

60   Welche Basen der DNA liegen im Gesamtmolekül im gleichen Molverhältnis vor?

61 Nennen Sie drei Typen von RNA. Wie groß ist etwa ihr Molekulargewicht?

RNA   Molekulargewicht

a) _____   _____

b) _____   _____

c) _____   _____

---

62 Welches ist das heute allgemein akzeptierte Modell zur Erklärung der Raumstruktur der DNA? Welche Annahme liegt ihm zugrunde?

_____

_____

_____

_____

_____

---

63 Charakterisieren Sie mit wenigen Worten das Watson-Crick-Modell der DNA.

_____

_____

_____

_____

_____

_____

_____

---

64 Was versteht man unter Hybridisierung?

_____

_____

_____

_____

Antwortenvergleiche s. S. A 45

65   Auf welche Weise ist in der DNA die genetische Information festgelegt?

_____

Welche gemeinsamen Fähigkeiten besitzen Gene und Viren?

_____

_____

66   Schildern Sie bitte in Stichworten, wie man sich die identische Reduplikation der DNA vorstellen kann.

_____

_____

_____

_____

_____

67   Welche Aufgabe hat die Messenger-RNA? Wo wird sie synthetisiert? Wo liegt ihr Wirkungsort?

_____

_____

_____

_____

_____

_____

_____

68   Wozu ist im Rahmen der Proteinbiosynthese die Aktivierung der Aminosäuren notwendig? Durch welche Substanz wird sie in die Wege geleitet? Auf welchen Stoff wird die aktivierte Aminosäure anschließend übertragen?

_____

_____

_____

_____

_____

→

_____

69 Wodurch wird die Aminosäuresequenz der Proteine determiniert?

_____

70 Was versteht man unter den Begriffen „Transskription" und „Translation"?

_____

71 Was versteht man unter einem „Codon"? Aus wievielen und welchen Buchstaben besteht der genetische Code?

_____

72 Erklären Sie in Stichworten die „Adaptorhypothese".

$\rightarrow$

Antwortenvergleiche s. S. A 46

_____

_____

_____

_____

73 Welche Beziehung besteht zwischen Gen-Wirkung und Enzymproduktion?

_____

_____

_____

74 Auf welche Weise kann ein Regulator-Gen in die Aktivitätsentfaltung eines Operons eingreifen? Wodurch wird dieser Eingriff wieder aufgehoben?

_____

_____

_____

_____

_____

75 In welcher Wechselbeziehung stehen Virus und Wirtszelle?

_____

_____

_____

_____

_____

_____

76 Markieren Sie durch Pfeile in dem nachstehenden Schema, an welcher Stelle die Phosphatase bzw. die Schlangengift-Phosphodiesterase spaltend eingreifen.

$$\ominus O-\overset{\overset{\displaystyle OH}{|}}{\underset{\underset{\displaystyle O}{||}}{P}}-O-CH_2 \quad \text{Base}$$

$$\ominus O-\overset{\overset{\displaystyle O}{|}}{\underset{\underset{\displaystyle O}{||}}{P}}-O-CH_2 \quad \text{Base}$$

$$\ominus O-\overset{\overset{\displaystyle O}{|}}{\underset{\underset{\displaystyle O}{||}}{P}}-O---$$

Antwortenvergleiche s. S. A 47

Lektion 8:
Stoffwechsel der Proteine

Lernelemente

1 Die Proteine im Organismus unterliegen einem ständigen Auf- und Abbau; d.h.: Während ein Teil der Proteine gespalten und in seine Bestandteile zerlegt wird, wird ein anderer Teil neu synthetisiert.

Die Abbaurate eines Proteins kennzeichnet man durch seine *„biochemische Halbwertszeit"*, die Zeit, in der die Hälfte des im Organismus vorhandenen entsprechenden Proteins abgebaut (und durch neues Material ersetzt) wird. Menschliches Plasmaalbumin hat z.B. die „biologische _____" von 20–25 Tagen.

Formulieren Sie bitte nochmals mit eigenen Worten, was man unter der biologischen Halbwertszeit eines Stoffes versteht.

_____

_____

▷ Lesen Sie nun im LB den Vorspann von Kapitel 8.

2 Das soeben im LB Gelesene läßt sich schematisch wie folgt darstellen:

Nahrungs-eiweiß

Körper-eiweiß → Proteolytische Enzyme → Aminosäuren → a) Aufbau → Körpereigene Proteine

b) Abbau

Stickstoff: in Harnstoff übergeführt und ausge-schieden

Kohlenstoffskelett: Zu CO_2 und H_2O verbrannt

3 ▷ Lesen Sie jetzt zunächst Kapitel 8, Abschnitt 1.

Proteolytische Enzyme oder sog. Proteasen sind für die Aufspaltung der _____ / _____ verantwortlich. Zur Hauptklasse der Hydrolasen gehörend, katalysieren sie die Spaltung an der für die Proteine typischen _____-Bindung. →

Der Abbau der Proteine wird also durch Spaltung der _____ eingeleitet. Diese Reaktion wird von den sog. _____ katalysiert.

Vervollständigen Sie nachstehende Reaktionsgleichung, die die Wirkung der Proteasen zeigt.

4 Man unterscheidet bei den Enzymen, die Peptid-Bindungen spalten, zwei unterschiedliche Wirkungsformen:

a) _____

b) _____

Wie bereits die Namen erkennen lassen, greifen die Exopeptidasen die Peptid-Kette (am Kettenende/in der Kettenmitte) _____ an.

Die Endopeptidasen beginnen den Peptid-Abbau

— ebenfalls am Kettenende   ☐

— an bestimmten Stellen der Kettenmitte ☐

5 Proteasen, die die Peptid-Bindungen der endständigen Aminosäuren lösen, sind die _____ . Jedoch hat eine Peptid-Kette zwei verschiedene Enden:

ein _____ und

ein _____ .

Dadurch werden die (Exo-/Endo-)_____-peptidasen weiter in Carboxy-Peptidasen und Amino-Peptidasen unterteilt.

Bitte vervollständigen Sie die Übersicht:

Exopeptidasen

Enzyme, die die Peptid-Kette vom Aminoende her angehen:

_____

Enzyme, die mit der Spaltung am Carboxyende beginnen:

_____

6 *Trypsin*, eine im Dünndarm vorkommende Endopeptidase, spaltet nur Lysyl- und Arginyl-Bindungen. Deshalb haben alle Spaltprodukte _____ bzw. _____ als neue Carboxy-endständige Aminosäure. Dabei spielt es allerdings (eine Rolle/keine Rolle) _____ _____ , um welches Protein es sich jeweils handelt.

→

Antwortenvergleiche s. S. A 48

Die Spezifität der meisten Proteasen ist nicht auf bestimmte _____ , sondern auf bestimmte _____ gerichtet. So spaltet Trypsin zwar jedes Eiweiß, aber immer nur dort, wo eine _____ vorliegt. Diese beiden spezifischen Aminosäuren finden wir nach der Spaltung am (Carboxyende/Aminoende) _____ der Spaltprodukte wieder.

---

7   Während die im (Dünndarm/Magen) _____ vorkommende (Exo-/Endo-) _____-peptidase Trypsin eine ausgeprägte Wirkungsspezifität hat, hat Pepsin, eine Endopeptidase des Magens, eine wesentlich geringere Spezifität. Pepsin spaltet zwar mit Vorliebe Bindungen mit sauren oder aromatischen Aminosäuren, berücksichtigt jedoch auch die nähere Umgebung dieser Aminosäuren.

---

8   Halten wir zur Spezifität der Exopeptidasen nochmals fest: Exopeptidasen greifen die Peptid-Kette (am Ende/in der Mitte) _____ an.

Demnach gilt:

Angriff des Enzyms

am Aminoende durch   am Carboxyende durch

_____   _____

---

9   Endopeptidasen werden im Magen-Darm-Trakt als inaktive Enzymvorstufen oder sog. Zymo-gene gebildet, aus denen erst durch Umwandlung die aktiven Verdauungsenzyme entstehen. Die Endopeptidasen sind damit in der Form, in der sie vom Magen-Darm-Trakt gebildet wer-den, (noch nicht/bereits) _____ in der Lage, katalytisch wirksam zu werden.

---

10   Fassen wir zusammen:
In der Magenschleimhaut wird das inaktive _____ gebildet. Daraus entsteht im (sauren/neutralen/alkalischen) _____ Milieu oder unter Pepsineinwirkung durch Abspaltung von Peptiden das aktive Enzym Pepsin.

Eines dieser abgespaltenen Peptide kann bei

— saurer   ☐
— neutraler   ☐
— alkalischer ☐

Reaktion durch Komplexbildung als Inhibitor fungieren. Was geschieht im sauren Bereich mit dem Pepsin-Inhibitor-Komplex?

_____

_____

---

11 Die bei pH 5–7 spaltenden Proteasen, die _____ , findet man meist intrazellulär in den sog. Lysosomen (Zellpartikeln).

---

12 Trypsin hat ebenso wie _____ eine inaktive Vorstufe, das Trypsinogen. Trypsinogen
wird in der Bauchspeicheldrüse (im Pankreas) gebildet und wird im Dünndarm unter dem Einfluß der Enteropeptidase oder von Trypsin selbst in das aktive _____ umgewandelt.
Dabei wird ein Hexapeptid abgespalten.
Die Aktivierung erfolgt autokatalytisch, und zwar so:

$$\text{Trypsinogen} \xrightarrow{\begin{array}{c}\text{Enteropeptidase}\\\text{Trypsin}\end{array}} \text{Trypsin} + \text{Hexapeptid}$$

---

13 Sie wissen:
Den Verlauf einer Reaktion, bei der das Produkt der Reaktion (in unserem Fall Pepsin bzw.
Trypsin) gleichzeitig der katalytisch wirkende Stoff ist, bezeichnet man als autokatalytisch.

Bringen Sie in den beiden nachstehenden Reaktionsschemata den autokatalytischen Reaktionsablauf durch Vervollständigung zum Ausdruck.
Geben Sie gleichzeitig in Klammern über den Pfeilen an, welche Parameter den Reaktionsablauf ebenfalls ermöglichen.

$$\text{Pepsinogen} \xrightarrow{\underline{\qquad\qquad}\atop(\underline{\qquad})} \text{Pepsin} + \text{Peptide}$$

$$\text{Trypsinogen} \xrightarrow{\underline{\qquad\qquad}\atop(\underline{\qquad})} \text{Trypsin} + \text{Hexapeptid}$$

---

14 Aus der Besprechung der Proteine in Lektion 4 kennen Sie bereits ein sehr wichtiges physiologisches System, in dem ebenfalls die Umwandlung von inaktiven Vorstufen in die aktive
Wirkform eine entscheidende Rolle spielt. Um welches System handelt es sich? Geben Sie
zwei Beispiele an.

(System:) _____

(Beispiel:) 1. _____

2. _____

⮩ Antwortenvergleiche s. S. A 49

15 Kreuzen Sie bitte in folgendem Schema an,

a) welche Enzyme im Magen und welche im Dünndarm auftreten, und

b) ob es sich um eine Endo- oder Exopeptidase handelt.

(Nehmen Sie notfalls Tab. 8—1 im LB zu Hilfe.)

Enzyme	Vorkommen		Enzymart	
	Magen	Dünndarm bzw. Dünn- darm- schleimhaut	Endopeptidase	Exopeptidase
Trypsin	☐	☐	☐	☐
Aminopeptidase	☐	☐	☐	☐
Carboxypeptidase	☐	☐	☐	☐
Pepsin	☐	☐	☐	☐
Dipeptidase	☐	☐	☐	☐
Kathepsin	☐	☐	☐	☐
Chymotrypsin	☐	☐	☐	☐

---

16   ▷ Lesen Sie nunmehr Kapitel 8, Abschnitt 2.

Aminosäuren können im Hinblick auf ihre Verwendung im Organismus zwei prinzipiell unter-schiedliche Richtungen einschlagen:

1. _____

2. _____

Beim Abbau der Aminosäuren stehen ihnen verschiedene Reaktionswege offen.

Reaktionsweg a): Umwandlung der Seitenkette unter Erhalt der α-Amino-carbonsäure-Gruppierung.

Dieser Reaktionsweg steht z.B. dem Serin und dem Methionin offen.

---

17 Der Reaktionsweg b) ist die Decarboxylierung der Aminosäuren, wobei die _____-Gruppe abgespalten wird; d.h. Reaktionsweg b) vollzieht sich (im Gegensatz zu Reaktions-weg a) primär an der

— Seitenkette   ☐
— α-Amino-carbonsäure-Gruppierung ☐

der Aminosäuren.

Als Beispiel für die _____ der Aminosäuren nennen wir hier nur die Umwandlung des Histidin in Histamin.

Unter Abspaltung von _____ entsteht nach diesem Mechanismus (den wir ebenfalls noch näher kennenlernen werden) aus der Aminosäure ein sog. _____ _____ .

18   Reaktionsweg c) im Aminosäurenstoffwechsel ist die Transaminierung zu α-Ketosäuren. Wie der Name schon sagt, handelt es sich offensichtlich um eine Übertragung der _____-Gruppe. Als Reaktionsprodukt liegt _____ vor.

Beispiel: Umwandlung von Alanin in Pyruvat, eine _____-Säure, die durch _____ von Alanin entsteht.

19   Außerdem tritt im Abbau der Aminosäuren noch Reaktionsweg d), die oxidative Desaminierung zu α-Ketosäuren, auf. Dazu merken wir uns als Beispiel die Umwandlung von Glutaminsäure zu α-Ketoglutarsäure. Dabei wird, wie bei der Transaminierung, die _____-Gruppe aus dem Aminosäuremolekül eliminiert.

20
21   Zur Vertiefung:

Schreiben Sie bitte hinter den jeweiligen Reaktionsweg die Nummer des zugehörigen Beispiels.

Reaktionswege im Aminosäurenabbau:

a) Umwandlung der Seitenkette unter Erhaltung der α-Amino-carbonsäure-Gruppierung (Beispiel: ____)

b) Decarboxylierung (Beispiel: ____)

c) Transaminierung zu α-Ketosäure) (Beispiel: ____)

d) Oxidative Desaminierung zu α-Keto-säuren (Beispiel: ____)

Beispiele:

1. Histidin in Histamin

2. Glutaminsäure in α-Ketoglutar-säure + NH_3

3. Serin in Glykokoll

4. Alanin in Pyruvat

22   Bei drei der genannten Reaktionswege ist ein wichtiger Cofaktor beteiligt, der zusammen mit den Aminosäuren eine Schiffsche Base bildet.

a) Wie heißt dieser Cofaktor?   _____

b) Nennen Sie außerdem den Reaktionsweg, für den dieser Cofaktor keine Rolle spielt.   _____

23   ▷ Lesen Sie jetzt die Abschnitte 3 und 4 im Kapitel 8.

Die Umwandlung von Histidin in Histamin ist ein Beispiel für die _____ von Aminosäuren. Außer _____ entsteht ein Vertreter der Substanzgruppe der primären Amine. Zu dieser Substanzgruppe gehört auch das in unserem Beispiel genannte _____ . Man bezeichnet diese Stoffklasse auch als „biogene Amine''.

Antwortenvergleiche s. S. A 49/A 50

24 Die Umwandlung von Alanin in Pyruvat haben wir als Beispiel für die _____
von Aminosäuren zu _____ erwähnt. Für die Transaminierung der Amino-
Gruppen von Aminosäuren ist — ebenso wie für die Decarboxylierung bzw. für die Umwandlung der Seitenkette unter Erhaltung der α-Amino-carbonsäure-Gruppierung — als Cofaktor
_____ notwendig. Dieses fungiert als prosthetische Gruppe der
Transaminasen und als Träger der Amino-Gruppen.

---

25 Am Beispiel des Alanins können wir den Prozeß der Transaminierung folgendermaßen formulieren (es ist dabei nur die „Kontaktgruppe" des Pyridoxalphosphats dargestellt):

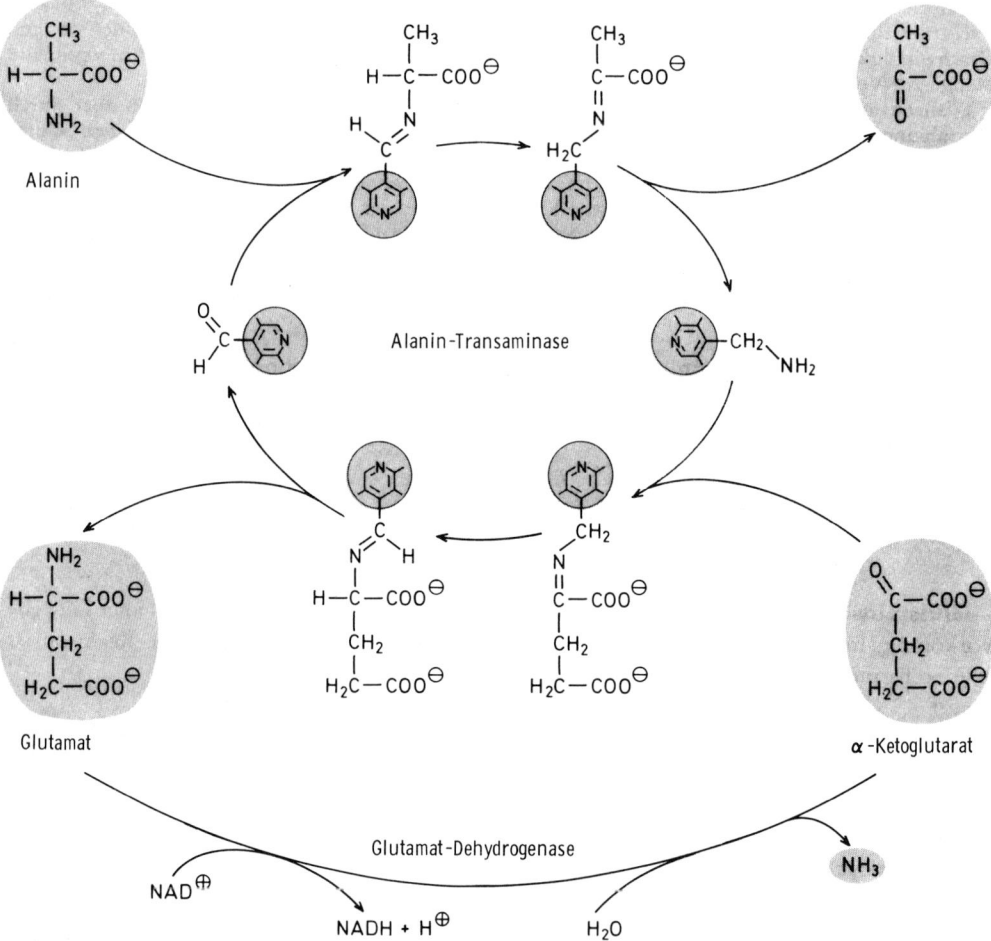

Tragen Sie den Namen der entstehenden α-Ketosäure in das Schema ein.

---

26 Als NH$_2$-Akzeptoren sind also _____ und _____
besonders geeignet. Sie können durch Übernahme der _____ vom
Pyridoxaminphosphat NH$_2$ wieder zu Pyridoxalphosphat regenerieren. Durch Übernahme
der Amino-Gruppe vom _____ entsteht dabei aus _____
_____ die _____ und aus _____ die
_____ .

---

27 Von besonderer Bedeutung ist die Transaminierungsreaktion für die Ausscheidung des
_____ . Dieser kann von der Glutaminsäure mit Hilfe der Glutamat-Dehydro-
genase in _____ , die Vorstufe des Harnstoffs, übergeführt werden. Von der
Glutaminsäure aus läßt sich der Reaktionsweg jedoch auch umkehren, wodurch der Organismus in der Lage ist, einige Aminosäuren selbst aufzubauen.

---

28 Der Organismus vermag jedoch eine Reihe von Aminosäuren, die er benötigt, nicht selber aufzubauen. Sie müssen ihm deshalb mit der Nahrung _____ werden. Diese Amino-
säuren nennt man auch _____ Aminosäuren. Geben Sie von den acht für den
Menschen essentiellen Aminosäuren diejenigen an, welche Ihnen noch in Erinnerung sind.

_____

_____

_____

---

29 Die Kenntnis der acht für den Menschen essentiellen Aminosäuren ist sehr wichtig. Geben Sie
daher zur Übung nochmals die für den Menschen unentbehrlichen Aminosäuren an:

Glykokoll		_____	_____	Asparaginsäure
Alanin		Prolin	_____	Glutaminsäure
_____		Serin	Tyrosin	_____
_____		_____	Asparagin	_____
_____		Cystein	Glutamin	Histidin

---

30 ▷ Lesen Sie jetzt bitte im LB Kapitel 8, Abschnitt 5.

Im Ablauf der oxidativen Desaminierung wird die Aminosäure zunächst unter Abspaltung
von zwei Wasserstoffatomen in eine Iminosäure übergeführt, um anschließend durch Wasser
zu α-Ketosäure und Ammoniak hydrolysiert zu werden. Das läßt sich folgendermaßen darstellen (s. Reaktionsschema S. 112):

→

Antwortenvergleiche s. S. A 51

Ergänzen Sie bitte das Reaktionsschema auf Vollständigkeit.

$$
\begin{array}{ccccc}
\underset{\displaystyle R}{\overset{\displaystyle COOH}{H-C-N\begin{smallmatrix}H\\[2pt]H\end{smallmatrix}}} & \longrightarrow & \underset{\displaystyle R}{\overset{\displaystyle COOH}{C=NH}} & \longrightarrow & \quad + \quad NH_3 \\[20pt]
\text{Aminosäure} & & \text{Iminosäure} & & \text{Ammoniak}
\end{array}
$$

---

31 Bedeutungsvoll ist die Glutaminsäure-Dehydrogenase bei der oxidativen Desaminierung. Dieses in den Mitochondrien vorkommende Enzym überträgt bei der Umwandlung der Glutaminsäure in α-Ketoglutarsäure den Wasserstoff auf $NAD^{\oplus}$.

Ergänzen Sie bitte die nachstehend formulierte Reaktion:

$$\text{Glutaminsäure} \; + \; NAD^{\oplus} \; + \; H_2O \; \underset{\longrightarrow}{\overset{\longleftarrow}{}} \; NH_3 \; + \; \alpha\text{-Ketoglutarsäure} \; + \; \underline{} \; + \; H^{\oplus}$$

---

32 Bei der Umwandlung von Glutamat in α-Ketoglutarat fällt neben dem hydrierten Nicotinamid-Coenzym auch _____ an. Dieser wird in das Ausscheidungsprodukt _____ übergeführt und kann so aus dem Organismus eliminiert werden.

---

33 Glutaminsäure-Dehydrogenase ist (spezifisch/nicht spezifisch) _____ auf L-Glutamat ausgerichtet. Daneben gibt es eine weitere Enzymgruppe, die den Flavoproteinen angehört und im Prinzip die gleiche allgemeine Reaktion katalysiert. Sie haben diese Enzyme kennengelernt. Es sind die _____.

---

34 Was versteht man unter einer nichtoxidativen Desaminierung?

_____

_____

_____

---

35 Zählen Sie nun nochmals die besprochenen Reaktionswege im Aminosäurenabbau auf.

Reaktionsweg a): _____

Reaktionsweg b): _____

Reaktionsweg c): _____

Reaktionsweg d): _____

[Reaktionsweg e): _____]

36 Sie wissen:

Ammoniak wirkt bereits in niedrigen Konzentrationen als _____ . Die Ausschei-
dungsform des Stickstoffs ist der bereits des öfteren erwähnte _____ . Wie es zu
seiner Bildung kommt, werden wir in den nächsten Lernelementen ausführlich besprechen,
da dieser Reaktionsablauf für die Biochemie und die menschliche Physiologie von entscheidender Bedeutung ist.

▷ Lesen Sie dazu den Abschnitt 6 „Der Harnstoffzyklus" von Kapitel 8.

---

37 Die Bruttoreaktion der Harnstoff-Bildung ist mit ca. +14 kcal/Mol stark (exergonisch/endergo-
nisch) _____ ; sie kann also im Organismus ohne Energiezufuhr (nicht ablau-
fen/ablaufen) _____ . Damit werden energiereiche Zwischenstufen (not-
wendig/überflüssig) _____ .

---

38 Die wichtigste energiereiche Zwischenstufe, die zum Ablauf der Harnstoffsynthese beiträgt,
ist das Carbamoylphosphat, das nach folgender Gleichung unter Verbrauch von 2 Mol ATP
gebildet wird:

$$NH_4^\oplus \;+\; CO_2 \;+\; 2\,ATP \;\longrightarrow\; H_2N-\overset{\overset{\textstyle O}{\|}}{C}-O\sim\!\textcircled{P} \;+\; 2\,ADP \;+\; \textcircled{P}$$

Die Energie wird also offensichtlich durch _____ geliefert.

Zur Synthese von _____ werden zwei Mol _____ verbraucht,
wobei ein Phosphat-Rest energiereich an den Carbamoyl-Rest gebunden wird. Es liegt somit
eine _____ Verbindung vor.

Ergänzen Sie bitte übungshalber nachstehende Gleichung der Carbamoylphosphatsynthese:

$$NH_4^\oplus \;+\; CO_2 \;+\; \underline{\qquad\qquad} \;\longrightarrow\; \underline{\qquad\qquad} \;+\; 2\,ADP \;+\; \textcircled{P}$$

---

39 Carbamoylphosphat verbindet sich im Harnstoffzyklus unter Abspaltung des energiereich
gebundenen Phosphat-Restes mit der δ-Amino-Gruppe des Ornithins, einer selten vorkommenden Aminosäure mit folgender Strukturformel. Unterstreichen Sie die δ-Amino-Gruppe, mit
der sich das _____ verbindet.

$$
\begin{array}{l}
H_2C-NH_2 \\
\;\;| \\
CH_2 \\
\;\;| \\
CH_2 \\
\;\;| \quad \oplus \\
H-C-NH_3 \\
\;\;| \\
COO^\ominus \qquad \text{Ornithin}
\end{array}
$$

▷ Antwortenvergleiche s. S. A 52

40 Die neue Substanz, die aus Carbamoylphosphat und _____ entsteht, heißt Citrullin.

_____

41 An Citrullin lagert sich unter dem Einfluß eines „kondensierenden Enzyms" _____ _____ an, wobei wiederum ATP notwendig ist. Als Reaktionsprodukt aus Citrullin + _____ entsteht Arginino-Bernsteinsäure (oder deren Salz: Arginino-Succinat).

Nennen Sie bitte die drei Bestandteile, deren Reste zur Bildung von Arginino-Bernsteinsäure geführt haben:

1. _____

2. _____

3. _____

_____

42 Tragen Sie nun aus dem Gedächtnis die Formeln der entsprechenden Substanzen in das nachstehende Pfeilschema ein. Beschriften Sie diese. (Notfalls nehmen Sie das LB zu Hilfe.)

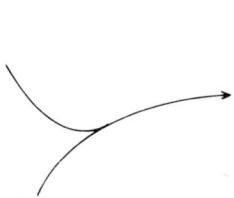

ATP   Aspartat

AMP + (P)~(P)

Ornithin   _____

→

Bis zur Bildung von Arginino-Succinat handelte es sich ausschließlich um eine Reihe verschiedener Syntheseschritte. Das ändert sich nun im zweiten Teil des Harnstoffsäurezyklus: Arginino-Succinat wird enzymatisch in Fumarat und in die Aminosäure Arginin zerlegt. Da Sie beide Substanzen bereits aus früheren Besprechungen kennen, können Sie die Spaltungsreaktion formelmäßig darstellen.

43 Arginino-Succinat wird im Harnstoffzyklus in _____ und _____ gespalten. Das Fumarat wird im Citronensäurezyklus weiter verwendet, während Arginin durch das Enzym Arginase in Ornithin und Harnstoff gespalten wird. Dadurch schließt sich der Kreis: _____ kann den Harnstoffzyklus erneut durchlaufen; d.h. es kann mit Carbamoylphosphat _____ bilden, bis Harnstoff wieder aus dem Organismus ausgeschieden wird.

44 Diesen letzten Schritt prägen wir uns fest ein:

Arginin wird unter dem Einfluß von

_____ in _____ und

_____ gespalten.

Tragen Sie die fehlenden Formeln in das nebenstehende Reaktionsschema ein.

Ornithin

Arginin

Harnstoff

⇨ Antwortenvergleiche s. S. A 52/A 53

45 Wir wiederholen zusammenfassend den Weg des Harnstoffzyklus.

Ausgangspunkt ist die energiereiche Verbindung _____ , die sich mit Ornithin zu _____ verbindet. Diesem lagert sich Aspartat an. Als Reaktionsprodukt entsteht _____ , das sich in _____ und _____ spaltet. Auf die Aminosäure Arginin wirkt das Enzym _____ ein: daraus resultiert eine Spaltung in _____ und _____ . Der Harnstoff wird _____ _____ .

---

46 Der Harnstoffzyklus ist so wichtig, daß Sie ihn auch formelmäßig beherrschen müssen. Tragen Sie daher in das nachstehende Pfeilschema die Formeln der entsprechenden Substanzen ein.

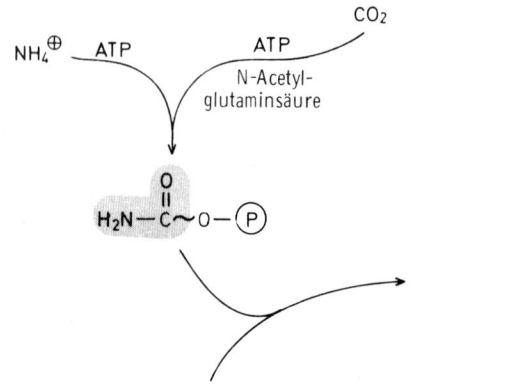
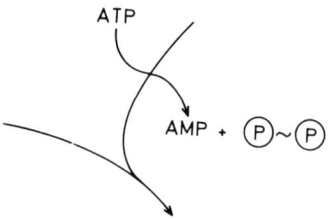
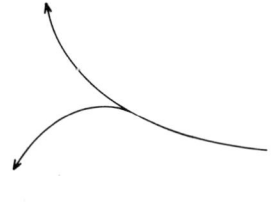
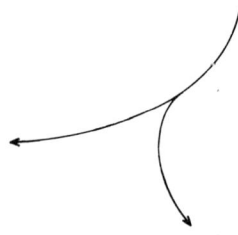

47   *Bilanz des Harnstoffzyklus:*

Zwei Moleküle NH_3 bilden mit CO_2 Harnstoff. Das NH_3 stammt aus:

1. _____ und

2. _____ .

Die Harnstoffbildung ist mit (Energieverbrauch/Energiefreisetzung) _____ verbunden, die vom _____ geliefert wird.

Geben Sie an, bei welchen Einzelreaktionen wieviele Mol verbraucht werden.

_____

_____

_____

Der Harnstoffzyklus dient im Organismus zur Ausscheidung von _____ , da dieser anderenfalls bereits in niedriger Konzentration als _____ wirken würde.

---

48   ▷ Lesen Sie bitte Kapitel 8, Abschnitt 7.

Als nächste Frage interessiert uns, welche Wege das Kohlenstoffskelett der Aminosäuren im Stoffwechsel geht. Durch Transaminierung der Aminosäuren entstehen, wie Sie gelernt haben, _____ , die im Stoffwechsel zu CO_2 und H_2O abgebaut werden.

Den Endabbau der α-Ketosäuren zu _____ und _____ behandeln wir noch ausführlich. Im Augenblick interessieren uns lediglich die Knotenpunkte des Abbauweges, von denen die einzelnen Substanzen gewissermaßen in den „Routineabbau" des Organismus einmünden.

---

49   Eine Reihe von Aminosäuren liefern beim Abbau einer der C_4-Dicarbonsäuren des Citratzyklus _____ , _____ und _____ .

Die Formel des Oxalacetats ist hier angegeben. Die Formeln der beiden anderen Vertreter dieser Gruppe sind Ihnen bereits bekannt. (Falls Sie sich nicht mehr erinnern können, finden Sie sie in Tab. 1—2 auf S. 10 im LB.) Schreiben Sie die Formeln zur Wiederholung nochmals auf.

$$\begin{array}{l} COO^{\ominus} \\ | \\ C=O \\ | \\ CH_2 \\ | \\ COO^{\ominus} \end{array}$$

Oxalacetat   Fumarat   Succinat

▷ Antwortenvergleiche s. S. A 54

50   Diejenigen Aminosäuren, die beim Abbau eine der drei C_4-Dicarbonsäuren oder Brenztraubensäure liefern, sind auch zur Neubildung von _____ befähigt. Diese Aminosäuren
bezeichnet man als „glucoplastisch" oder „glucogen".

---

51   Eine Sonderstellung nimmt die C_4-Verbindung Acetessigsäure ein, die man zu den „Ketonkörpern" des Harns zählt und deren Auftreten dort pathologisch ist.

$$
\begin{array}{l}
CH_3 \\
| \\
C=O \\
| \\
CH_2 \\
| \\
COOH
\end{array}
\qquad
\text{Acetessigsäure}
$$

Sie haben im LB Kapitel 8, Abschnitt 7 eine neue Bezeichnung kennengelernt:
„ketoplastisch" oder „ketogen". So bezeichnet man Aminosäuren, die zur Bildung von
_____ führen, einem (physiologischen/pathologischen) _____
Bestandteil des Harns.

Zu dieser Gruppe von Aminosäuren gehören: Phenylalanin, Tyrosin und Leucin. Abgesehen
von diesen drei _____ Aminosäuren werden die übrigen Aminosäuren zu
den genannten C_4-Dicarbonsäuren (_____ , _____ und _____)
oder zu Brenztraubensäure abgebaut. Somit ist der Übergang in Kohlenhydrat und die Neubildung von Glucose möglich.

---

52   ▷ Lesen Sie jetzt bitte den 8. Abschnitt im Kapitel 8 des LB.

Gesättigte Monocarbonsäuren entstehen oft in Form der an Coenzym A gebundenen
„aktivierten Säuren". Bei der Besprechung der Coenzyme des C_2-Stoffwechsels (LB S. 96ff)
haben Sie ein derartiges Beispiel kennengelernt. Geben Sie seinen Namen an.

_____

---

53   Einige Aminosäuren unterliegen in ihrem Abbau einer oxidativen Decarboxylierung zu aktivierten Fettsäuren. Das Endprodukt ist bei den in Frage kommenden Aminosäuren Alanin,
Valin, Leucin und Isoleucin eine _____ _____ . Da die oxidative
_____ zu aktivierten Fettsäuren wichtig ist, betrachten wir als Beispiel den Alanin-Stoffwechsel. (Die drei anderen in Betracht kommenden Aminosäuren verhalten sich analog.)

---

54   Ergänzen Sie im nachstehenden Schema den ersten Schritt des Alaninabbaus, die Transaminierung zu _____ .

$$
\begin{array}{l}
CH_3 \\
| \\
H-C-NH_2 \\
| \\
COO^{\ominus}
\end{array}
\qquad \xrightarrow{\text{Transaminierung}}
$$

Alanin

→

Das durch _____ des Alanins entstandene Pyruvat wird von einem Multi-Enzym-Komplex decarboxyliert und gleichzeitig oxidiert, woher die Gesamtreaktion ihren Namen hat: _____ .

---

55 Zur Wiederholung:
Was versteht man unter einem Multi-Enzym-Komplex?

_____

_____

_____

_____

---

56 Wir durchdenken nunmehr den Gesamtvorgang der oxidativen Decarboxylierung.

Der _____ katalysiert die oxidative Decarboxylierung der Brenztraubensäure. Dabei wird zunächst unter CO_2-Abspaltung (Decarboxylierung) ein „aktiver Aldehyd" gebildet, der an das C_2-Atom des Thiazolrings des beteiligten Thiaminpyrophosphats gebunden ist. Das heißt: der erste Cofaktor des Multi-Enzym-Komplexes ist die prosthetische Gruppe _____ . Diese prosthetische Gruppe fungiert als Träger des _____ _____ . Anschließend wird der aktive Acetaldehyd aus seiner Bindung an das _____ wieder befreit und auf Liponsäure (die Sie als _____-übertragenden Cofaktor kennengelernt haben) übertragen. Darin liegt die eigentliche oxidierende Reaktion.

---

57 Der Acetyl-Rest am Liponsäureamid liegt also in einer (energiereichen/energiearmen) _____ Thioester-Bindung vor. Sie kann leicht auf Coenzym A übertragen werden. Reaktionsprodukt ist im Fall des Alaninabbaus die _____ _____ .

Das Dihydroliponsäureamid kann ohne weiteres durch ein Flavoprotein wieder zu _____ dehydriert werden und steht damit einem neuen Reaktionszyklus zur Verfügung.

---

58 Fassen wir zusammen:
Bei der _____ _____ des Alanins zur „aktivierten Essigsäure" sind als Cofaktoren des Multi-Enzym-Komplexes beteiligt:

1. _____

2. _____

3. _____

→

⬦ Antwortenvergleiche s. S. A 54

Der Decarboxylierungsschritt liegt im Übergang von _____ zum aktiven
_____. Der oxidierende (besser: dehydrierende) Schritt vollzieht sich bei der
Übernahme des aktiven Acetaldehyds durch _____.

---

59 Wir merken uns von Lysin:
Der Abbau kommt nur in Gang, wenn relativ (hohe/niedrige) _____ Konzentrationen
vorliegen, da Lysin eine verhältnismäßig (reaktionsfreudige/reaktionsträge) _____
Aminosäure ist. Reaktionsprodukt ist _____.

---

60 ▷ Lesen Sie jetzt LB, Kapitel 8, Abschnitt 9.

Wenden wir uns nun dem Stoffwechsel der aromatischen Aminosäuren zu, wobei zunächst
Phenylalanin und Tyrosin von Interesse sind. Es handelt sich um zwei (glucoplastische/keto-
plastische) _____ Aminosäuren.

Mit der Zuordnung zu den ketoplastischen Aminosäuren liegt ein Zwischen- oder Endprodukt
des Phenylalanin- und Tyrosinabbaus bereits fest: die _____.

Die Zwischenschritte bis zu diesem Punkt werden wir uns nun genauer anschauen.

---

61 Unter dem Einfluß einer Hydrolase wird Phenylalanin zunächst in Tyrosin übergeführt, das
sich von jenem nur durch eine zusätzliche _____-Gruppe in Parastellung am Ring unterscheidet. Ergänzen Sie im nachstehenden Schema die Formel des Tyrosins.

$$\overset{\oplus}{H_3N}-\overset{\overset{\textstyle COO^{\ominus}}{|}}{\underset{\underset{\textstyle \bigcirc}{\underset{\textstyle |}{CH_2}}}{\overset{|}{C}}}-H$$

Tyrosin

---

62 Halten wir fest:
Phenylalanin wird unter normalen Stoffwechselbedingungen zunächst in die Aminosäure
_____ übergeführt, um über das Zwischenprodukt Homogentisinsäure zu Fumarsäure und Acetessigsäure abgebaut zu werden.

---

63 Die Stoffwechselstörung Alkaptonurie können wir schematisch darstellen. Tragen Sie in das
Schema die fehlenden Formeln und Namen ein.

→

Maleyl – acetoacetat

Fumarat

Acetoacetat

---

64 Der Abbauweg des Tyrosins über _____ zu Fumarsäure und Acetessigsäure ist zwar quantitativ der (wichtigste/unwichtigste) _____ Schritt, aber
nicht der einzig mögliche. Es gibt noch eine Abzweigung zum Noradrenalin und Adrenalin
(auf die wir noch genauer eingehen) sowie eine weitere zum Melanin, die bei der Stoffwechselstörung des _____ blockiert ist.

Antwortenvergleiche s. S. A 55/A 56

65 Die nächste aromatische Aminosäure Tryptophan ist vor allem deshalb von Interesse, weil ihr Abbau zur Biosynthese des Nicotinsäureamids führt, das Sie bereits kennen (Lektion 6, LE 9 bzw. LB S. 85) und das zu den _____ der B-Gruppe gehört. Geben Sie nochmals die Strukturformel von Nicotinsäureamid und Tryptophan an.

Nicotinsäureamid   Tryptophan

---

66   ▷ Lesen Sie bitte im LB Kapitel 8, Abschnitt 10.

Die nächste im Hinblick auf ihren Stoffwechsel zu besprechende Gruppe sind die Aminosäuren, die C_1-Bruchstücke liefern. In diesem Zusammenhang wissen wir bereits, daß der wichtigste Lieferant von Methyl-Gruppen die schwefelhaltige Aminosäure _____ ist (vgl. LE 6.32, S. F 68, LB S. 25). Dabei entsteht, wie Sie wissen, aus Methionin und ATP die sehr reaktionsfähige Sulfoniumverbindung _____. (Ist Ihnen der Reaktionsweg nicht mehr in Erinnerung, schlagen Sie nochmals nach im LB auf S. 94.)

Durch Demethylierung des _____ entsteht Homocystein. Geben Sie bitte den strukturellen Unterschied zwischen Cystein und Homocystein an.

Unterschied: _____

_____

---

67 Sie erinnern sich an die vier prinzipiell verschiedenen Reaktionswege der Aminosäuren im Stoffwechsel, die wir in LE 16—21 besprochen haben. Als Beispiel für den Reaktionsweg a) haben wir die Umwandlung von _____ in _____ genannt.

Bei der Umwandlung von Serin in Glykokoll ist nun — wie bei zwei anderen der vier Aminosäure-Reaktionswege — ein Cofaktor beteiligt, den Sie auch bereits kennen: _____ .

Bei welchen beiden anderen Reaktionswegen ist Pyridoxalphosphat ebenfalls als Cofaktor beteiligt?

_____

_____

---

68 Bei der besprochenen Reaktion ist außer _____ noch Tetrahydrofolsäure als zweites Coenzym beteiligt. Serin wurde bei der Besprechung der Coenzyme des C_1-Stoffwechsels als wichtiger Donator der _____-Gruppe erwähnt, die mit dem Coenzym _____ nun den „aktiven Formaldehyd" bildet.

---

69 Damit ist klar, aufgrund welcher Reaktionen Serin seinen Platz unter den C_1-Bruchstücke liefernden Aminosäuren behauptet:

Bei Umwandlung in Glycin wird die Abspaltung des β-C-Atoms durch _____

_____ katalysiert. Das Coenzym _____ bildet dann

zusammen mit der abgespaltenen _____-Gruppe den „aktiven

_____''.

---

70 Die Umwandlung von Serin in Glycin ist (umkehrbar/nicht umkehrbar) _____.
Was bedeutet das für die Entstehungsmöglichkeit des Serins?

_____

_____

Serin kann jedoch noch in eine Reihe anderer Substanzen umgewandelt werden.
Betrachten Sie dazu eingehend das Reaktionsschema auf S. 155 im LB. Geben Sie dann
die Namen der anderen Reaktionsprodukte an, die aus Serin entstehen können.

_____

---

71 *Threonin* gehört zu den essentiellen Aminosäuren und nimmt an Transaminierungsreaktionen nicht teil. Ihr wichtigster Abbauweg verläuft wahrscheinlich über eine Dehydratisierung zum α-Ketobutyrat.

Geben Sie bitte die Strukturformel von Threonin an.

Threonin

Daneben gibt es noch eine Gruppe von Aminosäuren, die Ketoglutarsäure oder C_4-Decarbonsäuren liefern.

---

72 ▷ Wir lesen jetzt den Abschnitt 11 von Kapitel 8.

Zu den Aminosäuren, welche _____ oder _____
liefern, gehören:

Phenylalanin	Histidin	Prolin
Tyrosin	Glutaminsäure	Arginin
(Tryptophan)	Asparaginsäure	

→

Antwortenvergleiche s. S. A 56/A 57

Bei der Transaminierungsreaktion der Asparaginsäure in _____ haben wir diese als guten NH_2-Akzeptor kennengelernt. Wie hieß die zweite als NH_2-Akzeptor bei dieser Reaktion besonders geeignete Verbindung? In welche Substanz wird sie durch die Transaminierung umgewandelt?

_____

73   Asparaginsäure kommt — wie wir wissen — nicht nur im Rahmen der _____
-Reaktion vor, sondern auch als wichtiger Faktor im _____ .

Oxalessigsäure kann demnach von der Asparaginsäure über zwei Wege erreicht werden:

   a): _____

   _____

   b): _____

   _____

Damit können wir unser Schema ergänzen. Vervollständigen Sie bitte Beschriftung und Formeln.

74   Oxalessigsäure wird im Stoffwechsel in zweifacher Weise weiterverwendet:

   a) Es dient als Schlüsselsubstanz der _____ und

   b) es ist geradezu als Motor des _____ aufzufassen.

(Auf beide Reaktionsprozesse werden wir noch ausführlich eingehen.)

75   Histidin wird auf dem Weg seines Abbaus zunächst zu Urocaninsäure desaminiert. Dabei wird eine Doppel-Bindung in das Molekül eingeführt, so daß es sich bei der Urocaninsäure um eine (gesättigte/ungesättigte) _____ Verbindung handelt.

→

Nun kann das Molekül nach Übergang in die Imidazolon-propionsäure verschiedene Richtungen einschlagen.

---

76 Als Produkt des wichtigsten Abbauweges des Histidin entsteht _____.

Ergänzen Sie die fehlenden Formeln und Beschriftungen, um die Stationen schematisch zu klären.

---

77 Glutaminsäure, die auch als Abbauprodukt des _____ entsteht, ist ein Knotenpunkt im Aminosäurestoffwechsel. Wir rufen nochmals in Erinnerung zurück, wie Glutaminsäure weiterreagieren kann:

Unter dem Einfluß der Glutaminsäure-Dehydrogenase und $NAD^{\oplus}$ geht Glutaminsäure in _____ über, wobei _____ entsteht (vgl. LE 31 und LB S. 144).

Das entstehende Ammoniak wird in den _____-Zyklus eingeschleust, nachdem es mit _____ und CO_2 eine energiereiche Zwischenverbindung gebildet hat.

Die α-Ketoglutarsäure haben wir bei der _____-Reaktion als universellen Amino-Gruppen-Akzeptor kennengelernt.

---

78 Die entstehende α-Ketoglutarsäure kann jedoch nicht nur die _____- Reaktion durchlaufen, sondern sie kann auch oxidativ decarboxyliert werden. Reaktionsprodukt ist dabei die aktivierte Bernsteinsäure.

Antwortenvergleiche s. S. A 57/A 58

Kleine Erfolgskontrolle

79 Wodurch unterscheiden sich Endo- und Exopeptidasen im Hinblick auf ihre proteolytische
Wirksamkeit?

_____

_____

_____

_____

_____

80 Markieren Sie durch Pfeile, an welcher Stelle der schematisch dargestellten Peptid-Kette Pepsin
und Trypsin spalten.

—Ala—Gly—Asp—Tyr—Gly—Leu—Val—Lys—Asp—

81 Was versteht man unter einer autokatalytisch verlaufenden Reaktion? Geben Sie dazu zwei Beispiele aus dem Bereich der Endopeptidasen an.

_____

_____

_____

_____

Beispiel 1: _____

Beispiel 2: _____

82 Auf welchem Phänomen beruht die Unterscheidung von Carboxy- und Aminopeptidasen? Handelt es sich dabei um Endo- oder Exopeptidasen?

_____

_____

_____

_____

_____

_____

83 Nennen Sie bitte die vier verschiedenen prinzipiellen Reaktionswege des Abbaus der Aminosäuren. Markieren Sie durch Ankreuzen, wo Pyridoxalphosphat als Cofaktor beteiligt ist.

Reaktionswege

Pyridoxalphosphat beteiligt

a) _____

_____ ☐

b) _____ ☐

c) _____ ☐

d) _____

_____ ☐

⟐ Antwortenvergleiche s. S. A 58/A 59

84   Wie heißt die Substanzgruppe, die bei der Decarboxylierung von Aminosäuren neben CO_2 als Reaktionsprodukt auftritt? Geben Sie mindestens fünf Vertreter dieser Stoffklasse an.

_____

_____

_____

85   Ergänzen Sie das begonnene Schema der Transaminierung von Alanin durch die Formeln und Namen der entsprechenden Reaktionsprodukte.

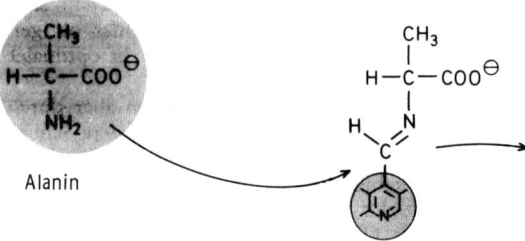

Alanin

86 Welche beiden NH$_2$-Akzeptoren eignen sich für die Transaminierungsreaktion besonders? In welche Substanzen gehen sie nach NH$_2$-Aufnahme über?

_____

_____

_____

_____

87 Definieren Sie bitte den Begriff der „essentiellen Aminosäuren".

_____

_____

_____

_____

_____

Unterstreichen Sie die für den Menschen essentiellen unter den folgenden Aminosäuren.

Gly	Phe	Met	Asa
Ala	Pro	Try	Glu
Val	Ser	Tyr	Lys
Leu	Thr	Asp	Arg
Ile	Cys	Glu	His

88 Was entsteht, wenn man auf Glutaminsäure Glutaminsäure-Dehydrogenase einwirken läßt?

_____

_____

Welcher Cofaktor muß zusätzlich beteiligt sein?

_____

89 Wieviele Mol NH$_3$ werden bei einmaligem Durchlauf des Harnstoffzyklus eliminiert? Woher stammen sie?

_____

_____

Antwortenvergleiche s. S. A 59

Wieviel ATP wird dabei verbraucht?

_____

_____

90 Zeichnen Sie das Reaktionsschema des Harnstoffzyklus mit Formeln und Beschriftungen.

91 Definieren Sie bitte den Unterschied zwischen ketoplastischen und glukoplastischen Aminosäuren. Geben Sie zu jeder Gruppe Vertreter an.

_____

_____

_____

_____

_____

92 Als Prototyp der oxidativen Decarboxylierung wurde der Alanin-Stoffwechsel behandelt. Welches Endprodukt tritt dabei auf? Welche Cofaktoren sind beteiligt?

Endprodukt: _____

Cofaktoren: _____

93 Welche weiteren Aminosäuren unterliegen der oxidativen Decarboxylierung zu aktivierten Fettsäuren?

_____

94 Welche angeborenen Stoffwechselstörungen im Phenylalanin-Stoffwechsel sind bekannt? Zwischen welchen Stoffwechselschritten liegen sie? Wie heißen sie?

a) _____

_____

b) _____

_____

c) _____

_____

95 Ein Seitenweg des Tryptophanstoffwechsels führt zum Aufbau eines Vitamins. Um welches Vitamin handelt es sich? _____

Zu welcher Gruppe gehört es? _____

96 Nennen Sie zwei im Stoffwechsel entscheidende Bedeutungen des Methionins.

_____

_____

_____

Antwortenvergleiche s. S. A 59/A 60

97   Welche Reaktionsprodukte des Serinstoffwechsels gibt es?

_____

_____

98   Asparaginsäure kann auf zwei verschiedenen Wegen in Oxalessigsäure umgewandelt werden. Nennen Sie die wichtigsten Reaktionsschritte.

a) _____

b) _____

_____

99   Welches ist das wichtigste Abbauprodukt des Histidins?

_____

100   Inwiefern hängt der Abbau der Glutaminsäure mit dem Aufbau des Blutfarbstoffs zusammen?

_____

_____

_____

_____

_____

_____

Lektion 9:
Porphyrine und Zellhämine

Lernelemente

1 ▷ Bitte lesen Sie zunächst im LB den 1. Abschnitt im 9. Kapitel.

Halten wir fest:

Unter dem katalytischen Einfluß des Enzyms _____
und der prosthetischen Gruppe _____ entsteht aus Succinyl-CoA und
Glycin die Verbindung _____ .

---

2 Der nächste Schritt ist die Kondensation zweier δ-Aminolävulinsäure-Moleküle zum Pyrrolderivat Porphobilinogen, das in zwei besonderen Formen vorliegt. Dabei werden zwei Moleküle Wasser abgespalten.

Umrahmen Sie in dem Reaktionsschema die Atome, die bei der Vereinigung der beiden
δ-Aminolävulinsäure-Moleküle abgespalten werden.

δ-Aminolävulinsäure

Porphobilinogen

---

3 Mit dem aus zwei Molekülen δ-Aminolävulinsäure entstehenden Pyrrolderivat
_____ haben wir den Grundbaustein vor uns.

Antwortenvergleiche s. S. A 61

4 Der Isotopenmethode liegt das Prinzip zugrunde, bestimmte Atome einzelner Verbindungen durch _____ zu ersetzen und deren Verbleib während nachfolgender Reaktionen zu verfolgen.

---

5 Formulieren Sie zur Wiederholung mit eigenen Worten, in welchen Parametern isotope Atome übereinstimmen bzw. sich voneinander unterscheiden.

_____

_____

_____

_____

_____

---

6 Wenden wir die Isotopenmethode auf die Synthese des Porphobilinogens an, ergibt sich folgendes:

1. Markierung des Glykokolls mit radioaktivem ^{14}C-Atom in α-Stellung ergibt für Porphobilinogen meßbare _____.

2. Wurde das C-Atom der Glykokollcarboxy-Gruppe mit ^{14}C markiert, so zeigt Porphobilinogen keine _____.

3. Waren die Carboxy-Gruppen der für die Porphobilinogensynthese notwendigen Bernsteinsäure ^{14}C-markiert, bedingt dies eine _____ des Porphobilinogens.

---

7 Zur Bildung des Porphyrinsystems ergibt sich zusammenfassend folgendes:

Vier Moleküle Porphobilinogen bilden unter Ammoniakabspaltung und Dehydrierung _____ _____. Von den vier möglichen Isomeren (Typ I—IV) ist nur Typ ____ die Vorstufe des körpereigenen Hämoglobins und der Cytochrome.

Am Typ III erfolgt schließlich eine Verkürzung der Essigsäure-Seitenketten zu _____- Gruppen und der Propionsäure-Seitenketten an Ring I und II zu _____-Gruppen ($-CH = CH_2$).

Wird noch _____ eingelagert, ist die Synthese beendet, d.h. HÄM liegt vor. Wir prägen uns die Konstitution genau ein.

---

8 Geben Sie bitte die Namen der Seitenketten und ihre Position im Häm-Molekül an.

_____

_____

_____

_____

Tragen Sie in das folgende Skelett des Häm-Moleküls die Seitenketten an ihren entsprechenden Positionen ein.

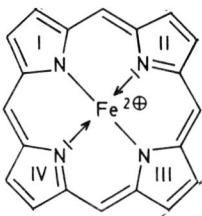

Häm

---

9 Die Anordnung der Seitenketten im Häm unterscheidet sich von einer völlig regelmäßigen dadurch, daß _____

_____

(Vervollständigen Sie bitte den Satz.)

---

10 Von den sechs möglichen Koordinationsstellen des Eisens sind im Häm nur _____ besetzt. Eisen selbst ist zweifach (positiv/negativ) _____ geladen.

An diese _____ unbesetzten Koordinationsstellen des Eisens, die ober- und unterhalb des Ringsystems liegen, können z.B. O_2 und Teile einer Proteinkette anlagern.

---

11 Durch bestimmte Einflüsse kann das _____ Eisen des Häms zur dreiwertigen Stufe oxidiert werden, die man als _____ bezeichnet. Der Unterschied zwischen Häm und Hämin liegt nur in der unterschiedlichen _____ des Eisens.

Häm und verwandte Verbindungen sind als Katalysatoren an vielen Reaktionen beteiligt. Im Hämoglobin ist das Häm für den _____-Transport verantwortlich.

---

12 Mit der sauerstoff-transportierenden Funktion des Hämoglobins werden wir uns noch näher befassen.

Wir wissen bereits: Durch die Sauerstoffanlagerung

— ändert sich die Wertigkeit des Eisens.   □

— ändert sich die Wertigkeit des Eisens nicht. □

⟐ Antwortenvergleiche s. S. A 62

Das Eisen bleibt

— einwertig   ☐
— zweiwertig   ☐
— dreiwertig   ☐
— vierwertig   ☐

▷ Lesen Sie bitte im LB den Abschnitt 2. „Die Vielfalt der Porphyrinkatalyse"
(Kapitel 9).

Eine Gruppe von Häminfermenten wirkt auf Wasserstoffperoxid (H_2O_2) ein.

Peroxidasen übertragen den H_2O_2-Sauerstoff auf ein zu oxidierendes Substrat. Katalasen hingegen zerlegen H_2O_2 in H_2O und O_2. Beide gehören zu den _____-Fermenten.

---

13 Die Cytochrome gehören ebenfalls zu den Häminfermenten. Sie nehmen dadurch an der biologischen Oxidation teil, daß sie von geeigneten Substraten Elektronen übertragen.

---

14 Sie haben bis jetzt eine Reihe von Vertretern bzw. Vertreter-Gruppen aus der Vielfalt der Porphyrinkatalyse kennengelernt. Zählen Sie bitte auf:

_____

_____

_____

Durch die genannten Substanzen werden verschiedenartige Reaktionen katalysiert, was auf dem jeweiligen Proteinunterschied beruht. Dies ist wiederum ein Beweis für die Abhängigkeit der Wirkungsspezifität eines Enzyms von (prosthetischen Gruppen/dem Apoferment)

_____ .

---

15 ▷ Bitte lesen Sie nunmehr den Abschnitt 3 im Kapitel 9.

Der Blutfarbstoff Hämoglobin setzt sich zusammen aus

1. der prosthetischen Gruppe _____ und
2. dem Protein _____ .

Hämoglobin besitzt eine molekulare Masse von 67 000.

---

16 Wir prägen uns ein:

Die molekulare Masse (früher Molekulargewicht) des Hämoglobins beträgt _____ . Das Hämoglobin ist ein Aggregat aus _____ Peptid-Ketten und _____ Hämgruppen. Bei den vier Peptid-Ketten des Hämoglobins kann man zwei Typen unterscheiden, die lediglich geringe Unterschiede in der Aminosäuresequenz aufweisen, die α- und die β-Kette.

---

17 Im Hämoglobin geht eine Histidin-Gruppe der Peptid-Kette mit dem _____ eine Neben-
valenzbeziehung ein. Es bleibt durch diese Besetzung der 5. Koordinationsstelle durch
_____ noch eine Koordinationsstelle am _____ übrig, an die der _____
gebunden wird (vgl. Schema im LB auf S. 166.).

Wodurch wird das Verhältnis von Hb zu Hb·O_2 bestimmt?

_____

_____

18 Das bedeutet für die Physiologie der Sauerstoffversorgung:

- In Geweben mit hohem Sauerstoffpartialdruck (z.B.) (nimmt das Hb Sauerstoff
  auf/setzt das Hb·O_2 Sauerstoff frei)

_____

- In Geweben mit niedrigem O_2-Partialdruck (z.B. Muskulatur) ist es umgekehrt.

19 Außer O_2-Molekülen können an der Koordinationsstelle des Hb auch andere Stoffe angelagert werden. Einer davon ist das Kohlenmonoxid.

Kohlenmonoxid ist deshalb so giftig, weil es eine (geringere/wesentlich höhere) _____
_____ Affinität zum Hb hat als der Sauerstoff. Damit verhindert Kohlenmonoxid den
O_2-Transport, was zur „inneren Erstickung" führen kann.

Die zweite wichtige Substanz ist das Methämoglobin, das ein (zweiwertiges/dreiwertiges)
_____ Eisen im Molekül besitzt. Methämoglobin ist (in der Lage/nicht in der
Lage) _____, O_2 zu transportieren.

20 ▷ Lesen Sie jetzt bitte im LB, Kapitel 9, Abschnitt 4.

Verfolgen wir zunächst den Abbau des Hämoglobins bis zu dem für die Klinik besonders
bedeutungsvollen Abbauprodukt Bilirubin.

Ergänzen Sie die beiden im Abbauweg auftretenden Zwischenprodukte:

Hämoglobin → _____ → _____ → Bilirubin
                    (   )

21 Das im Blut an Albumin gebundene _____ wird in der Leber zum größten Teil
mit UDP-Glucuronsäure zum Glucuronid gekoppelt und als solches in die Galle geleitet.

Der größte Teil des Bilirubins wird in der Leber in _____ über-
geführt und zeigt danach die direkte Diazoreaktion. Der wichtigste Gallenfarbstoff ist das
Bilirubinglucuronid = _____ Bilirubin.

▷ Antwortenvergleiche s. S. A 62/A 63

22 Wie bereits erwähnt, kommt der Bilirubinbestimmung in der Klinik eine besondere Bedeutung zu.

Bei einer Reihe von Lebererkrankungen kann das Bilirubin aufgrund einer erhöhten Leberzellpermeabilität in das Blut übertreten und von dort in das Gewebe und natürlich auch in die Haut diffundieren. Ergebnis: Der Patient „wird gelb". Sicher ist Ihnen dieses Krankenbild, die _____, geläufig. Ähnlich ist es bei einem Verschluß der abführenden Gallenwege. Schildern Sie mit wenigen Worten, was in diesem Falle passieren kann:

_____

_____

_____

_____

_____

_____

23 Daraus wird deutlich, daß die Bestimmung des Bilirubins in der Klinik sehr wichtig ist und der Unterscheidung in _____ und _____ Bilirubin differentialdiagnostische Bedeutung zukommt.

24   ▷ Lesen Sie jetzt bitte Kapitel 9, Abschnitt 5.

Als weiteres Beispiel für die Vielfalt der Porphyrinkatalyse haben wir neben dem Hämoglobin, wie Sie sich erinnern, die Cytochrome genannt. Erwähnt haben wir bereits, daß die Cytochrome an der biologischen _____ durch Elektronenübertragung beteiligt sind.

25 Wie ihr Name schon besagt, imponieren die _____ durch ihre Farbe. Sie wurden auch aufgrund ihrer Lichtabsorption entdeckt. Man findet sie praktisch in allen Zellen, wo sie zumeist an Mitochondrien oder ähnliche Strukturen gebunden sind.

Die (intrazellulär/extrazellulär) _____ lokalisierten Cytochrome sind die Katalysatoren der Zellatmung, bei der sich an ihnen ein Valenzwechsel des Eisens vollzieht. Mit einem Satz: Cytochrome sind die _____.

Nach der Bandenlage im _____ unterscheidet man die Cytochrome a, b und c. Diese werden innerhalb der Gruppen noch weiter unterteilt.

26 Außer unterschiedlichen _____ weisen die Cytochrom-Gruppen konkrete Unterschiede auf:

- Cytochrome der a-Gruppe besitzen Hämin a als prosthetische Gruppe.
- Cytochrome b haben $Fe^{3\oplus}$-Protoporphyrin (Struktur vom Hämoglobin her bekannt).

Bei Cytochromen c ist der Porphin-Rest mit dem Protein durch eine (Hauptvalenzbindung/Nebenvalenzbindung) _____ verknüpft.

---

27   Zusammenfassung:
Ordnen Sie bitte die entsprechenden Charakteristika den richtigen Gruppen zu:

Cytochrome a zu ____

Cytochrome b zu ____

Cytochrome c zu ____

1. $Fe^{3\oplus}$-Protoporphyrin als prosthetische Gruppe.
2. Porphin-Rest mit Proteinbestandteil über Hauptvalenz gebunden.
3. Hämin a als prosthetische Gruppe.

Kleine Erfolgskontrolle

28   Woraus entsteht δ-Aminolävulinsäure? Formulieren Sie schematisch die Synthese (ohne Zwischenverbindungen) mit den zugehörigen Formeln.

---

29   Charakterisieren Sie bitte den Reaktionsschritt von der δ-Aminolävulinsäure zum Porphobilinogen.

_____

_____

_____

---

30   1. Von welcher Ausgangssubstanz (Glycin oder Succinyl-CoA) stammen die Carboxy-Gruppen des Porphobilinogens?

2. Durch welche analytische Methode läßt sich dies ermitteln?

3. Charakterisieren Sie das Prinzip der Methode.

⟧ Antwortenvergleiche s. S. A 63

1.: _____

_____

_____

2.: _____

_____

_____

3.: _____

_____

_____

_____

_____

_____

31 Welches Uroporphyrin ist die Vorstufe des physiologischen Hämoglobins?

_____

32 Wie ändern sich die Seitenketten auf dem Weg vom Uroporphyrinogen III zum Häm?

_____

_____

33 Wodurch unterscheidet sich die Anordnung der Seitenketten im Häm von einer völlig regelmäßigen?

_____

_____

34 Welches ist der Unterschied zwischen Häm und Hämin?

_____

_____

_____

35   Zeichnen Sie bitte die Strukturformel des Häms.

---

36   1. a) Aus wievielen und
           b) aus welchen Peptid-Ketten setzt sich Hb zusammen?

   2. Wieviele Häm-Gruppen enthält das Molekül?

   3. Wie groß ist sein Molekulargewicht?

        1.: _____

            _____

        2.: _____

        3.: _____

---

37   Wie ändert sich die Wertigkeit des Hb-Eisens bei Sauerstoffaufnahme bzw. abgabe?

        _____

        _____

---

38   Welchen Einfluß hat eine erhöhte Kohlenmonoxid-Konzentration in der Atemluft auf die
   O_2-Bindungsfähigkeit des Hb?

        _____

        _____

        _____

        _____

Antwortenvergleiche s. S. A 64

39   Welcher wesentlichste physiologische Unterschied besteht zwischen Hb und Methämoglobin?

_____

_____

40   Worin besteht der Unterschied zwischen „direktem" und „indirektem" Bilirubin? Woher
Woher rührt die Namensgebung?

_____

_____

_____

_____

_____

_____

_____

_____

41   Welche in diesem Kapitel besprochenen Substanzen bzw. Substanzgruppen üben folgende
Funktionen aus?

Funktionen	_Substanzen_
a) O_2-Transport	_____
b) Zersetzung von $2H_2O_2 \rightarrow$ $2H_2O + O_2$	_____
c) Oxidationen mittels H_2O_2	_____
d) Elektronentransport	_____

Lektion 10:
Die biologische Oxidation

Lernelemente

1 Seit der Theorie von Lavoisier, die besagt, daß sich auch im Tierkörper Verbrennungsvorgänge abspielen, setzt man die biologische Oxidation oft mit allgemeiner Verbrennung gleich. Dies ist vom Endprodukt der beiden an sich verschiedenen chemischen Vorgänge aus betrachtet zunächst durchaus zu rechtfertigen; denn es entsteht jeweils CO_2 und H_2O.

Ergänzen Sie bitte folgende Bilanzgleichungen.

a) (Glukose verbrennt mit O_2 zu CO_2 und H_2O):

$C_6H_{12}O_6$ + _____ = _____ + _____

b) (Palmitinsäure verbrennt mit O_2 zu CO_2 und H_2O):

$C_{16}H_{32}O_2$ + _____ = _____ + _____

Wir erkennen:
Verbrennung und biologische Oxidation ergeben

1. (gleiche/ungleiche) _____ Endprodukte,

2. die Freisetzung (gleicher/ungleicher) _____ Energien.

2 ▷ Lesen Sie nunmehr im LB, Kapitel 10, Abschnitt 1.

Die wesentlichen *Unterschiede* zwischen Verbrennung und biologischer Oxidation sind:

1. _____

_____

_____

2. _____

_____

_____

_____

_____

_____

_____

_____

 Antwortenvergleiche s. S. A 65

3 Ergänzen Sie bitte das Prinzipielle bei der biologischen „Verbrennung".

a) Organische Moleküle $\longrightarrow$ _____

b) Ist ein organisches Molekül bereits in _____ zerlegt, so werden diese durch Abspaltung von jeweils _____ oder _____ umgewandelt.

---

4 Das Wesentliche der biologischen Oxidation kann man in vier Sätzen zusammenfassen:

1. Zerlegung organischer Moleküle in _____ .

2. Abbau der C_2-Bruchstücke durch _____ _____ .

3. Lieferung des Endprodukts CO_2 durch _____ _____ .

4. Lieferung des Endprodukts H_2O durch _____ _____

dabei Energiespeicherung in Form von _____ .

Lesen Sie Abschnitt 1 zu Ende bis auf S. 173 oben.

---

5 Als Oxidation bezeichnet man heute allgemein den Entzug von Elektronen. Das bedeutet: Die oxidierte Substanz hat

— mehr Elektronen   ☐
— weniger Elektronen   ☐

---

6   ▷ Wir lesen zunächst den 2. Abschnitt in Kapitel 10 LB.

Die Bildung von Wasser aus den Elementen läßt sich zwanglos folgendermaßen klarmachen: (Setzen Sie in die Gleichungen die Zahl der abgegebenen bzw. aufgenommenen Elektronen ein)

a) $2H_2$ _____ $= 4 H^{\oplus}$

b) O_2 _____ $= 2 O^{2\ominus}$

Die Addition beider Gleichungen ergibt:

$2H_2 + O_2 = 2H_2O$

Diese Reaktion ist mit $\Delta G^0 = -57$ kcal/Mol H_2O stark (exergonisch/endergonisch) _____ .

Bei dieser Reaktion ist der Wasserstoff Reduktionsmittel, da er Elektronen (aufnimmt/abgibt) _____ . Sauerstoff ist Oxidationsmittel, da er Elektronen (aufnimmt/abgibt) _____ .

7 Zum Begriff des Redoxpotentials lesen Sie im LB den Abschnitt 3. Geben Sie bitte sinngemäß das Wichtigste aus dem Absatz „Elektronenaustausch durch Drähte" wieder.

_____

_____

_____

_____

_____

8 Bei einer Redoxreaktion stehen Redoxpotential und freie Energie in unmittelbarem Zusammenhang.
In einer galvanischen Zelle ist die Reaktion reversibel; ihre Nutzarbeit bezeichnet man als elektrische Arbeit. Damit ist das Redoxpotential ein direktes Maß für die _____ einer Redoxreaktion.

9 Will man eine Aussage über die Reaktion mit einem zweiten Oxidations- bzw. Reduktionsmittel machen, so gilt als Maß für die freie Energie die Differenz der beiden Redoxpotentiale gegenüber Wasserstoff.

Damit kann man jedes beliebige Oxidationsmittel mit jedem beliebigen _____-_____ reagieren lassen. Die _____ der jeweiligen Redoxpotentiale ist ein Maß für die freie Energie.

10 Die Größe der Potentialdifferenz bei einem Zwei-Elektronenübergang bei der Bildung eines Mols ATP läßt sich mit Hilfe der im LB angegebenen Gleichung bestimmen. Die freie Energie der Spaltung von ATP beträgt −7,0 kcal/Mol unter Standardbedingungen (1 Watt-Sekunde = 0,239 cal).

11 Unter physiologischen Bedingungen wählt man als Nullpunkt der biochemischen Redoxskala nicht pH 0, sondern den physiologischen _____. Hierbei hat die Wasserstoffelektrode gegen die von pH 0 eine Potentialdifferenz von −0,42 V.
Die auf _____ bezogenen Potentiale kennzeichnet man mit E'. Das drückt den _____ von −0,42 V gegenüber den auf pH 0 bezogenen „Normalpotentialen" aus.

12 ▷ Lesen Sie bitte den Abschnitt 4 von Kapitel 10.

Bei der Besprechung der Atmungs-Kette erinnern wir uns an die vier Sätze über das Prinzip der biologischen Verbrennung (vgl. LE 4).

◁ Antwortenvergleiche s. S. A 65/A 66

Danach wissen wir, daß die _____-bildung die entscheidende energieliefernde Reaktion des Stoffwechsel schlechthin ist.

Zwischen der Sauerstoff- und der Wasserstoffelektrode besteht eine Potentialdifferenz von 1,23 Volt, was einer freien Energie ΔG^0 von -57 kcal/Mol entspricht.

---

13 NAD·H reagiert in der Zelle über eine Reihe von Zwischenschritten mit Sauerstoff. Dabei wird der Energiebetrag von _____ in kleinere Energiepakete zerlegt. Ein Teil der freien Energie bleibt dabei als chemische Energie erhalten, geht also nicht in _____ über, sondern wird in Form von _____ gespeichert.

Der gesamte Reaktionszyklus der Atmungs-Kette — und damit auch die ATP-Synthese — vollzieht sich in den Mitochondrien.

---

14 Wir erwähnten bereits, daß NAD·H (direkt/nicht direkt) _____ mit Sauerstoff reagiert.

Die Kette der hintereinandergeschalteten Redoxsysteme läuft dabei in der Zelle innerhalb der _____ ab.

---

15 Man kann die Reihenfolge der Redoxsysteme in der Atmungs-Kette mit Hilfe der _____ der prosthetischen Gruppen sinnvoll anordnen. Dabei hat das System (NAD·H + $H^{\oplus}$) / $NAD^{\oplus}$ mit _____ Volt das negativste Potential.

Den Wert finden Sie in Tab. 10–1 im LB auf S. 176. (Nehmen Sie diese Tabelle auch bei künftigen Fragen nach anderen Redoxpotentialen der Atmungs-Kette zu Hilfe.)

Im nächsten Schritt oxidiert Flavoprotein das im ersten Schritt reduzierte _____, so daß erneut $NAD^{\oplus}$ entsteht. Das Flavoprotein hat ein Redoxpotential E_0' von _____ Volt.

---

16 Die dritte Stufe bildet das System (Ubihydrochinon/Ubichinon) _____. Das heißt: (Ubihydrochinon/Ubichinon) _____ übernimmt den Wasserstoff vom _____. Dieses System hat ein E_0' von _____ Volt.

Das _____ gibt seine Elektronen an das Cytochromsystem (Valenzwechsel des Eisens) ab. Dadurch werden zwei $H^{\oplus}$ freigesetzt, die ersten Bestandteile des Endproduktes H_2O. Das Redoxpotential von Cytochrom c beträgt _____ Volt.

---

17 Vervollständigen Sie nunmehr das Schema.

18 Geben Sie — zur vertiefenden Übung — nochmals mit eigenen Worten die Funktion der NAD·H-Dehydrogenase und ihrer prosthetischen Gruppe _____ an.

_____

_____

_____

_____

_____

_____

Das zweite _____ -haltige Enzym der Atmungs-Kette ist die Succinat-Dehydrogenase (Succinat = Salz der Bernsteinsäure). Auch dieses Enzym überträgt Wasserstoff. Es übernimmt ihn jedoch direkt von ihrem Substrat, der Bernsteinsäure.

---

19 Das dritte flavinhaltige Enzym, das uns im Zusammenhang mit der Atmungs-Kette interessiert, ist das _____.

---

20 Das Flavoprotein scheint eine Mittlerrolle zwischen substratspezifischen Flavin-Enzymen, z.B. den Acyl-CoA-Dehydrogenasen oder der α-Glycerinphosphat-Dehydrogenase und der _____ zu haben. Damit kommt dem Elektronen-übertragenden Flavoprotein eine wichtige Bedeutung zu. Die Wasserstoffakzeptoren sind hierbei, wie auch bei der Succinat-Dehydrogenase, dieselben, nämlich _____ oder _____ .

---

21 Vergleichen Sie bitte das Schema der Reduktion von Ubichinon zu Ubihydrochinon (LB, S. 179).
Als Zwischenprodukt der 2 _____-Elektronenübergänge entsteht _____ .

---

22 Wie bereits früher erwähnt, sind die Cytochrome Hämoproteine, die in Redoxketten (Wasserstoff/Elektronen) _____ übertragen. Das Cytochrom b enthält das Eisenprotoporphyrin, das Ihnen bereits vom _____ bekannt ist.

---

23 Im Rahmen der Atmungs-Kette hat Cytochrom b vor allem Bedeutung als Bestandteil der Ubihydrochinon-Cytochrom-c-Reduktase, die die Wasserstoffübertragung von _____ _____ auf _____ katalysiert. Cytochrom c ist ein _____ der Atmungs-Kette mit einem Porphyrin als prosthetische Gruppe. Der Porphyrin-Rest ist über die Seitenkette (hauptvalenzmäßig/nebenvalenzmäßig) _____ an das Protein gebunden, im Unterschied zu den anderen Cytochrom-Gruppen.

Antwortenvergleiche s. S. A 66/A 67

24   Bei den Cytochromen der a-Gruppe ist die prosthetische Gruppe das _____. Die auch durch Spektren unterscheidbaren a-Cytochrome, nämlich a und a_3, unterscheiden sich auch in physiologischer Hinsicht: Cytochrom a_3 bindet im neutralen Bereich O_2, CO und $CN^\ominus$, Cytochrom a dagegen nicht.

---

25   Trotz derselben prosthetischen Gruppe _____, die lediglich in unterschiedlichen Bindungs- bzw. Funktionszuständen vorliegt, bestehen doch zwei wesentliche Unterschiede, nämlich:

_____

_____

_____

Cytochrom a und Cytochrom a_3 kommen als Komplex „Cytochrom aa_3" vor, wobei auf ein Molekül Cytohämin ein Atom Cu kommt.

---

26   Das zweite Metall neben Eisen, das in der Cytochrom-Oxidase vorliegt, ist _____.
Es ist durch Valenzwechsel ebenfalls an der Katalyse beteiligt.

▷ Lesen Sie jetzt nochmals den Abschnitt „Das Cytochrom-System" im LB aufmerksam durch.

---

27   Schreiben Sie bitte im folgenden die Namen der Cytochrome neben die Stichworte.

   a) Hilfssubstrat der Atmungs-Kette: _____

   b) Bestandteil der Ubihydrochinon-Cytochrom-c-Reduktase und Zusammenwirken mit der Succinat-Dehydrogenase: _____

   c) Warburgsches Atmungs-Ferment: _____

   d) Hämin a als prosthetische Gruppe: _____

   e) Wird von $CN^\ominus$ und CO nicht gehemmt: _____

   f) Cu als Molekülbestandteil: _____

   g) bindet CO und $CN^\ominus$ im neutralen Bereich: _____

   h) Cytochrom-Oxidase: _____

   i) Porphyrin-Rest hauptvalenzmäßig an Protein gebunden: _____

---

28   Machen Sie sich die katalytischen Einzelschritte der Atmungs-Kette im Zusammenhang anhand von Abb. 10—2 im LB auf S. 179 nochmals klar.

Tragen Sie nun ohne Zuhilfenahme des LB die fehlenden Beschriftungen in die ausgezogenen Wellenlinien des Schemas ein.

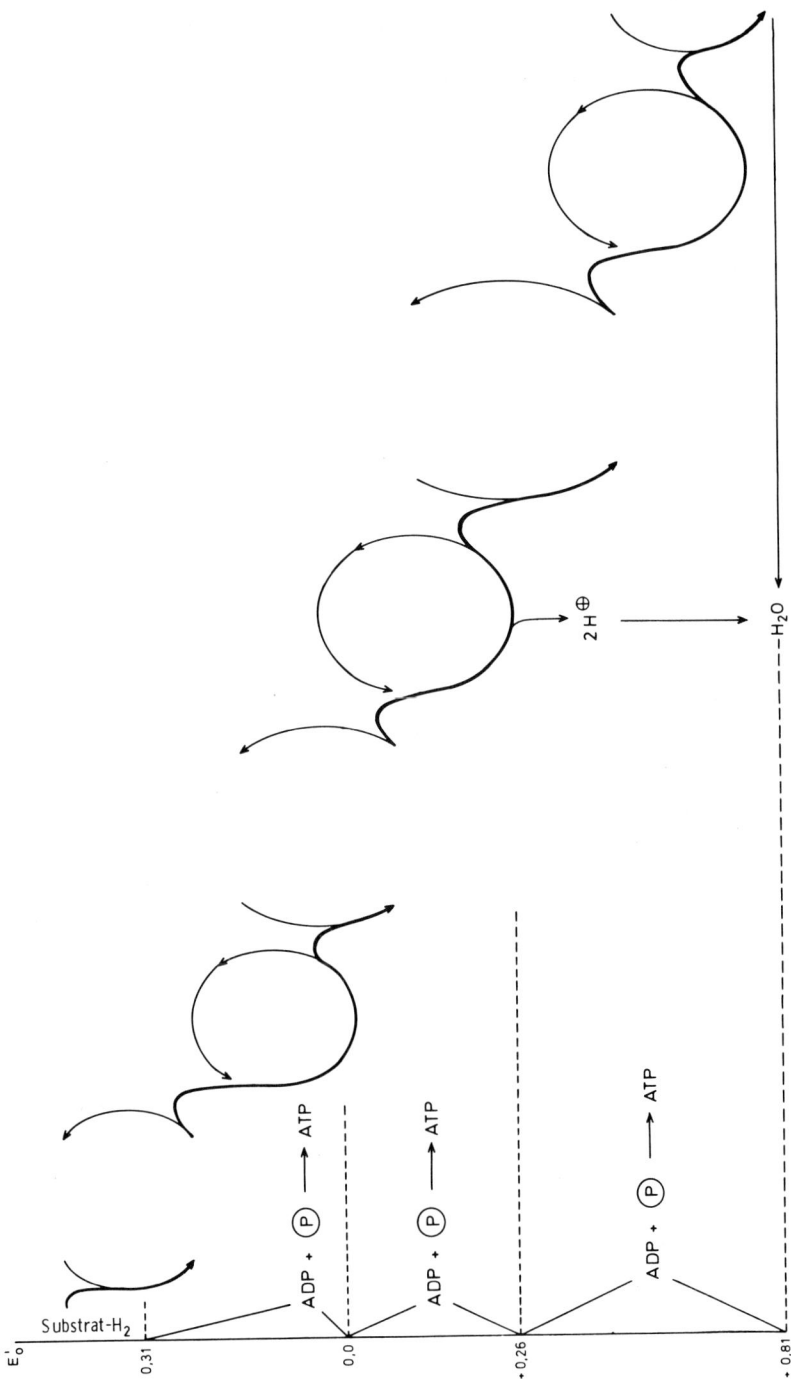

⊳ Antwortenvergleiche s. S. A 67

29 Spaltet man die sog. „_____" weiter auf, kann man vier Enzymkomplexe isolieren.

---

30 Der Komplex III _____ enthält Cytochrom b und c_1 sowie ein Eisen-Schwefel-Protein.

Der Komplex IV, Cytochrom-Oxidase, enthält _____ und _____.

---

31 Wir haben mehrfach betont, daß die Wasserbildung die entscheidende (energieliefernde/energie-verbrauchende) _____ Reaktion des Stoffwechsels darstellt.

Die Bedeutung der Atmungs-Kette liegt vor allem darin, daß die freie Energie der Oxidation abgefangen und als chemische Energie in Form von _____ gespeichert wird.

Zur schnellen Wiederholung:
Wieviel kcal Energie werden frei, wenn 1 Mol NAD·H mit 1/2 O_2 oxidiert wird?

_____

---

32 Bei einem vollständigen Reaktionsablauf der Atmungs-Kette werden ____ Mol ATP gebildet.

Schlagen Sie Abb. 10–2 (im LB, S. 179) auf. Geben Sie daraus an, bei welchem Elektronen-(oder Wasserstoff-)Übergang jeweils ein Mol ATP gebildet wird.

1. _____

2. _____

3. _____

---

33 Zum Mechanismus der oxidativen Phosphorylierung haben Sie im LB zwei Theorien kennengelernt: Die Theorie der chemischen _____ und die _____ Theorie.

Die chemiosmotische Theorie ist unten im Diagramm gezeigt. Bitte ergänzen Sie die fehlende Beschriftung.

34   ▷ Lesen Sie jetzt bitte Kapitel 10, Abschnitte 5 und 6.

Der Wert 3 ATP pro 1/2 O_2 (1 Mol H_2O) wurde immer bestätigt. Man hat daraus den Quotienten _____ definiert. Dieser Quotient beschreibt die

Größe $\dfrac{\text{ATP gebildet}}{\text{O verbraucht}}$.

---

35   Wie wir wissen, gibt es in der Atmungs-Kette nur ein Enzym, das direkt mit Sauerstoff reagiert: _____

Sauerstoff reagiert, wie heute bekannt ist, nicht nur als Elektronen- (oder Wasserstoff-) Akzeptor, sondern kann auch direkt in organische Moleküle eintreten.
Je nach Reaktionsmodus unterteilt man die Enzyme, die mit O_2 reagieren, in drei Gruppen. Die erste Gruppe bilden die Oxidasen (elektronenübertragende Oxidasen).

Ergänzen Sie bitte die folgenden Gleichungen.

a) $O_2 +$ _____ $\longrightarrow 2\ O^{2\ominus} + \underset{\longleftarrow}{\overset{4\ H^{\oplus}}{\longrightarrow}} 2\ H_2O$

b) $O_2 +$ _____ $\longrightarrow O_2^{2\oplus} + \underset{\longleftarrow}{\overset{2\ H^{\oplus}}{\longrightarrow}} H_2O_2$

---

36   Die zweite Gruppe bilden die Dioxygenasen. Sie transferieren Sauerstoff — also keine Elektronen — nach der allgemeinen Gleichung

$A + O_2 \longrightarrow AO_2$

Die dritte Gruppe wird von den Hydroxylasen (Monooxygenasen oder mischfunktionelle Oxygenasen) gebildet. Die allgemeine Reaktionsgleichung lautet:

$AH + DH_2 + O_2 \longrightarrow AOH +$ _____
(AH = Substratmolekül; DH_2 = Wasserstoffdonator)

---

37   Tragen Sie zur Feststellung des Gelernten die Namen und Reaktionsgleichungen der Enzyme, die mit Sauerstoff direkt reagieren, hier ein.

1. _____

2. _____

3. _____

⟡ Antwortenvergleiche s. S. A 68

38 Die nach der allgemeinen Reaktionsgleichung $A + O_2 \longrightarrow AO_2$ reagierenden Enzyme gehören zur Gruppe der _____.

Eine typische Reaktion ist die Spaltung eines (aromatischen) Ringes an der Stelle der Doppelbindung. An Stelle der C=C-Bindung finden sich im Reaktionsprodukt dann zwei C=O-Bindungen, z.B. bei der Oxidation der Homogentisinsäure, die Sie als Abbauprodukt des _____ kennengelernt haben (vgl. LB, S. 150).

Formulieren Sie die Reaktion.

---

39 Nennen Sie bitte weitere Beispiele für die Spaltung der C=C-Bindung durch die Oxygenasen:

_____

_____

_____

---

40 Als dritte Gruppe der mit O_2 reagierenden Enzyme nannten wir die Monooxygenasen. Die allgemeine Gleichung lautet:

$$AH + DH_2 + O_2 \longrightarrow \underline{\hspace{4cm}}$$

---

41 Die Spezifität der „hochspezifischen Hydroxylierung" von Substanzen aus der Steroidreihe gilt in zweifacher Hinsicht:

1. _____

_____

2. _____

_____

Kleine Erfolgskontrolle

42   Geben Sie eine wesentliche formale Übereinstimmung und einen wesentlichen Unterschied zwischen Verbrennung und biologischer Oxidation an.

_____

_____

_____

_____

_____

_____

43   Wie definiert man heute ganz allgemein den Begriff Oxidation?

_____

Formulieren Sie gemäß dieser Definition die Oxidation molekularen Wasserstoffs.

_____

44   Mit Hilfe welches Parameters kann man verschiedene Redoxsysteme miteinander vergleichen? Wie ist dieser Parameter definiert?

_____

_____

_____

_____

45   Wie ist der Nullpunkt der biochemischen Redoxskala definiert?

_____

_____

_____

_____

⟳ Antwortenvergleiche s. S. A 69

46 Wofür ist das Redoxpotential ein direktes Maß?

_____

_____

47 Welche Größe ist für die freie Energie einer Reaktion maßgebend, wenn es sich nicht um eine Reaktion mit Wasserstoff, sondern mit einem zweiten Oxidations- (oder Reduktions-)Mittel handelt?

_____

_____

48 Welche ist die entscheidende Bedeutung der Atmungs-Kette für den Organismus?

_____

_____

49 Wo ist die Atmungs-Kette im Organismus lokalisiert?

_____

_____

50 Wird der Wasserstoff von $NAD P \cdot H$ oder der von $NAD \cdot H$ zum größten Teil für die Wasserbildung in der Atmungs-Kette verwendet?

_____

_____

51 Nennen Sie die drei für die Atmungs-Kette besonders wichtigen Flavin-haltigen Enzyme. Beschreiben Sie bitte kurz ihre Funktion.

a) _____

_____

b) _____

_____

c) _____

_____

_____

52 Ordnen Sie den folgenden Charakterisierungen die entsprechenden Cytochrome der Atmungs-Kette zu.

a) „Hilfssubstrat" der Atmungs-Kette: _____

b) Cytochrom-Oxydase: _____

c) Bestandteil der Ubihydrochinon-Cytochrom-c-Reduktase und Cooperator der Succinat-Dehydrogenase: _____

d) Warburgsches Atmungs-Ferment: _____

e) bindet im neutralen Bereich CO und $CN^{\ominus}$: _____

f) einziges Enzym der Atmungs-Kette, das direkt mit O_2 reagiert:

_____

---

53 Wieviele Mol ATP werden bei Durchlauf der Atmungs-Kette gebildet, wenn das Substrat von $NAD^{\oplus}$ dehydriert wird?

_____

Wieviel kcal Energie sind dazu notwendig?

_____

Welchem Wirkungsgrad der Atmungs-Kette entspricht das?

_____

---

54 Wie groß ist der P/O-Quotient, wenn Succinat die Atmungs-Kette durchläuft?

_____

---

55 Bei welchem Elektronen- (oder Wasserstoff-)Übergang kann in der Atmungs-Kette jeweils ein ATP gebildet werden?

_____

_____

_____

_____

Antwortenvergleiche s. S. A 70

56   Nennen Sie bitte die drei Gruppen von Enzymen, die mit O_2 reagieren. Geben Sie die allgemeinen Reaktionsgleichungen an.

a) _____

_____

_____

b) _____

_____

c) _____

_____

Lektion 11:
Die Kohlendioxidproduktion im Citronensäurezyklus

Lernelemente

1 ▷ Lesen Sie bitte zunächst im LB das 11. Kapitel, Abschnitt 1.

Als Endprodukte des aeroben Stoffwechsels haben wir _____ und _____ kennengelernt.
Die Entstehung des Wassers wurde im Zusammenhang mit der _____ ausführlich besprochen.
Von den vier prinzipiellen Sätzen über die biologische Oxidation traf Satz 3 eine Aussage über die Entstehung des Endprodukts CO_2. Wiederholen Sie diesen bitte sinngemäß.

_____

_____

_____

2 Dabei kann die Decarboxylierung in zweifacher Form vonstatten gehen:

1. Als Decarboxylierung von β-Ketosäuren und
2. als „oxidative" Decarboxylierung von α-Ketosäuren.

Form 2 wurde am Beispiel des _____ bereits besprochen. Als Endprodukt erhielt man aktivierte Essigsäure. Diesem Abbau unterliegen auch die aus den Aminosäuren _____, _____, _____ entstandenen α-Ketosäuren.

3 Wie Sie bemerkt haben, werden durch beide Wege zwei Typen von Carbonsäuren decarboxyliert:

_____ und _____.

Ausgangsmaterial für den Endabbau ist die Ihnen bekannte „aktivierte Essigsäure", also der an das _____ gebundene Essigsäure-Rest.

4 Der Abbau selbst, von der _____ _____ ausgehend, läuft im *Citronensäurezyklus* ab. In diesem Zyklus laufen, wie wir noch sehen werden, die Fäden des Protein-, Fett- und Kohlenhydratstoffwechsels zusammen. Dadurch wird der Citronensäurezyklus zum Sammelbecken von Zwischenprodukten, die entweder zum Aufbau neuen zelleigenen Materials dienen oder unter Energiegewinn abgebaut werden.

▷ Antwortenvergleiche s. S. A 71

5 Damit stehen den Zwischenprodukten im Citronensäurezyklus zwei prinzipiell verschiedene Verwertungsrichtungen offen:

1. _____

2. _____

---

6 Machen wir uns den Citronensäurezyklus nochmals klar.

Durch Kondensation des C_2-Fragments „_____" mit dem C_4-Körper _____ entsteht die C_6-Verbindung _____ .
Diese wird im Citronensäurezyklus solange „behandelt", bis der C_4-Körper wieder regeneriert ist, d.h. zu erneutem Durchlauf des Reaktionszyklus bereitsteht, womit der Kreis geschlossen ist.

---

7 Wir verfolgen die Reaktions-Kette des Citronensäurezyklus. Durch welche Substanzen erfolgt die Initialzündung?

Durch _____ und _____ .

Wozu verbindet sich das C_2-Fragment?

Zu der _____ .

Welcher Stoff wird bei der Initialzündung abgestoßen?

_____

---

8 Geben Sie bitte die Formeln der an der Kondensation von Acetyl-CoA und Oxalacetat beteiligten Substanzen an.

Oxalacetat   +   Acetyl-CoA $\longrightarrow$ Citrat

Ausgangssubstanz für den zweiten Reaktionsschritt ist damit das _____ . Unter dem Einfluß des Enzyms Aconitat-Hydratase (Aconitase) wird dies zu Isocitrat und cis-Aconitat umgewandelt.

▷ Lesen Sie nun im LB den Abschnitt 2 von Kapitel 11.

---

9 Das folgende Schema beschreibt die vom Enzym _____ katalysierte Reaktion.

Citrat   Zwischenprodukt   *cis* -Aconitat

Isocitrat

Das für die weitere Reaktionsfolge wichtige Produkt des Citrats ist das Isocitrat.

---

10 Isocitrat hat eine sekundäre Hydroxy-Gruppe; diese kann leicht oxidiert werden. Das Zwischenprodukt wird zu _____ decarboxyliert. Dieses _____ haben Sie als Transaminierungsprodukt der Aminosäure _____ bereits kennengelernt.

---

11 Reaktionsschritt 3 stellt also die Überführung von Isocitrat in _____ dar. Die Überführung erfolgt mit Hilfe des Enzyms _____ . Da dieser Schritt eine Decarboxylierung beinhaltet, fällt hier erstmals im Citronensäurezyklus das Abbau-Endprodukt _____ an.

---

12 Der nun folgende Reaktionsschritt ist etwas komplizierter. Ziel ist die Überführung von α-Oxoglutarat in Succinat. α-Oxoglutarat wird im Citronensäurezyklus als α-Ketosäure

    — decarboxyliert   ☐

    — „oxidativ" decarboxyliert   ☐

Dabei wird wiederum _____ abgespalten und gleichzeitig dehydriert, so daß letztlich ein Derivat der Bernsteinsäure entsteht.

---

13 Die oxidative Decarboxylierung wird von einem Multienzymkomplex katalysiert. Der Reaktionsablauf beginnt mit der Decarboxylierung des α-Ketoglutarats. Der an _____ _____ gebundene Succinsemialdehyd-Rest wird nun in einem zweiten Schritt auf die katalytisch wirkende Liponsäure, der prosthetischen Gruppe der Lipoyl-reductase-Transsuccinylase, übertragen. Dabei wird der erste Carrier (= Träger), das _____ , wieder abgespalten.

---

14 Die Funktionen der ersten beiden Enzyme erläutern wir so: _____ _____ mit der prosthetischen Gruppe _____ katalysiert die Decarboxylierung von α-Ketoglutarat zum Thiamin-gebundenen Succin-Semi-aldehyd. Der Succinyl-Rest wird dann unter dem Einfluß desselben Enzyms auf die prosthe-

⇨ Antwortenvergleiche s. S. A 72

tische Gruppe der _____ , die _____
übertragen. Die Lipoylreductase-Transsuccinylase katalysiert gleichzeitig die weitere Übertragung des Succinyl-Restes auf Coenzym A.

---

15 Schließlich wird der Dihydroliponsäure-Rest mit Hilfe des Flavoproteins Dihydrolipoyl-
dehydrogenase wieder zur Liponsäure dehydriert. $NAD^{\oplus}$ dient dabei als Wasserstoffakzeptor,
der den Wasserstoff der _____ zur Verfügung stellt.
Endlich schließt sich durch die Rückverwandlung des Dihydroliponsäure-Rests in einen
_____ der Kreis.

Somit steht zum einen die Liponsäure-Gruppe einem erneuten Reaktionszyklus zur Verfügung, kann also erneut den Succinyl-Rest vom _____ übernehmen.
Zum anderen wurde _____ für die Atmungs-Kette gewonnen.

---

16 Zur Wiederholung erinnern wir uns an einen Reaktionsverlauf, der der Überführung des
α-Ketoglutarats in Succinyl-CoA analog ist, nämlich an

_____

mit dem Ausgangsprodukt _____ und dem Endprodukt _____ .

---

17 Succinyl-CoA kann im Stoffwechsel verschiedene Wege gehen:

    1. Zum Aufbau _____ Stoffe,

    2. Überführung in Succinat im _____ .

Bei der Überführung in _____ bleibt die chemische Energie erhalten; aus anorganischem Phosphat und Guanosindiphosphat wird GTP gebildet.

---

18 Die restlichen Reaktionsschritte des Citronensäurezyklus sind nicht mehr schwierig. Zunächst
wird Succinat unter dem katalytischen Einfluß des Flavoproteins Succinat-Dehydrogenase
dehydriert. Es entsteht _____ .

---

19 Formulieren Sie bitte nochmals den 6. Reaktionsschritt im Citronensäurezyklus:
Die Dehydrierung von _____ zu _____ .

Fumarat ist eine (cis-/trans-) _____-Verbindung, die im nächsten Schritt H_2O addiert.
Die reversible Reaktion wird von der Fumarat-Hydratase katalysiert und führt zum _____
(vgl. Sie dazu im LB, Tab. 1—2).

---

20 Nach dem 7. Reaktionsschritt (Wasser-Addition an Fumarat) verbleibt im 8. und letzten
Schritt noch die Umwandlung von Malat in Oxalacetat. Als Katalysator dient Malat-Dehydro-
genase, wobei die sekundäre Alkohol-Gruppe des Malats dehydriert und der Wasserstoff auf
$NAD^{\oplus}$ übertragen wird.

---

21 Damit haben wir den Citronensäurezyklus einmal durchlaufen. Durch _____
von Malat entsteht die „Starter-Substanz" Oxalacetat. Der Atmungs-Kette werden zwei weitere Atome _____ zur Verfügung gestellt.

---

22 Zusammenfassend können wir über den Citronensäurezyklus sagen:
Aus einem C_2-Bruchstück, der _____ _____ , entsteht vorübergehend eine C_6-Verbindung, die _____ . Diese wird über sieben Reaktionsschritte wieder zur C_4-Verbindung _____ abgebaut, eine Verbindung,
die als „Starter-Substanz" für den Zyklus diente.

---

23 Im Verlauf des Zyklus werden ____ Moleküle CO_2 abgespalten, nämlich beim Übergang von
_____ zum _____ und beim Übergang von _____
_____ zum _____ . Außerdem werden _____-mal zwei
Atome Wasserstoff für die Atmungs-Kette gewonnen.

---

24 Setzen Sie in das Reaktionsschema die Formel der entsprechenden Verbindungen ein.

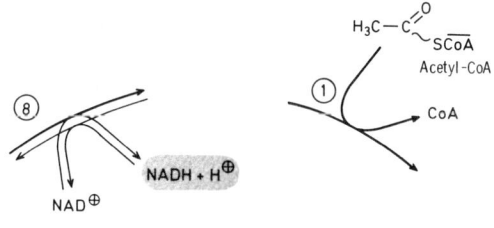

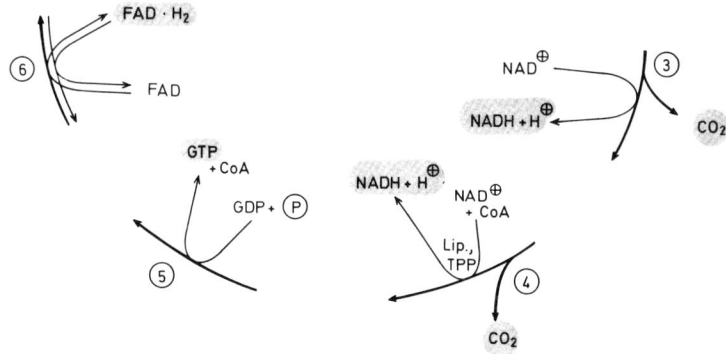

Antwortenvergleiche s. S. A 73

25 Tragen Sie in das Reaktionsschema des Citronensäurezyklus die Abkürzungen der beteiligten Coenzyme ein.

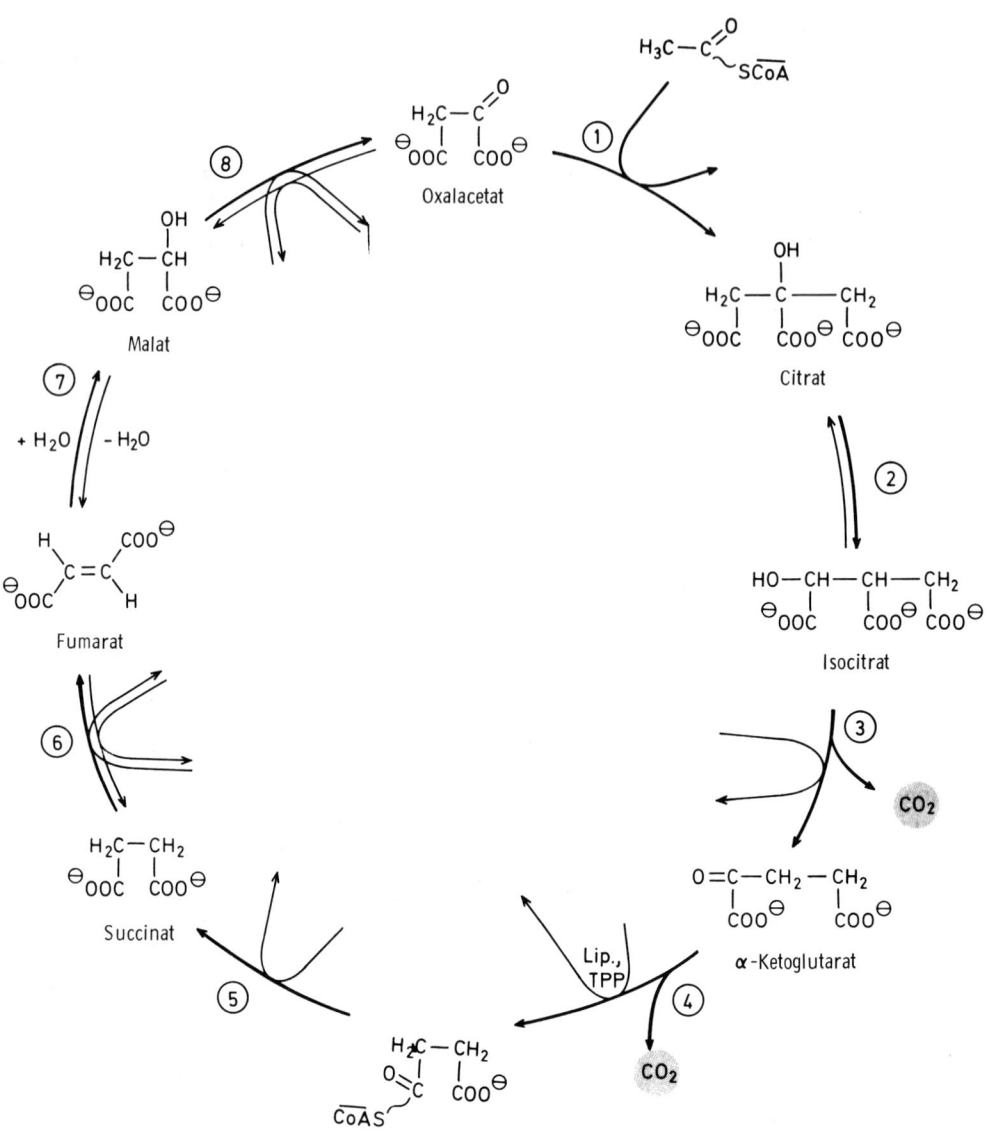

26 Tragen Sie nun in das Pfeilschema den gesamten Citronensäurezyklus ein.

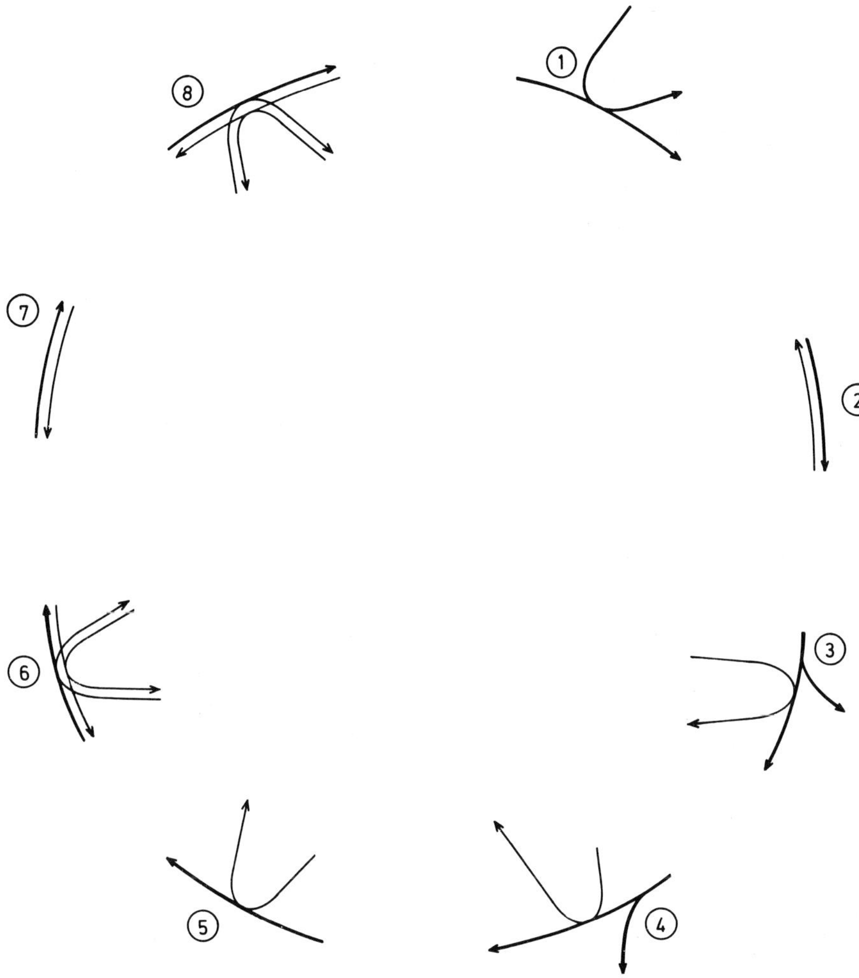

⑧ ①

⑦ ②

⑥ ③

⑤ ④

▷ Lesen Sie jetzt im LB den Abschnitt 3 des 11. Kapitels.

---

27 Wie Sie soeben gesehen haben, läuft der Citronensäurezyklus nur in Verbindung mit der
_____ ab. Dadurch, daß 216 kcal chemische Energie freiwerden, ändert sich
das energetische Bild sehr wesentlich.

 Antwortenvergleiche s. S. A 73

28 Von diesen 216 kcal werden allein 191 kcal über die Atmungs-Kette, dagegen nur _____ kcal
über den Citratzyklus direkt frei.
Daraus wird deutlich, daß der entscheidende energieliefernde Prozeß im Organismus die
(CO_2-Bildung/H_2O-Bildung) _____ ist.

---

29 Bei genauer Betrachtung der ATP-Bildung stellt man fest: Zunächst wird an drei Stellen des
Citratzyklus $NAD \cdot H + H^{\oplus}$ gebildet, von dem wir wissen, daß es bei der Oxidation in der
Atmungs-Kette ____ ATP liefert.

Geben Sie bitte die Reaktionsschritte des Citratzyklus an, bei deren Ablauf $NAD \cdot H + H^{\oplus}$
entsteht.

1. _____

2. _____

3. _____

Das heißt, es werden insgesamt ____ ATP chemische Energie geliefert.

---

30 An einer Stelle des Citratzyklus wird unter der katalytischen Wirkung der Succinat-Dehydrogenase $FAD \cdot H_2$ gebildet, das seinerseits bei der Oxidation in der Atmungs-Kette ____ ATP
liefert.
Schließlich wird im Citratzyklus selbst eine Speicherform chemischer Energie, das
_____, gebildet, das durch Übertragung der energiereichen Bin-
dung noch ein weiteres ATP liefern kann.

---

31 Die *Bilanz* der ATP-Bildung lautet:

Oxidation von $NAD \cdot H$	insgesamt	_____	ATP
Oxidation von $FAD \cdot H_2$		_____	ATP
Übertragung der energiereichen			
Bindung des GTP		_____	ATP
	Summe	_____	ATP

Kleine Erfolgskontrolle

32 Kohlendioxyd entsteht im Stoffwechsel aus Carbonsäuren. Welche zwei Hauptwege der
Decarboxylierung werden beschritten?

a) _____

b) _____

---

33 a) Worin besteht die Initialzündung des Citratzyklus?

_____

_____

b) Nennen Sie jeweils eine Möglichkeit, woraus die beiden Reaktionspartner entstehen können.

_____

_____

_____

34 Zwischen welchen Reaktionspartnern stellt das Enzym Aconitase im Citratzyklus ein Gleichgewicht her? In welcher prozentualen Verbindung liegen sie dann vor?

_____

_____

35 Welche Enzyme sind bei der Umwandlung von α-Ketoglutarsäure in Succinyl-CoA beteiligt? Wie heißen ihre jeweiligen prosthetischen Gruppen?

Enzym: prosthetische Gruppe:

_____   _____

_____   _____

_____   _____

_____   _____

_____   _____

_____   _____

36 Succinyl-CoA geht im Citratzyklus in Succinat über. Für welche synthetische Reaktion kann es darüber hinaus Verwendung finden?

_____

_____

Antwortenvergleiche s. S. A 74

37 Zwischen welchen Reaktionsschritten wird im Citronenzyklus CO_2 abgespalten?

_____

_____

38 Zwischen welchen Reaktionsschritten wird im Citratzyklus $NAD \cdot H + H^{\oplus}$ gebildet?

_____

_____

_____

39 Wieviele kcal chemische Energie werden bei einem Zusammenwirken von Citratzyklus und Atmungs-Kette insgesamt freigesetzt?

_____

Wieviele kcal fallen davon auf die Atmungs-Kette?

_____

40 Wie groß ist die ATP-Ausbeute in Mol pro Mol oxidierter Essigsäure bei Zusammenwirken von Citratzyklus und Atmungs-Kette?

_____

Welchem „Wirkungsgrad" entspricht dies etwa?

_____

41 Tragen Sie in das nebenstehende Pfeilschema die Formeln und Namen der entsprechenden Zwischenverbindungen des Citratzyklus sowie die Abkürzungen der beteiligten Coenzyme ein.

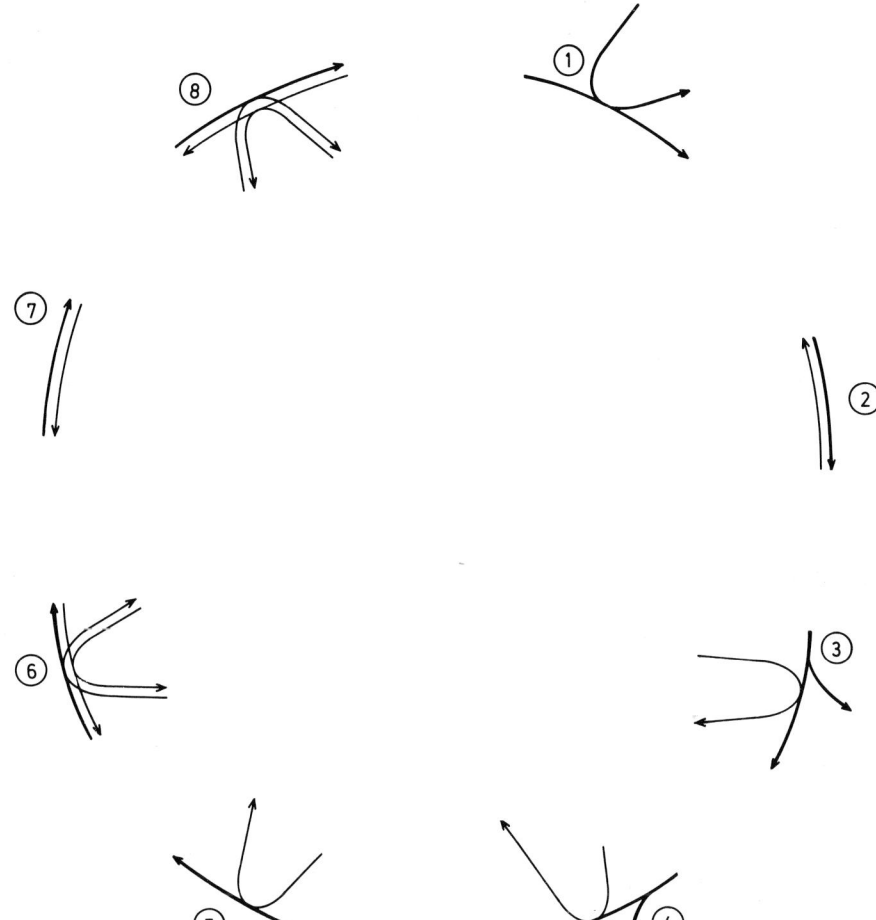

Antwortenvergleiche s. S. A 74

Lektion 12:
Fette und Fettstoffwechsel

Lernelemente

1 ▷ Lesen Sie bitte Kapitel 12, Abschnitte 1—3.

Die Fette und die fettähnlichen Stoffe faßt man zur Gruppe der *Lipide* zusammen, da sie die _____ Lösungseigenschaften besitzen.

Fette und _____ Stoffe sind löslich in

    — Wasser   ☐
    — Benzol   ☐
    — Äther   ☐
    — Chloroform   ☐
    — Chloroform-Methanol-Gemischen   ☐

(Kreuzen Sie bitte die richtigen Stoffe an)

Man kann auch sagen:
Die Lipide sind in _____ Lösungsmitteln löslich.

2 Die Neutralfette gehören ihrer chemischen Natur nach zu den *Estern*. Sie sind zusammengesetzte Verbindungen aus unverzweigten _____ (den Fettsäuren) und aus Glycerin, einem (ein/zwei/drei) _____-wertigen Alkohol.

3 Als solcher _____ Alkohol kann Glycerin Monoester, Diester und Triester bilden.

Geben Sie hier bitte die Strukturformel von

Diacylglycerin   und   *Triacylglycerin*   an.

4 Die natürlich vorkommenden Fette sind meistens Gemische aus zahlreichen _____ _____.

Die Komponenten der Esterbindung werden durch hydrolytische Spaltung in Freiheit gesetzt. Besonders gern werden dafür die _____-Laugen benutzt.

Es entstehen dabei keine freien Fettsäuren, sondern die Seifen, _____-Salze.
Deshalb spricht man auch in Zusammenhang mit der hydrolytischen Spaltung von Fetten,
Amiden usw. von _____ .

---

5   Führen Sie bitte die Verseifung von Triacylglycerin und Natronlauge durch:

---

6   Die Verseifung ist eine spezielle Modifikation der _____ _____ ,
die mit Alkalilauge durchgeführt wird.
Reaktionsprodukte sind neben Glycerin die _____ (Alkalisalze).

Allgemein gilt für die hydrolytische Spaltung folgendes *Reaktionsschema:*

> _____ + _____ ══ _____ + _____

Der Vorgang ist umkehrbar.

---

7   Die beiden wesentlichen Kriterien der Fettsäuren prägen wir uns ein:

   1. Die in den natürlichen Fetten vorkommenden Säuren besitzen eine (gerade/ungerade) _____ Anzahl von C-Atomen.

   2. Die Säuren mit _____ und _____ C-Atomen findet man bevorzugt; es sind dies
      a) _____ und
      b) _____-Säuren.

      Die Summenformel lautet
      zu a) _____-säure: _____
      zu b) _____-säure: _____

⟁ Antwortenvergleiche s. S. A 75/A 76

8   Neben den gesättigten Fettsäuren sind vielfach ungesättigte anzutreffen, deren Doppelbildungen fast ausnahmslos in der (cis/trans) _____-Konfiguration vorliegen. Die Doppelbindungen bei mehrfach ungesättigten Fettsäuren liegen isoliert, so daß die _____-Elektronen nicht in Wechselbindung treten können.

Füllen Sie bitte die nachstehenden Lücken aus.

Summenformel	Bezeichnung	Kurzschreibweise der Struktur
$C_{18}H_{34}O_2$	_____	
$C_{18}H_{32}O_2$	Linolsäure	_____

9   Für die Bezeichnung der häufig vorkommenden Fettsäuren hat sich eine Kurzschreibweise eingebürgert.
Die Kurzschreibweise umfaßt die Anzahl der C-Atome und die Anzahl der Doppelbindungen.
Demnach lautet die Kurzschreibweise für die

Ölsäure   : _____

_____ : 18:2

Linolensäure   : _____

Arachidonsäure : _____

10 Da die Linolsäure (Summenformel: _____, Kurzschreibweise: _____) und die Linolensäure (Summenformel: _____, Kurzschreibweise: _____) nicht vom Organismus synthetisiert werden können, zählen sie zu den _____ Nahrungsbestandteilen.
Sie können allerdings in noch höher ungesättigte Säuren umgewandelt werden, was z.T. unter Kettenverlängerung geschieht.
Doppelbindungen werden dabei stets in Richtung auf das Carboxyende eingeführt.

11 Fette dienen dem Körper als _____.
Der erste Schritt des Abbaus von Fetten im Organismus ist die Spaltung in _____ und Fettsäuren unter Wirkung der *Lipasen.*
Lipasen sind _____, die Triglyceride spalten.

12 Die Hydrolyse der Nahrungsfette erfolgt stufenweise:
— Die Pankreas-Lipase wird im Dünndarm durch Salze der Gallensäure aktiviert.
— Die Salze der _____ wirken außerdem emulgierend auf die Fette.
— Die Spaltung wird durch die Vergrößerung der Grenzfläche Öl/Wasser erleichtert.

13 Sie wissen:
Die Pankreas-Lipase spaltet anscheinend nur die C-1- und C-3-Ester-Bindungen des Triglycerids.
50−60% des Nahrungsfettes wird als 2-Monoacyl-glycerin resorbiert.
Der Rest wird durch eine 2-_____ gespalten.

---

14   ▷ Lesen Sie nun Kapitel 12, Abschnitt 3, „β-Oxidation der Fettsäuren".

Da die Fettsäuren chemisch relativ inert sind, müssen sie zunächst aktiviert werden. Das
geschieht dadurch, daß sie in energiereiche Thioester übergeführt werden. Um sie in Thioester zu überführen, müssen die Fettsäuren zuerst an das Coenzym A gekoppelt werden.
Da die Reaktion endergonisch ist, muß ein ATP aufgewendet werden, welches in AMP und
_____ gespalten wird. Schreiben Sie bitte die Reaktionsgleichung der
Fettsäureaktivierung auf:

$H_3C - (CH_2)_n - COOH +$

---

15 Die aktivierte, d.h. die an _____ gebundene Fettsäure steht im Gleichgewicht mit einem
anderen energiereichen Derivat, dem Carnitinester.
Der Carnitinester entsteht aus aktivierter Fettsäure und Carnitin, wobei das _____ freigesetzt wird.

Geben Sie bitte die Formel des entstehenden Acyl-Carnitins an:

$$-CH-CH_2-\overset{|}{\underset{|}{N}}{}^{\oplus}$$
$$H_2\overset{|}{C}-COO^{\ominus}$$

Acyl-carnitin

---

16 Das aus aktivierter Fettsäure und Carnitin gebildete _____ spielt als intrazelluläre Transportform eine wichtige Rolle. Die Fettsäure ist somit in der Lage, die Mitochondrienmembran zu passieren.
Befindet sich die Transportform allerdings in den Mitochondrien, so verläuft die Reaktion,
die zur Bildung des Carnitinesters geführt hat, rückwärts; es entstehen wieder die ursprüngli-
chen Ausgangssubstanzen _____ und _____.

◿ Antwortenvergleiche s. S. A 76

17 Wir merken uns:
Der Fettsäureabbau durch β-Oxidation vollzieht sich nur an der aktivierten Fettsäure.
Der erste Reaktionsschritt des Abbaus, die _____ der aktivierten Fettsäure,
wird von dem Enzym Acyl-CoA-Dehydrogenase katalysiert. Den Wasserstoff übernimmt die
prosthetische Gruppe FAD; sie wird dadurch in _____ umgewandelt.

---

18 Die Acyl-CoA-Dehydrogenase ist das Enzym, das die initiale Dehydrierung katalysiert.
Es besitzt die Wirkungsgruppe _____.
Je nach Substratkettenlänge unterscheiden wir (2/3/4) _____ verschiedene Acyl-CoA-Dehydro-
genasen. Die prosthetische Gruppe, das _____, bleibt dagegen immer gleich.

---

19 Nach der Dehydrierung liegt die Fettsäure-CoA-Verbindung in (gesättigter/ungesättigter)
_____ Form vor.
Durch die Anlagerung von H_2O an die ungesättigte Fettsäure-CoA-Verbindung entsteht
wieder eine _____ Verbindung. Diese Reaktion wird von der Enoyl-CoA-
Hydratase katalysiert. Es entsteht eine _____. Der dazugehörige
Reaktionsschritt lautet:

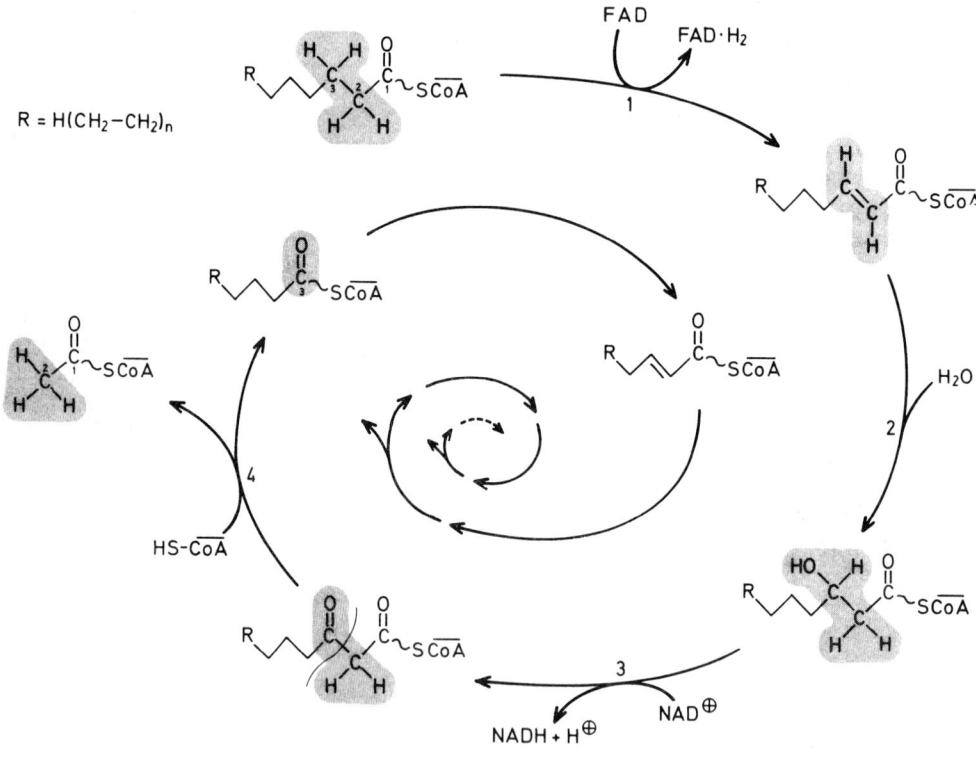

---

20 Die neue Zwischenverbindung trägt nach der H_2O-Anlagerung am β-C-Atom eine sekundäre
_____-Gruppe. Diese wird im nächsten Schritt zur Keto-Gruppe dehydriert.

---

21 Den Reaktionsschritt 3 des Fettsäureabbaus, die Dehydrierung der sekundären Alkohol-Gruppe zur Keto-Gruppe, katalysiert das Enzym β-Hydroxyacyl-Dehydrogenase. Der dabei anfallende Wasserstoff wird zunächst auf NAD$^{\oplus}$ übertragen. Er kann anschließend in der _____ zu Wasser oxidiert werden.

---

22 Formulieren Sie bitte die Dehydrierung der β-Hydroxyfettsäure-CoA-Verbindung zum β-Ketosäure-Thioester, indem Sie die Formel vervollständigen:

$$R-\underset{\underset{OH}{|}}{\overset{\overset{H}{|}}{C}}-CH_2-\overset{\overset{O}{\|}}{C}\sim S\overline{CoA} \longrightarrow$$

---

23 Der nach dem dritten Reaktionsschritt vorliegende β-Ketosäure-Thioester ist recht labil. Er wird durch ein weiteres Molekül $\overline{CoA}$-SH unter der katalytischen Wirkung der β-Ketothiolase gespalten. Dabei entsteht neben der um zwei C-Atome verkürzten Fettsäure-CoA-Verbindung eine Verbindung, die Ihnen bereits des öfteren begegnet ist.
Um welche Verbindung handelt es sich?

Um _____

---

24 Wir halten fest:
Beim einmaligen Durchlauf des Reaktionszyklus wird die Fettsäure-Kette jeweils um ____ C-Atome verkürzt.
Da die Dehydrierung, die Hydratisierung und die erneute Dehydrierung zu β-Hydroxy- und β-Ketosäuren führen, nennt man den gesamten Reaktionsablauf die _____ der Fettsäuren.

▷ Setzen Sie sich bitte im Lehrbuch S. 203 mit dem Reaktionsschema auseinander.

◘ Antwortenvergleiche s. S. A 77

25 Wir üben nunmehr die β-Oxidation der Fettsäuren.
Tragen Sie in das Reaktionsschema die Zwischenverbindungen ein:

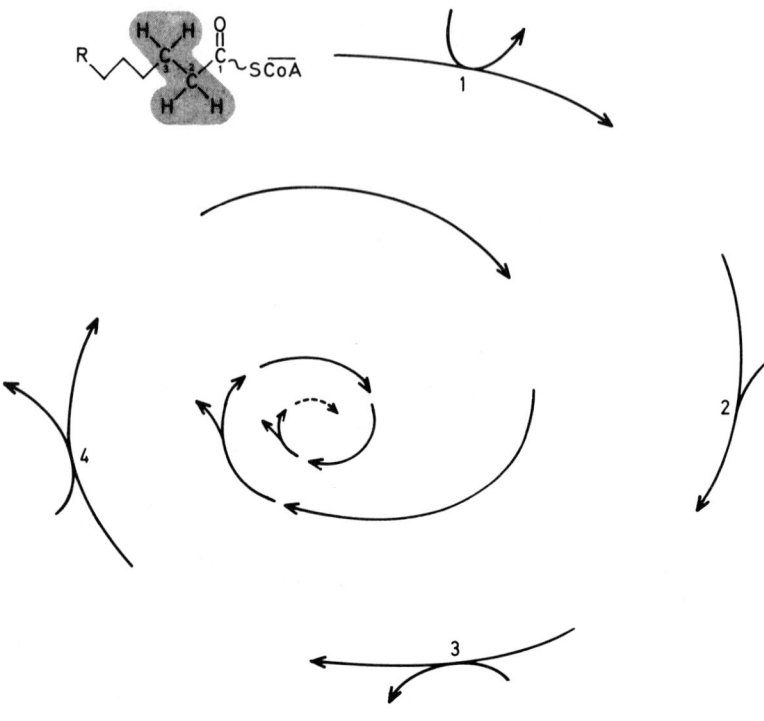

----

26 Zur vollkommenen Energieausbeute des Fettsäureabbaus und zur Rückgewinnung der reduzierten Coenzyme muß die β-Oxidation nicht nur mit dem _____, sondern
auch mit der Atmungs-Kette zusammenarbeiten.
Da die drei Stoffwechselsysteme somit eng zusammenarbeiten müssen, ist es von Bedeutung,
daß alle drei Vorgänge in den _____ ablaufen.

----

27   Lesen Sie bitte die Abschnitte 4 und 5 des 12. Kapitels durch.

Bei bestimmten Krankheitszuständen kommt es zum Auftreten sog. „Ketonkörper" im Blut
und im Harn.
Der Mechanismus dieser besonderen Stoffwechselverhältnisse soll etwas näher beleuchtet
werden.
Wichtigstes Produkt ist die Acetessigsäure mit der Formel:

_____

bzw. deren Anion Acetoacetat mit der Formel:

_____ .

Die Acetessigsäure ist ein normales Stoffwechselprodukt, das wir beim Abbau einzelner Aminosäuren bereits kennengelernt haben.
Um welche Aminosäuren handelt es sich?

_____

_____

_____

---

28   Die Hauptmenge der Acetessigsäure stammt jedoch nicht aus dem Abbau der _____ _____ , sondern aus dem Fettstoffwechsel. So ist z.B. im Hungerzustand und bei Diabetes mellitus Acetessigsäure im Blut stark vermehrt und tritt auch im Urin auf.

---

29   Gemeinsam ist diesen pathologischen Zuständen, daß überdurchschnittlich viel Fett abgebaut wird. Was dabei passiert, ist nicht schwierig zu erklären:
Durch den gesteigerten Fettabbau kommt es zu einer gesteigerten Produktion von dabei anfallenden C_2-Bruchstücken, der _____. Diese liegt schließlich in so großer Menge vor, daß sie vom Citratzyklus nicht mehr verwertet werden kann.

---

30   Beim Vorhandensein von mehr aktivierter Essigsäure bildet sich aus 2 Molekülen Acetyl-CoA das _____. Dieses kann auf zwei Wegen freies Acetacetat liefern:

1. In Niere und Muskel durch Transacylierung mit Succinat:

   Acetacetyl-CoA + Succinat = _____ + _____ .

---

31   *2. Möglichkeit:*
In der Leber lagert Acetacetyl-CoA an der β-Ketogruppe unter Abspaltung von einem Mol CoA ein weiteres Molekül Acetyl-CoA an, wobei β-Hydroxy-β-methyl-glutaryl-CoA entsteht. Diese wird anschließend wieder in Acetyl-CoA und freie Acetessigsäure gespalten.

Geben Sie bitte das Reaktionsschema an.

⟦⟧ Antwortenvergleiche s. S. A 77/A 78

---

32 Wir merken uns:
Das freie Acetacetat kann im Stoffwechsel zwei Wege einschlagen:

      1. es decarboxyliert spontan zu Aceton _____

      2. es wird durch die $NAD^{\oplus}$-abhängige β-Hydroxybutyrat-Dehydrogenase zu
      β-Hydroxybutyrat reduziert.

Vervollständigen Sie das Schema:

$$H_3C-C=O$$
$$|$$
$$H_2C-COO^{\ominus}$$

CO_2

Acetoacetat

---

33 Die mehrfach aufgezählten Ketonkörper gelangen in das Blut und in den Urin und besitzen
pathologische Bedeutung. Wie heißen die Ketonkörper?

      _____

      _____

      _____

---

34 ▷ Lesen Sie nunmehr bitte im LB Kapitel 12, Abschnitt 6.

Bei der Fettsäuresynthese wäre auch die Umkehrung der β-Oxidation möglich, wenn das
Gleichgewicht nicht so ungünstig liegen würde.
Ausgangsmaterial für den Fettsäureaufbau ist das _____, das — wie bereits
besprochen — durch oxidative Decarboxylierung des Pyruvats entsteht. Pyruvat ist ein Abbauprodukt der Glucose (Kap. 15).

---

35 Über das „aktive Carboxyl" (die aktive Form des CO_2) wird Acetyl-CoA zunächst zu dem reaktionsfähigen Malonyl-CoA carboxyliert.

Da die Beladung des Biotins mit CO_2 als endergonische Reaktion ATP verbraucht, ist auch die Umwandlung von Acetyl-CoA in Malonyl-CoA ATP-abhängig.

Das Prinzip des Fettsäureaufbaus nach dem Schritt zu Malonyl-CoA und der folgenden Kondensation läßt sich in einem Satz charakterisieren:

(sinngemäß) _____

_____

_____

36 Daß die Fettsäuresynthese (nicht als Umkehrung/als Umkehrung) _____

_____ der β-Oxidation abläuft, haben wir bereits erwähnt.

Grund: _____

_____

(Vgl. LE 34.)

37 Wenn Sie die β-Oxidation und Synthese der Fettsäuren betrachten, dann finden Sie eine Reihe von gleichen oder zumindest ähnlichen Zwischenstufen. Warum können diese Stufen zwischen Aufbau und Abbau nicht ausgetauscht werden?

(sinngemäß) _____

_____

_____

_____

_____

Kleine Erfolgskontrolle

38 Zu welcher großen Substanzklasse sind die Neutralfette ihrer chemischen Natur nach zu rechnen? Aus welchen Komponenten sind sie zusammengesetzt?

_____

_____

_____

Antwortenvergleiche s. S. A 78

39 Was versteht man unter der Verseifung von Fetten? Womit wird die Verseifung durchgeführt? Was entsteht dabei?

_____

_____

_____

_____

_____

40 Geben Sie bitte die Summenformeln folgender Fettsäuren an.

Palmitinsäure: _____

Stearinsäure: _____

Ölsäure: _____

Linolsäure: _____

Linolensäure: _____

41 Wieviele Kohlenstoffatome sind in den Fettsäuren bevorzugt anzutreffen?
Welche Doppelbindungsposition ist bei den ungesättigten Fettsäuren die häufigste?

_____

_____

42 Geben Sie bitte die vereinfachte Zickzackformel der Ölsäure und der Linolensäure an.

Ölsäure:

Linolensäure:

43 Wie ändert sich der Schmelzpunkt von Fetten, wenn die Zahl ihrer ungesättigten Fettsäuren zunimmt?

_____

_____

44 Linol- und Linolensäure können im Säugetierorganismus nicht synthetisiert, aber in noch höher ungesättigte Säuren umgewandelt werden. Geschieht dies unter Kettenverlängerung, so werden die Doppelbindungen stets in Richtung auf ein Kettenende eingeführt. Um welches Kettenende handelt es sich?

---

45 Wie wirken Lipasen auf Fette? In welcher Hinsicht ist die Wirkung von der Einwirkungszeit des Enzyms abhängig?

---

46 Auf welche Weise werden Fettsäuren aktiviert?

Handelt es sich dabei um eine exergonische oder endergonische Reaktion?

Wie wird die Energiedifferenz zwischen nicht aktiven und aktivierten Fettsäuren aufgebracht?

---

47 Welche Rolle spielt Carnitin für den Fettsäuren-Metabolismus?

Antwortenvergleiche s. S. A 79

48 Tragen Sie in das Pfeilschema Zwischenverbindungen, Coenzyme sowie angelagerte und abgespaltene Moleküle und Molekül-Gruppen in der β-Oxidation der Fettsäuren ein.

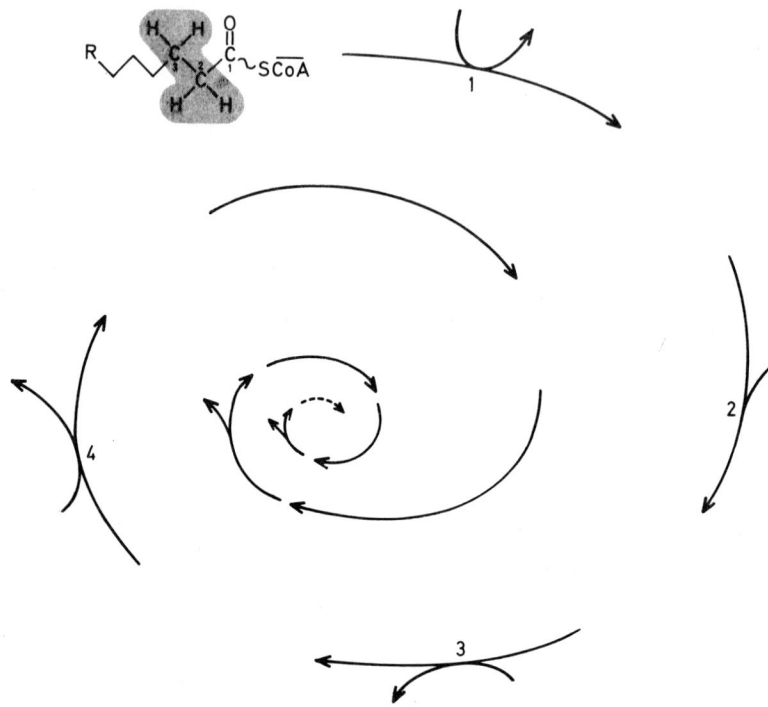

---

49 Mit welchen anderen großen Stoffwechselwegen muß die β-Oxidation gekoppelt sein, um einen vollständigen Abbau und eine optimale energetische Ausbeute zu gewährleisten? Welche während der β-Oxidation anfallenden Substanzen gehen in diese Reaktionszyklen ein?

---

50 Welche „Ketonkörper" können aus Acetyl-CoA entstehen?

---

51 Welcher entscheidende Pathomechanismus liegt dem Auftreten von Ketonkörpern in Blut und Harn zugrunde?

52 Welches ist das „Ausgangsmaterial" des Fettsäureaufbaus? Welche Verbindung stellt den Knotenpunkt dar, von dem ab man formelmäßig von einer Umkehrung der β-Oxidation sprechen kann?

53 Über welche Reaktion verläuft im Fettsäureaufbau die Umwandlung von Acetyl-CoA in Malonyl-CoA?

54 Welche Rolle spielt der Multienzym-Komplex beim Fettsäureaufbau?

Antwortenvergleiche s. S. A 79/A 80

Lektion 13:
Phospholipide, Glykolipide und Membranen

Lernelemente

1   ▷ Lesen Sie bitte im LB Kapitel 13, Abschnitte 1 und 2.

Struktur und Funktionen biologischer Membranen sind heute ein wichtiges Gebiet der Biochemie. Am Aufbau der Membranen sind _____ und Proteine beteiligt. Die Phospho- und Glyko-_____ bilden im wäßrigen Medium geordnete Strukturen, die hydrophobe und hydrophile Gruppen enthalten.

---

2   Die Phospholipide, die Glykolipide, die _____ und einige _____-Lipide sind Stoffe, die in ihren Lösungseigenschaften fettähnlich sind. Man nennt diese Stoffe „_____".

---

3   Die Phospholipide sind chemische _____. Hierbei ist die Phosphorsäure einerseits mit einem _____- oder Glycerin-Derivat, andererseits mit Cholin, Äthanolamin, Serin, Inosit oder Glycerin verestert.
Die Phospholipide, früher auch _____ genannt, sind deshalb häufig
_____.

---

4   Die Glykolipide enthalten statt Phosphat einen _____- oder Oligo-_____-Rest. Dieser ist in den meisten Fällen mit Sphingosin verbunden.

---

5   Nennen Sie bitte je einen Trivialnamen aus der Reihe der Phospho- und der Glykolipide:

_____

_____

---

6   Die sn-Glycerin-3-phosphorsäure ist der Grundbestandteil aller _____ .
Sie kann mit zwei Mol Acyl-CoA zu einer _____ verestert werden.

---

7 In den Lebermikrosomen wird folgender Reaktionsweg beschritten. Bitte ergänzen Sie die Formel:

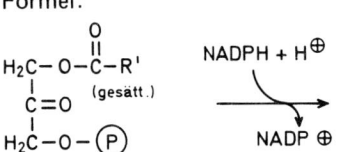

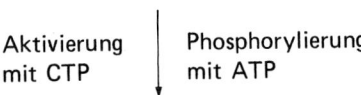

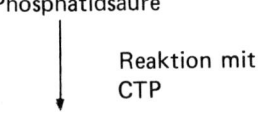

So entstehen Phosphatidsäuren, die am C-1 einen _____ und am C-2 einen

_____ Fettsäure-Rest tragen.

---

8 Betrachten Sie im LB das Formelschema S. 212 und vergleichen Sie es mit dem Schema auf S. 99 über die Knüpfung der Phosphodiesterbindung. Die Entstehung des Lecithins (= _____) kann über zwei Wege verlaufen.
Tragen Sie bitte die fehlenden Produkte in das folgende Schema ein.

1. Weg

Phosphatidsäure

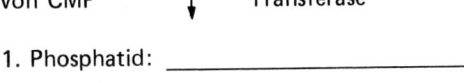
Reaktion mit CTP

Produkt: _____

_____

Abspaltung   spez.
von CMP   Transferase

1. Phosphatid: _____

pyridoxal-
abhängige   Decarboxylierung
Reaktion

2. Phosphatid: _____

_____

Übertragung von
drei CH$_3$-Gruppen
des S-Adenosyl-
methionin auf die
H$_3$N$^\oplus$-Gruppe

3. Endprodukt _____

2. Weg

Cholin

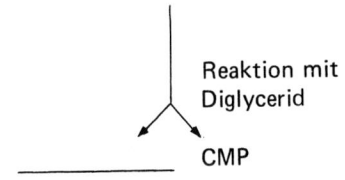
Aktivierung   Phosphorylierung
mit CTP   mit ATP

_____

Reaktion mit
Diglycerid

_____   CMP

Antwortenvergleiche s. S. A 81/A 82

9 Die Glycerinphosphatide sind wichtige Bestandteile biologischer _____. Desweiteren erfüllen sie *metabolische* Funktionen:

Funktion in der Leber	Funktion im Fettgewebe
Neusynthetisierte Fettsäuren werden zum Aufbau von _____ verwendet, Die _____ werden in Lipoproteine eingebaut und in dieser Form an das _____ abgegeben.	Im Fettgewebe werden die _____ zum Aufbau von Triglyceriden verwendet, die als Reservestoffe gespeichert werden.

Störungen in der _____-Biosynthese in der Leber führen zur _____ der Leber.

---

10 Statt Serin kann bei der Biosynthese als Akzeptor des aktivierten Phosphatidsäure-Restes auch _____ dienen, ein Alkohol, der sechs HO-Gruppen enthält. Man bezeichnet solche Phosphatide als _____.

---

11 Plasmalogene besitzen in der 1-Stellung des Glycerins eine Enoläther-Gruppe. Die Biosynthese verläuft über einen Glycerinäther. Vervollständigen Sie bitte die ersten drei Stufen des Ablaufs:

---

12 Die Plasmalogene enthalten nur ungesättigte Fettsäuren. Als basische Gruppe kommt außer Äthanolamin auch noch _____ vor.

Zeichnen Sie bitte die Strukturformel von Plasmalogen:

Plasmalogen

---

13 Die Enolätherbindung wird durch Säurereaktionen gespalten, wobei _____ freigesetzt werden.

Von der _____-Reaktion im Cytoplasma kommt die Bezeichnung Plasmalogen.

---

14 Phospholipasen sind _____-_____ Enzyme, die sehr spezifisch sind.
Die Phospholipasen A, die im Schlangen- und Bienengift vorkommen, sind _____-
esterasen.
Die Phospholipase B spaltet die Esterbindungen beider _____-Säuren.
Die Phospholipasen C und D sind als _____ zu klassifizieren.

---

15   ▷ Lesen Sie nun weiter im LB Kapitel 13, Abschnitte 3 und 4.

Grundmerkmal aller Sphingolipide ist ein Amino-di-alkohol, das _____.
Sphingosin ist eine C__-Verbindung mit einer _____-Doppelbindung, einer _____-
Gruppe und (1/2/3) ____ Hydroxy-Gruppen.

---

16   Schreiben Sie bitte die Strukturformel von Sphingosin hierher.

---

17   Die in der Natur vorkommenden Sphingolipide tragen an der _____-Gruppe stets einen
Fettsäure-Rest. Diese Säureamide nennt man _____.

---

18   Die Sphingosinphosphatide, die in den Myelinscheiden der Nerven vorkommen, nennt man
_____. Kennzeichnend für ihre Struktur ist der Säure-Rest am Stick-
stoff des Sphingosins in Säureamid-Bindung und das Phosphorylcholin an der endständigen
Hydroxy-Gruppe. Demnach hat Sphingomyelin folgende Struktur (bitte ergänzen):

Sphingomyelin

---

19   Unter den *Glykolipiden* versteht man Verbindungen, die einen _____ und einen
_____-Anteil enthalten.
Glyceringlykolipide enthalten das 1,2-Diacyl-glycerin sowie ein Mono- oder Oligosaccharid.
Glykosphingolipide enthalten als Grundbaustein das _____.

▷ Antwortenvergleiche s. S. A 83

Man unterscheidet je nach Kohlenhydratart drei Klassen von Glykosphingolipiden:
die _____, die _____ und die neutralen _____.

---

20   Die Cerebroside sind die einfachsten neutralen Glykosphingolipide.
Vervollständigen Sie bitte die Struktur des Cerebrosid:

Cerebrosid

---

21   Neben den Cerebrosiden kommen Verbindungen aus Ceramid und einem _____-, _____-
oder _____-saccharid vor, jedoch nur in geringen Mengen.

---

22   Die Sulfatide sind Schwefelsäureester der neutralen _____.

---

23   Die Ganglioside enthalten einen Ceramid-Teil, ein neutrales _____ mit
2 bis 4 Zuckerresten sowie eine oder mehrere _____ in glykosidischer
Bindung.
Frage: Wo findet man Ganglioside?

    a) In besonders hoher Konzentration in _____

    _____

    b) auch in _____, vor allem auf der _____.

---

24   Sphingolipidosen sind _____ bedingte Stoffwechselkrankheiten. Ein sehr häufiges
Symptom infolge von Hirnschädigung ist eine _____. Worin besteht die Ursache
der Krankheit?

    Im _____

Schildern Sie bitte die Folgen dieser Ursache.

_____

_____

_____

_____

_____

▷ Vgl. Sie hierzu nochmals die Abb. 13–2 (LB, S. 219).

_____

25   ▷ Lesen Sie nun im LB Kapitel 13, Abschnitt 5.

Beim Stoffwechsel spielen nach neuerer Forschung Plasmamembranen mit strukturgebundenen Enzymen eine herausragende Rolle.
Bestandteile der biologischen *Membranen* sind _____ und _____.
Proteine der Membranen sind schwer wasserlöslich.

_____

26   Die Lipide sind vorwiegend _____. Für den strukturellen Aufbau der Membranen ist das Verhalten der Lipide im wäßrigen Medium wichtig. Man unterscheidet hierbei drei Arten:

    1. _____

    2. Micellenbildung

    3. _____

_____

27   Unter Lamellen versteht man Doppelschichten, die sandwichartig übereinandergepackt werden. Das Konzept der „Unit-Membrane" besagt, daß sich im Innern der Membran eine _____-_____ befindet, auf der sich beiderseits _____ in Faltblatt-Form angelagert haben.

_____

28   Das Modell der „Unit-Membrane" konnte *nicht* bestätigt werden.
In Abb. 13–4 (LB, S. 221) erkennen Sie das heutige Modell vom Aufbau biologischer Membranen. Man bezeichnet dieses Modell als _____.
Die Phospholipide bilden in diesem Modell eine _____, in die globuläre Proteine eingebettet sind.

_____

29   Man unterscheidet mehrere Arten der Einlagerung der Proteine:

    a) Proteine sind auf den beiden Seiten der Membran dem wäßrigen Medium ausgesetzt.

    b) Proteine kehren ihre hydrophile Seite nach außen (oder innen), wenn in der Tertiärstruktur der Proteine hydrophile *und* hydrophobe Bezirke an der Oberfläche des Moleküls vorliegen.

Die Proteine können sich innerhalb des bimolekularen Phospholipid-Films verlagern.

_____

▷ Antwortenvergleiche s. S. A 84

30 Die Kohlenhydrat-Gruppen, die an der Oberfläche von Membranen lokalisiert sind, gehören zu den _____ oder _____. Die Kohlenhydrat-Gruppen ragen in das umgebende wäßrige Medium hinein.

---

31 Die wichtigste Funktion der biologischen Membranen ist _____ des Stoffaustausches zwischen verschiedenen _____. Es kommt dabei auf die _____ Permeabilität an:

> Bestimmte Substanzen dürfen *nicht* passieren.
> Bestimmte Substanzen müssen leicht passieren.
> Bestimmte Substanzen müssen sogar gegen ein _____
> transportiert werden (aktiver Transport).

Kleine Erfolgskontrolle

32 Welche Art von Schichten bilden die am Aufbau von Membranen beteiligten Lipoide?

> Hydrophile Schichten   ☐
> Hydrophobe Schichten   ☐

Durch welche Eigenschaft der Lipoide ist dieses Verhalten bedingt?

_____

_____

_____

_____

_____

---

33 Ergänzen Sie bitte das folgende Reaktionsschema.

Geben Sie den Namen und die Bedeutung des Reaktionsproduktes an.

_____

_____

34   Schreiben Sie das Formelschema von Lecithin.

---

35   Was versteht man unter Lysolecithinen und Lysokephalinen?

---

36   Charakterisieren Sie bitte mit wenigen Worten die Struktur der Plasmalogene.

---

37   Durch welche „Hilfssubstanz" wird bei der Glycerinphosphatid-Biosynthese die Phosphor-säurediester-Bindung hergestellt?

 Antwortenvergleiche s. S. A 85

38 Durch welche Enzym-Gruppe werden die Phosphatide gespalten? Welcher Spaltungstyp liegt vor? Wie sieht der Spaltungstyp energetisch aus?

_____

_____

_____

39 Geben Sie das Formelschema von Sphingosin und Ceramid an.

Sphingosin

Ceramid

40 Welche Alkoholkomponenten liegen beim Sphingomyelin vor?

_____

41 Beschreiben Sie mit wenigen Worten die charakteristische Zusammensetzung der Ganglioside.

_____

_____

_____

_____

_____

42 Worin besteht die wichtigste und allgemeinste Funktion biologischer Membranen?

_____

_____

43 Welche beiden Stoffklassen bilden die biologischen Membranen?

_____

44 Nennen Sie die zwei häufigsten Vertreter der in den Membranen vorkommenden Lipide.

_____

45 Aus welchen Stoffen bestehen vermutlich die im elektronenoptischen Bild sichtbaren dunklen bzw. hellen Streifen in den biologischen Membranen?

_____

_____

46 Wie groß ist die durchschnittliche Gesamtdicke von biologischen Membranen?

_____

Antwortenvergleiche s. S. A 86

Lektion 14:
Isoprenoidlipide: Steroide und Carotinoide

Lernelemente

1   ▷ Lesen Sie bitte im LB den Abschnitt 1 aus Kapitel 14.

Die Formel für Isopren lautet:

Am Beispiel des Cholesterin besprechen wir die Biosynthese der Isoprenoide.
Die Anfangsschritte entsprechen der „Ketogenese". Ausgangsmaterial ist die „aktivierte
Essigsäure". Zwei Acetyl-CoA-Moleküle verbinden sich zu _____,
an das sich ein drittes Acetyl-CoA ankondensiert.
Es entsteht β-Hydroxy-β-methyl-_____.

2   ▷ Vgl. Sie im LB S. 224 den Reaktionsablauf.

Die CoA-Gruppe der entstandenen β-Hydroxy-β-methyl-glutaryl-CoA wird reduktiv abgespalten.
Aus der Carboxy-Gruppe wird unter Verbrauch von 2 (_____ + _____) eine Alkohol-
Gruppe. Es entsteht die _____;

3   Die Mevalonsäure hat folgende Struktur:

HO   CH$_3$
   \   /
    C
   /   \

4   Im weiteren Verlauf wird die Mevalonsäure unter Verbrauch von 2 _____ zum Diphosphat
phosphoryliert und anschließend unter Abspaltung von H_2O und CO_2 in Isopentenyldiphosphat umgewandelt.

5   Tragen Sie bitte die fehlenden Teile in den Reaktionsablauf ein:

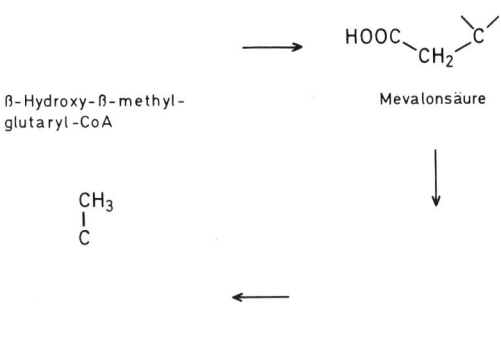

ß-Hydroxy-ß-methyl-
glutaryl-CoA

Mevalonsäure

CH_3
|
C

Isopentenyldiphosphat   Mevalonsäurediphosphat

---

6   Das Isopentenyl-diphosphat ist das „aktive Isopren". Es kann durch eine Kettenreaktion höhere Isoprenoide liefern. Aus 3 Molekülen entsteht so das nächste wichtige Zwischenprodukt mit _____ C-Atomen, das _____.

Der Weg vom Farnesyldiphosphat zum Cholesterin ist nun nicht schwer. Es kommt zunächst zu einer Kopf-an-Kopf-Kondensation von zwei C_{15}-Einheiten bei der Squalen entsteht.

Schreiben Sie die Faltstruktur von Squalen auf.
(Beachten Sie dabei die Regel:
      1. Zerlegung in C_4-Abschnitte,
      2. Methylgruppe am zweiten C-Atom,
      3. Doppelbindung zwischen C-2 und C-3.

---

7   Das aus zwei C_{15}-Einheiten bestehende _____ ist ein (symmetrisch/asymmetrisch) _____ gebautes Isoprenoid.

Durch Ringschluß und Veränderung einiger Molekül-Gruppen entsteht aus ihm schließlich das Cholesterin. Dessen Formel lautet:

Antwortenvergleiche s. S. A 87/A 88

8 Wir üben nochmals die wichtigsten Formeln dieses Vorgangs. Tragen Sie die Formeln in die entsprechenden Kästchen ein.

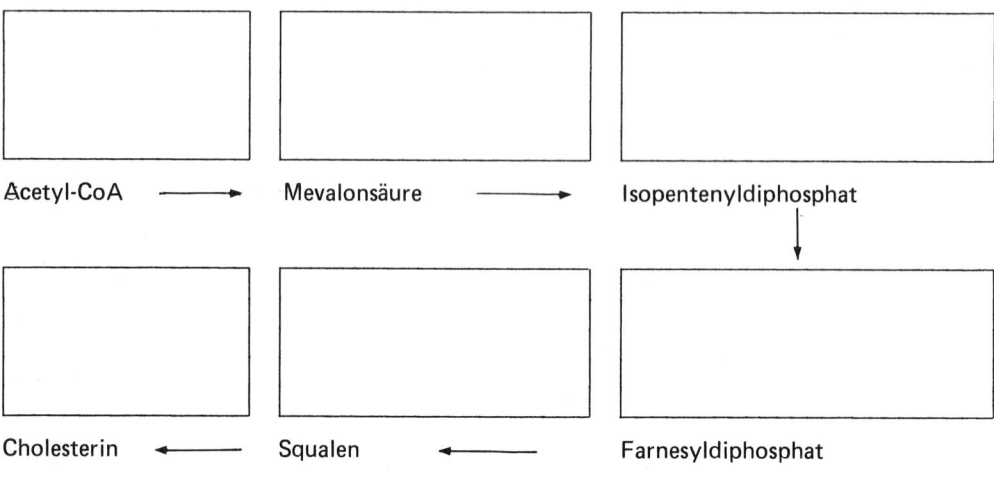

Acetyl-CoA ⟶	Mevalonsäure ⟶	Isopentenyldiphosphat
Cholesterin ⟵	Squalen ⟵	Farnesyldiphosphat

---

9 ▷ Bitte lesen Sie nunmehr im LB 14. Kapitel, Abschnitte 2—4.

Betrachten wir das den Steroiden zugrunde liegende Ringsystem etwas näher. Hier interessieren zunächst die Numerierung der Kohlenstoffatome sowie Isomeriemöglichkeiten.

Die Numerierung der Kohlenstoffatome im Ringsystem ist sicher einzuprägen, da sie die Voraussetzung für die eindeutige Lokalisation von Substituenten am Ring darstellt.
Nehmen wir als einfachstes Beispiel das *Steransystem.* Hier kann man, wie Sie in der folgenden Abbildung sehen, aus dem Numerierungsverlauf der Ringe A und B die Form eines „W", aus dem Numerierungsverlauf der Ringe C und D die Form eines liegenden Fragezeichens herauslesen.

Tragen Sie in die Formel des Cholestan die Bezifferung der Ringatome ein.

Cholestan

---

10 Betrachten Sie nochmals die Numerierung der Substituenten am Ringsystem der Cholestanformel.
Tragen Sie anschließend die Nummern der C-Atome in die Ihnen bereits bekannte Cholesterinformel ein.

HO   Cholesterin

---

11 Beim Prinzip der geometrischen Isomerie liegt cis-Stellung vor, wenn zwei Substituenten auf (derselben/verschiedenen) _____ Seite(n) der Molekülebene liegen.
Es liegt trans-Stellung vor, wenn zwei Substituenten auf (derselben Seite/verschiedenen Seiten) _____ liegen.

---

12 Wie Sie im LB gelesen haben, sind in fast allen natürlich vorkommenden Steroiden die Ringe B und C sowie C und D (cis-/trans-) _____-verknüpft. Dies (gilt ebenso/gilt nicht) _____ für die Verbindung der Ringe A und B.

---

13 Übereinkunftgemäß hat man als Bezugspunkt aller Substituenten am Ringsystem im Hinblick auf ihre räumliche Stellung (oberhalb oder unterhalb des völlig eben gedachten Ringsystems) die Methylgruppe am C-Atom 10 gewählt.
Markieren Sie in der folgenden Androstan-Form diese Methylgruppe. Geben Sie an, ob sie oberhalb oder unterhalb der Ringebene liegt.

Androstan

---

14 Die beiden verschiedenen Verknüpfungen der Ringe A und B haben wir im 5α-Androstan und im 5β-Androstan vor uns. Geben Sie bitte an, bei welcher Verbindung es sich um die trans-Stellung, bei welcher es sich um die cis-Stellung handelt.

5α-Androstan   5β-Androstan

_____   _____

---

15 Befindet sich ein Substituent — z.B. eine OH-Gruppe — auf derselben Seite der Ringebene wie die Methylgruppe am C-Atom 10, so spricht man von (α-/β-) ____ oder (cis-/trans-) _____-Stellung. Befindet sich der Substituent auf der Gegenseite, so steht er in (α-/β-) ____ oder (cis-/trans-) _____-Stellung.

> MERKE: alpha ≡ trans

Antwortenvergleiche s. S. A 88/A 89

16   ▷ Verschaffen Sie sich in Tabelle 14—1 zunächst einen Überblick über die verschiedenen Steroide.

Das Kennzeichen der Sterine ist die alkoholische Hydroxy-Gruppe am C-Atom 3. Ein wichtiger Vertreter dieser Sterine ist _____. Dieses ist in den Membranen aller Zellen verbreitet.

---

17   ▷ Lesen Sie im LB Abschnitt 5.

Die Gallensäuren, ebenfalls eine Steroid-Gruppe, besitzen die Eigenschaft, die Oberflächen-Spannung zu vermindern; d.h. sie sind (oberflächenaktiv/oberflächeninaktiv) _____-_____ und wirken dadurch emulgierend auf Fette.

---

18   Im LB haben Sie die Biosynthese der Gallensäuren, die sich in der _____ vollzieht, in Einzelschritten verfolgt. Ausgangssubstanz ist das Ihnen bereits bekannte _____.
Die wesentlichsten Endprodukte der Synthese sind die gepaarten Gallensäuren, d.h. die _____- und _____-Derivate der Cholsäure, Desoxycholsäure bzw. Cheno-desoxycholsäure, da diese die wichtigsten spezifischen Gallensäuren darstellen.

---

19   Wie Sie in Tabelle 14—1 im LB gelesen haben, gehören zu den Steroiden auch eine Reihe wichtiger _____. Diese werden im Organismus ebenso wie die _____ aus Cholesterin gebildet.

▷ Lesen Sie dazu im LB Abschnitt 6 „Steroidhormone".

---

20   Chemisch-systematisch leiten sich die C_{21}-Steroid-Hormone von einem Kohlenwasserstoff ab, der β-ständig eine Seitenkette von 2 C-Atomen trägt.
Um welche Verbindung handelt es sich?

Die Strukturformel dazu lautet:

---

21 Ein physiologisch wichtiges C_{21}-Steroid-Hormon ist z.B. das Progesteron. Es wird im Organismus ebenso wie die anderen Steroid-Hormone aus _____ gebildet.
Als Zwischenprodukt der Progesteronsynthese taucht Pregnenolon (systematischer Name: Pregnen-3β-ol-20-on) auf.
Vergleichen Sie den systematischen Namen genau mit der Pregnenolon-Formel. Geben Sie an, welche Gruppen den Bezeichnungen ,, 3β-ol" und ,,20-on" zuzuordnen sind.

,,3β-ol" bedeutet: _____

_____

,,20-on" bedeutet: _____

---

22 Das Corpus-luteum-Hormon _____ hat über seine direkten physiologischen Wirkungen hinaus noch eine weitere wichtige Bedeutung: Es ist gleichzeitig Vorstufe der Nebennierenrindenhormone (Corticoide).

---

23 Die Corticoide unterscheiden sich vom Progesteron vor allem durch zusätzliche _____, die durch spezifische Hydroxylasen in das Molekül eingeführt werden.
Außer den drei Corticoiden _____, _____ und _____ produziert die Nebennierenrinde ein weiteres Steroidhormon, das im Organismus ebenfalls eine entscheidende physiologische Rolle spielt: Das Mineralocorticoid *Aldosteron.*

---

24 Chemisch auffällig an Aldosteron ist vor allem eine _____-Gruppe am C-Atom 18.
Zeichnen Sie bitte die Struktur von Aldosteron:

Antwortenvergleiche s. S. A 89/A 90

25 Zeichnen Sie nunmehr die Strukturen von

      Testosteron   und   Östron

---

26 Anhand von Tabelle 14–1 prägen Sie sich nochmals die verschiedenen Gruppen der Steroide, deren Vertreter sowie ihr Vorkommen und ihre Funktion gut ein. Kontrollieren Sie sich selbst, wieviel Sie über die Steroide aussagen können.
Geben Sie zu den einzelnen Steroiden die passenden Vertreter sowie deren Vorkommen und Funktion an.

Gruppe	Vertreter	Vorkommen und Funktion
Sterine C_{27}–C_{30}		
Gallensäuren C_{24}		
Hormone C_{21}-Gruppe		
C_{19}-Gruppe C_{18}-Gruppe		

---

27 ▷ Lesen Sie bitte Kapitel 14 zu Ende.

Wir kommen zu einer neuen Substanzgruppe, den *Carotinoiden*. Sie sind Isoprenabkömmlinge und zeichnen sich vor allem durch eine große Zahl konjugierter Doppelbindungen aus.
Mit anderen Worten: Die Carotinoide sind (gesättigte/hoch ungesättigte) _____
_____ Stoffe.

---

28 Die eigentlichen Carotinoide und Xanthophylle haben 40 Kohlenstoffatome. Wir wissen, daß sie sich vom Isopren ableiten. Da Isopren ____ C-Atome im Molekül trägt, entspricht die Zahl der C-Atome im Carotinoid-Molekül ____ Isopren-Resten.

---

29 In der Carotinoidsynthese treffen wir auf eine wichtige Vorstufe, die uns bereits von der Cholesterin-Biosynthese her bekannt ist. Geben Sie bitte den Namen und die Formel dieser Verbindung an.

---

30 Kommen wir nun zu den Einzelbeispielen der Carotinoide. Formulieren Sie mit eigenen Worten den Strukturunterschied zwischen α- und β-Carotin.

_____

_____

_____

_____

_____

_____

_____

_____

_____

_____

---

31 β-Carotin wird im Säugetierorganismus in den Alkohol _____ umgewandelt.
Die Reaktion beginnt zunächst durch eine oxidative Spaltung zwischen C-15 und C-15', bei der das erste Oxidationsprodukt Retinal ist.

---

32 Das durch oxidative Spaltung von β-Carotin entstehende _____ wird im zweiten Schritt zum Alkohol _____ reduziert.
In diesem Alkohol haben wir das Vitamin A_1 vor uns.

---

33 Retinal spielt im Ablauf des Sehvorgangs eine wichtige Rolle. Es bildet in der 11-cis-Form, dem Neoretinal b, zusammen mit dem Protein Opsin den lichtempfindlichen Sehpurpur Rhodopsin.

⇨ Antwortenvergleiche s. S. A 90/A 91

Geben Sie bitte die Struktur von Neoretinal b wieder.

---

34 Das Protein _____ vermag den Sehpurpur _____ nur mit Neoretinal b, nicht aber mit all-trans-Retinal zu bilden.

Wodurch unterscheiden sich die beiden Retinalformen?

_____

_____

_____

---

35 Beim eigentlichen Sehvorgang wird nun zunächst das 11-cis-Retinal in das stabile all-trans-Retinal umgewandelt. Die damit verbundene Änderung der Molekülgestalt und vermutlich auch der Raumstruktur des Proteins führt auf noch ungeklärte Weise zur Nervenerregung.

Vervollständigen Sie bitte das Schema.

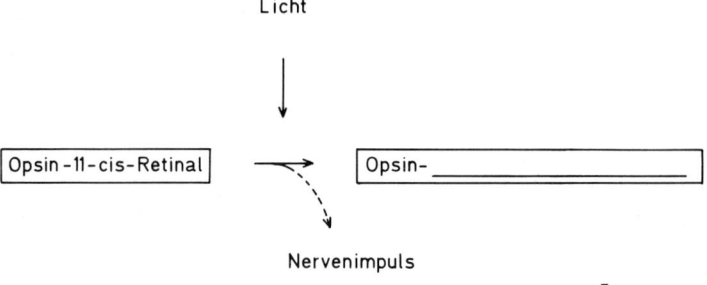

Licht

Opsin-11-cis-Retinal ⟶ Opsin- _____

Nervenimpuls

---

36 Durch die unter Lichteinfluß ablaufende Umwandlung von _____ in _____ wird der Sehpurpur instabil und gebleicht, d.h. in Opsin und trans-Retinal zerlegt.

---

37 Durch eine Rückverwandlung von all-trans-Retinal in _____ wird der „gebleichte" Sehpurpur für einen erneuten Sehvorgang regeneriert.
Ein anderer Teil des trans-Retinals wird mit Hilfe von NAD·H + H$^\oplus$ zum _____ reduziert und geht in die Blutbahn über.

Machen Sie sich bitte nochmals an der Darstellung des Gesamtzyklus des biochemischen Seh-vorgangs im LB, S. 238, die Vorgänge deutlich.

---

38 Eine wichtige Bedeutung im Organismus kommt einigen Vertretern der Polyprenyl-chinone zu. Ihr allgemeines Bauprinzip bereitet keine größeren Schwierigkeiten:

Eine Polyprenyl-Kette unterschiedlicher Länge ist an einen substituierten

_____ - bzw. _____-Kern angeknüpft.

---

39 Das Ubichinon ist Ihnen bereits bekannt; wir haben es als Hilfssubstrat der _____-

_____ kennengelernt.

---

40 Ergänzen Sie folgende unvollständige Formel zum Ubichinon. Geben Sie die Größenordnung von n an.

Ubichinon (n = _____)

---

41 Das „antihämorrhagische" oder auch „Koagulationsvitamin" genannte Vitamin K ist uns bei der Besprechung der Blutgerinnung schon einmal kurz begegnet (vgl. LB, S. 60). Worin liegt die Bedeutung von Vitamin K für die Blutgerinnung?

---

42 Chemisch enthält die Vitamin-K-Gruppe an Stelle des (Benzochinonrings/Naphthochinonrings) _____ der Ubichinone einen (Benzochinonring/Naphthochinonring) _____ .

⟳ Antwortenvergleiche s. S. A 91

43   Ergänzen Sie wiederum die unvollständige Formel zum Vitamin K_2. Geben Sie die Größenordnung von n an.

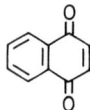

Vitamin K_2 (n = _____)

---

44   Auf die Wirkung des als „Antisterilitätsvitamin" der Ratte bekannt gewordenen _____ _____ werden wir ebenso wie auf die der anderen Vitamine in einer späteren Lektion noch zurückkommen.

Uns soll hier zunächst die chemische Seite dieser Substanz interessieren. Ergänzen Sie bitte folgendes Formelgerüst zum Tocopherol.

H_3C H_3C

Tocopherol

---

45   Wir wiederholen die Formeln der drei Polyprenyl-chinone, auf die wir hier näher eingegangen sind. Ergänzen Sie deshalb nochmals die begonnenen Formelbilder zu Ubichinon, Vitamin K_2 bzw. Tocopherol. Beschriften Sie die Formeln.

Ubichinon   Vitamin K_2

Tocopherol

Kleine Erfolgskontrolle

46   Tragen Sie bitte in das verkürzte Schema der Cholesterinbiosynthese die Formeln der entsprechenden Substanzen ein.

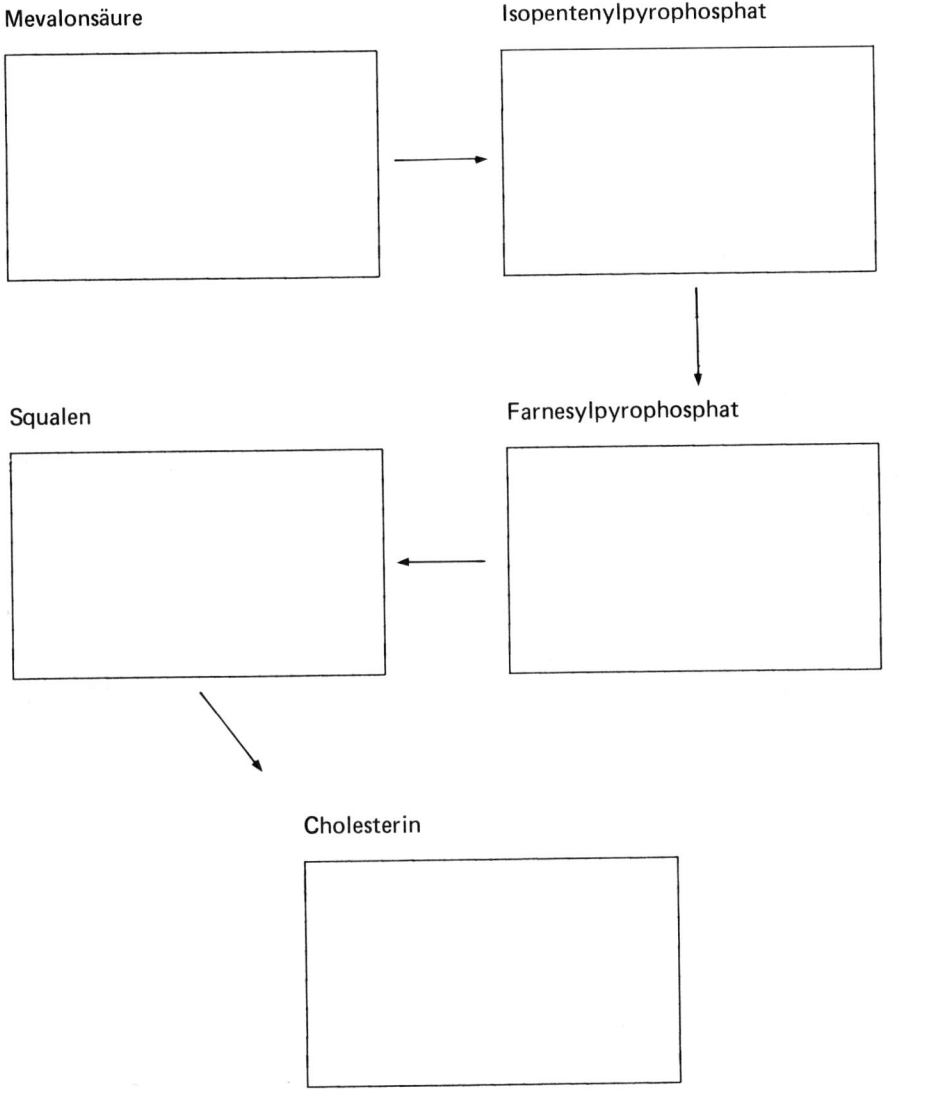

Mevalonsäure

Isopentenylpyrophosphat

Squalen

Farnesylpyrophosphat

Cholesterin

Antwortenvergleiche s. S. A 92

47 a) Geben Sie die Numerierung der C-Atome in der folgenden Cholestan-Formel an.

b) Als Lernhilfe wollten wir uns für den Numerierungsverlauf der C-Atome innerhalb der Ringe A und B bzw. C und D zwei Buchstaben merken. Um welche handelt es sich?

_____

_____

_____

48 a) Ordnen Sie folgende Begriffe einander zu:

    1. cis-Stellung   _____   a) α-Stellung

    2. trans-Stellung _____   b) β-Stellung

b) Welche Gruppe dient als Bezugspunkt für die räumliche Stellung der Substituenten am Ringsystem? Auf welcher Seite der Ringebene befindet sich ein Substituent in β-Stellung?

_____

_____

_____

_____

49 Kreuzen Sie die Bezeichnungen, die auf folgende Formel zutreffen, an:

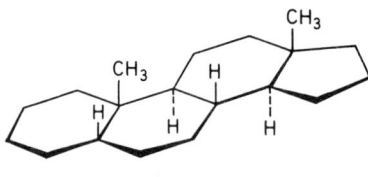

5α-Androstan   ☐
5β-Androstan   ☐
Ätiocholan   ☐
5-trans-Androstan   ☐
5-cis-Androstan   ☐

50 Welches ist das typische Strukturkennzeichen der Sterine?

_____

51 Geben Sie die Formel von Ergosterin an. Nennen Sie seine wichtigste Funktion.

Ergosterin

Funktion: _____

52 a) Durch welchen physikalischen Einfluß werden die Provitamine D in Vitamin D umgewandelt?

_____

b) Wie sieht die Formel von Calciferol aus? (Geben Sie die Seitenkette an C-17 in der allgemeinen Form R an.)

Calciferol

c) Gegen welche Krankheit werden die Vitamine der Gruppe D wirkungsvoll eingesetzt?

_____

53 Durch welche beiden wichtigen Eigenschaften kommt den Salzen der Gallensäure eine entscheidende physiologische Bedeutung für die Verdauung und Resorption der Fette zu?

1. _____

_____

2. _____

Antwortenvergleiche s. S. A 92

54 Ordnen Sie folgenden Steroid-Hormon-Gruppen die richtigen Vertreter zu:

1. C_{21}-Steroide: _____

2. C_{19}-Steroide: _____

3. C_{18}-Steroide: _____

a) Testosteron
b) Aldosteron
c) Progesteron
d) Östron
e) Cortisol
f) Östradiol
g) Corticosteron

---

55 Geben Sie die Formeln und die allgemein gebräuchlichen Namen folgender Substanzen an:

a) Δ^4-Androsten-17β-ol-3-on

_____

b) Δ^4-Pregnen-3,20-dion

_____

c) Δ^4-Pregnen-11β,17α,21triol-3,20-dion

_____

---

56 Geben Sie den systematischen und den allgemeinen Namen der Substanz mit folgender Formel an:

systematischer Name: _____

allgemeiner Name: _____

57 Welches ist das typische Kennzeichen der Carotinoide? Woher kommt ihr farbiges Aussehen?

_____

_____

_____

_____

58 Wodurch unterscheiden sich α- und β-Carotin? Inwiefern hat dieser Unterschied physiologische Bedeutung?

_____

_____

_____

_____

_____

_____

_____

_____

_____

_____

_____

Antwortenvergleiche s. S. A 93

Lektion 15:
Einfache Zucker, Monosaccharide

Lernelemente

1   ▷ Lesen Sie zunächst im LB S. 241 den Vorspann zum Kapitel 15 sowie die Abschnitte 1 und 2.

Unter die Kohlenhydrate pflegt man alle Substanzen einzureihen, die zu den _____ in naher Verwandtschaft stehen. Dazu gehören auch einfache Derivate wie Aminozucker, Carbonsäuren usw., ferner Polymere wie die Polysaccharide (auf die wir später noch eingehen werden).

2   Einfache Zucker sind Polyhydroxy-_____ oder Polyhydroxy-_____. Sie gehören zu den Kohlenhydraten. Kohlenhydrate entstehen aus Polyalkoholen dadurch, daß eine Alkohol-Gruppe zur _____-Gruppe (Aldehyd- oder Keton-Gruppe) dehydriert wird.

3   Bei dieser Umwandlung sind zwei Arten von Dehydrierungsprodukten möglich: _____ _____ und _____. Somit kann bei der Dehydrierung einer Alkohol-Gruppe an Glycerin der _____ und das _____ entstehen.

4   Zucker, die auf diese Weise entstehen, bezeichnet man als *Ketosen,* wenn sie eine _____- Gruppe aufweisen, als *Aldosen*, wenn sie eine _____-Gruppe aufweisen.

5   Es gibt, wie Sie wissen, zwei spiegelbildlich isomere Formen von Glycerinaldehyd: Den ____- Glycerinaldehyd und den ____-Glycerinaldehyd.

6   Gemäß Übereinkunft betrachtet man den D-Glycerinaldehyd, in dessen Projektionsformel die OH-Gruppe nach (rechts/links) _____ zeigt, als Grundkörper aller Verbindungen der D-Reihe.

7   Das Präfix D- bzw. L- kennzeichnet demnach die Zugehörigkeit einer entsprechenden Verbindung zu einer Reihe.
Eine Aussage über die Art der optischen Drehung der Substanz nach rechts (+) oder nach links (−) ist vom Präfix D- bzw. L- her (durchaus möglich/nicht möglich) _____.

Die D-Glycerinsäure, die aus D-Glycerinaldehyd durch Oxidation entsteht, läßt aufgrund ihrer Zugehörigkeit zur D-Reihe

   — eine Aussage   ☐
   — keine Aussage ☐

über die Art ihrer optischen Drehung zu.

---

8 Definitionsgemäß schreibt man die Formel einer Aldose so, daß die Aldehyd-Gruppe oben steht. An ihrem C-Atom beginnt auch die Numerierung. Das „unterste" asymmetrische C-Atom bestimmt die Zugehörigkeit zur D- oder L-Reihe.
Eine Aldose, bei der die OH-Gruppe am „untersten" asymmetrischen C-Atom nach rechts zeigt, gehört zur (D-/L-) _____ -Reihe

---

9 Im räumlichen Modell der Pentoseformel kommen sich die Aldehyd-Gruppe C-1 und die Hydroxy-Gruppe C-5 recht nahe. Dabei kann es zu einer Anlagerung der Hydroxy-Gruppe an die C=O-Bindung kommen.
Diese Reaktion, _____ -Bildung genannt, erfolgt intramolekular; d.h. es kommt zu einer Bindung zwischen zwei Atomen desselben Moleküls.
Damit bewirkt die _____ -Bildung der Zucker die Ausbildung eines Ringes, der ein Sauerstoffatom enthält.

---

10 Je nachdem, ob sich in einer Pentose der Ringschluß zwischen C-1 und der HO-Gruppe an C-5 **oder** zwischen C-1 und der HO-Gruppe an C-4 vollzieht, bekommt man zwei Zuckerformen, die nach den Grundkörpern *Pyran* und *Furan* benannt sind. Wie heißen diese Formen?

Geben Sie zur Verdeutlichung der Bezeichnungen bitte die Formeln von Furan und Pyran an.

    Furan   Pyran

---

11 Nach Haworth schreibt man die Ringformen in einer perspektivischen Darstellung. Beschreiben Sie die Positionen des Ringsauerstoffes sowie der CH_2OH-Gruppe in der Haworth-Formel.

Antwortenvergleiche s. S. A 94

12 Wir merken uns:

Aufgrund der Gesetze, die nach Haworth für eine perspektivische Darstellungsart gelten, darf die Zeichnung in der Papierebene

— beliebig in ihrer Position verändert werden   ☐

— nicht gedreht, sie muß vielmehr im Bedarfsfall neu gezeichnet werden.   ☐

(Bitte kreuzen Sie die richtige Aussage an.)

---

13 Die perspektivische Haworth-Darstellung werden wir im weiteren Verlauf dieses Lernprogramms noch häufig benutzen. Deshalb ist es nötig, sich zwei Regeln, die den Umgang mit dieser Schreibweise erleichtern, gut zu merken.

▷ Lesen Sie dazu im Lehrbuch die beiden Regeln auf S. 245.

---

14 *Regel 1* besagt:

In der meistgebrauchten Form der Haworth-Formeln gibt es eine Wenn-Dann-Beziehung.

Wenn der Sauerstoff _____ und C-1 _____ stehen,
dann steht bei allen Zuckern der D-Reihe die CH_2OH-Gruppe nach _____.

Die Regel 2 besagt:
Bei der β-D-Glucose stehen alle H-Atome in (cis-/trans-) _____-Position.

---

15 Wie wir weiterhin wissen, entsteht bei der Ringbildung ein neues _____
C-Atom im Molekül, das zwei verschiedene „anomere" Molekülformen ermöglicht:
die ____-Form und die ____-Form.
Diese beiden Formen (sind/sind keine) _____ spiegelbildlichen Isomere.

---

16 Die beiden Formen der D-Glucose dürfen Ihnen nun keine Schwierigkeiten mehr bereiten. Das überprüfen wir an folgenden Aufgaben:

a) Schreiben Sie bitte die α- und die β-Form nochmals auf.

b) Umrahmen Sie die Unterschiede im Formelbild.

c) Geben Sie anschließend noch einmal die beiden Regeln sinngemäß wieder, die bei der perspektivischen Schreibweise der Haworth-Formeln nützlich sind.

_____

_____

17   ▷ Lesen Sie nunmehr im LB die Abschnitte 3 und 4.

Wir fragen:
Wie verhalten sich Zucker im Hinblick auf die einfachen Farbreaktionen gegenüber Aldehyden?
Begründen Sie Ihre Antwort.

_____

_____

_____

_____

Für die Biochemie sind die _____-ester äußerst wichtig. So werden z.B. im
Stoffwechsel fast ausschließlich _____ Zucker umgesetzt.

18   Als Zuckergruppe haben Sie bisher die Triosen, d.h. Zucker mit ____ C-Atomen kennengelernt.
Als Zwischenprodukt des Kohlenhydratabbaus spielt, wie wir später noch sehen werden, vor
allem der 3-Phospho-glycerinaldehyd eine wichtige Rolle. Unter dem katalytischen Einfluß
der Triosephosphat-Isomerase steht er mit Dihydroxy-acetonphosphat im Gleichgewicht.
Wie müssen die Formeln der beiden Gleichgewichtspartner aussehen?

$$\rightleftharpoons$$

3-Phospho-glycerinaldehyd   Dihydroxyacetonphosphat

19   Als Bestandteil vieler Nucleinsäuren und der Nucleotid-
Coenzyme haben wir eine Pentose kennengelernt, die
einer Gruppe der Nucleinsäuren ihren Namen gegeben
hat.
Geben Sie den Namen und die Struktur der β-D-Form
dieses Zuckers so an, wie er in den Nucleinsäuren vorliegt.   β-D-_____

▷ Antwortenvergleiche s. S. A 95

20   Der andere Typ der Nucleinsäuren ist, wie Sie wissen, nach der Desoxyform dieser Pentose benannt. Gemeint ist die _____, die als Zuckerbestandteil _____ im Molekül aufweist.

---

21   *Zur Wiederholung:*

Da wir im Zusammenhang mit den beiden Pentosen _____ und _____ nochmals auf die Nucleinsäuren RNA und DNA zu sprechen kamen, bietet es sich an, die allgemeinen Bestandteile dieser genetischen Substanzen kurz zu wiederholen.

Zählen Sie bitte diese Bestandteile auf. Geben Sie dabei an, welche von ihnen überwiegend in einer der beiden Nucleinsäuren vorkommen.

  1. _____

  2. RNA: _____

  3. DNA: _____

---

22   Das in Form von Derivaten und Polymeren am weitesten verbreitete Kohlenhydrat ist die _____, auch _____ genannt. Ihre Strukturformel können Sie leicht zeichnen, wenn Sie an die zweite Merkregel zum Umgang mit Haworth-Formeln denken.

Mannose, die im tierischen Organismus als Bestandteil der Glycoproteide vorliegt und u.a. auch in den Blutgruppensubstanzen auftaucht, hat folgende Formel:

β-D-Mannose

---

23   So wie Mannose sich von Glucose nur durch die sterische Anordnung an einem C-Atom unterscheidet, ebenso finden wir auch bei der Galaktose eine unterschiedliche Konfiguration an nur einem C-Atom. Lag dieser Unterschied zur Glucose bei Mannose jedoch an C-Atom ____, so liegt er bei Galaktose an C-Atom ____. Geben Sie die Formel wieder.

β-D-Galaktose

---

24 Stellen Sie nun durch Ergänzung der Formelgerüste β-D-Glucose, β-D-Galaktose und β-D-Mannose einander gegenüber.

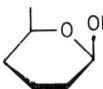

β-D-Galaktose   β-D-Mannose   β-D-Glucose

---

25 Haben wir mit Glucose, Mannose und Galaktose bisher die wichtigsten Vertreter der (Aldo-/Keto-) _____-Hexosen kennengelernt, so liegt in der *Fructose* eine (Aldo-/Keto-) _____-Hexose vor.

---

26 Die als Spaltprodukt des (Rohrzuckers/Traubenzuckers) _____ entdeckte Fructose ist eine linksdrehende Substanz.
Fructose gehört

    — demnach zur L-Reihe   ☐
    — trotzdem zur D-Reihe ☐

---

27 Ergänzen Sie bitte in den nachstehenden Projektionsformeln der Fructose (mit und ohne Ringschluß) das Formelgerüst der β-D-Fructofuranose.

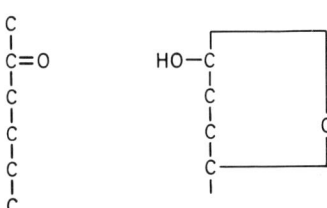

Antwortenvergleiche s. S. A 96

28   Aminozucker, die formal durch Ersatz einer Hydroxy-Gruppe durch die _____
entstehen, sind z.B. Glucosamin und Galaktosamin. In ihrer Struktur entsprechen diese Substanzen der D-Glucose bzw. der D-Galaktose. Lediglich an C-2 findet sich eine _____-
Gruppe statt der _____-Gruppe.
Ergänzen Sie bitte das Formelgerüst.

β-D-Glucosamin   β-D-Galaktosamin

---

29   Etwas komplizierter gebaut ist der dritte für uns wichtige Aminozucker: die *Neuraminsäure*.
Wir prägen uns ein:
Verbindet man Mannosamin, das nach dem oben Gesagten an C-Atom ____ epimer zu
Glucosamin ist, nach dem Prinzip der Aldolkondensation mit Brenztraubensäure, so entsteht
_____.

---

30   Wie nennt man die Substanz-Gruppe, die entsteht, wenn man Zucker nicht an der Aldehyd-,
sondern an der CH_2OH-Gruppe oxidiert? Wie heißt der Prototyp dieser Substanzen?

Substanzgruppe: _____

Prototyp: _____

---

31   Ergänzen Sie bitte das folgende Formelgerüst zu β-D-Glucuronsäure. Umrahmen Sie die für
diese Substanz typische Molekül-Gruppe.

---

32   Was entsteht, wenn man Ascorbinsäure,
die als antiskorbutisches _____
allgemein bekannt ist, dehydriert?
Ergänzen Sie bitte das Formelschema.

33   ▷ Lesen Sie nunmehr im LB aus Kapitel 15 die Abschnitte 5 und 6.

Reaktionstyp 1, der bei der Umwandlung von _____ ineinander beschritten werden kann, umfaßt die Epimerisierung und die Isomerisierung.
Bei beiden Umwandlungsarten wird die Zahl der C-Atome (verändert/nicht verändert) _____.

34   Ein Beispiel für eine Epimerisierung, an der als Enzym Glucose-4-epimerase und als Coenzym Uridinphosphat beteiligt sind, sollte Ihnen geläufig sein. Welches Beispiel ist gemeint? Erklären Sie an ihm, was unter Epimerisierung zu verstehen ist.

_____

_____

_____

_____

_____

35   Die Umwandlung von Glucose und Fructose oder die Umwandlung von Glycerinaldehyd-phosphat in Dihydroxyacetonphosphat sind Beispiele für die Umwandlung von _____ in _____. Es handelt sich in beiden Fällen um eine _____.

36   Halten wir nochmals fest:
Typ 1 der Umwandlung von Zuckern ineinander sind _____ und

_____.

Beim *Typ 2* handelt es sich um den oxidativen Abbau um ein C-Atom.
Hier bleibt die Zahl der C-Atome nicht mehr gleich. Es entsteht vielmehr z.B. aus der Hexose eine _____.

37   Typ 2 der Zuckerumwandlung, die _____ um ein C-Atom, geschieht durch Dehydrierung des Aldehyds zur Säure sowie durch nachfolgende Dehydrierung am β-C-Atom und Decarboxylierung.

38   Machen wir uns diesen Typ der Zuckerumwandlung nochmals klar.
Durch Oxidation von Glucose-6-phosphat an C-1 entsteht _____;
daraus entsteht durch Dehydrierung an C-3 und Decarboxylierung _____.
Mit anderen Worten:
Aus einer _____ ist eine _____ geworden.

▷ Antwortenvergleiche s. S. A 97/A 98

39 Die (Aldose/Ketose) _____ Ribulose-5-$\textcircled{P}$ kann wiederum in die (Aldose/Ketose) _____ Ribose-5-$\textcircled{P}$ umgewandelt werden. Wir haben damit gleichzeitig ein Beispiel für den Umwandlungstyp 1, die _____ vor uns.

---

40 Bevor wir zum dritten Reaktionstyp der Zuckerumwandlung kommen, rufen wir die beiden ersten Typen nochmals in Erinnerung.

   Typ 1: _____

   Typ 2: _____

---

41 Typ 3 der Zuckerumwandlung verläuft über den Reaktionsweg der Übertragung von C_3- oder C_2-Bruchstücken von einem Zucker zum anderen. Die Summe der an der Gesamtreaktion beteiligten C-Atome (wird dabei verändert/bleibt dabei gleich) _____.

---

42 Die beim Reaktionstyp 3 übertragenen C_3- bzw. C_2-Bruchstücke stammen stets von einer Ketose, während der Akzeptor stets der andere Typ, eine _____ ist.
Es läßt sich auch sagen:
Eine Ketose (liefert/empfängt) _____ die übertragenen C_2- oder C_3-Bruchstücke, während sie eine Aldose (liefert/empfängt) _____.

---

43 C_3-Bruchstücke entstehen im einfachsten Fall durch Spaltung einer Hexose, nämlich des Fructose-1,6-bisphosphats.
Gleichgewichtspartner dieser Reaktion sind die beiden Triosen Dihydroxyacetonphosphat und Glycerinaldehyd-3-phosphat.
Ergänzen Sie bitte mit Hilfe dieser Angaben das folgende Schema.

	_____	
Fructose-1,6-bisphosphat $\rightleftharpoons$		
	+	
	_____	

---

44 Die Spaltung von _____ in Dihydroxyaceton-$\textcircled{P}$ und Glycerinaldehyd-3-$\textcircled{P}$ sowie ihre Umkehrung ist eine Aldol-Reaktion. Sie wird demnach katalysiert von dem Enzym _____.

---

45 Wir wissen nunmehr:
Die Spaltung von Hexosebisphosphaten in Triosephosphate wird durch das Enzym _____ katalysiert. Ein analoges Enzym, die Transaldolase, überträgt nun den Dihydroxyaceton-Rest auf andere (Ketosen/Aldosen) _____.

---

46 Das Enzym _____, das den Dihydroxyaceton-Rest auf andere Aldosen überträgt, ist substratspezifisch: Es spaltet nur Sedoheptulose und Fructose.
Schematisch sieht das folgendermaßen aus:

-7- $\textcircled{P}$	-4- $\textcircled{P}$

+   Trans-   +

aldolase

-3- $\textcircled{P}$	-6- $\textcircled{P}$

---

47 Bei der *Transketolase*-Reaktion wird ein C_2-Fragment, der _____, übertragen. Es handelt sich um eine _____-reaktion vom Typ der organischen Chemie.
Schematisch ergibt sich folgendes Bild:

_____ -5-phosphat	_____ -3-phosphat

_____

_____ -4-phosphat	_____ -6-phosphat

---

48 Wir fassen die drei Reaktionstypen der Umwandlung von Zuckern ineinander kurz zusammen.

Typ 1 betrifft die Wege der _____ und der _____.
Die Zahl der C-Atome wird hierbei (verändert/nicht verändert) _____

Typ 2 ist der oxidative Abbau um ein C-Atom durch _____ des Aldehyds zur Säure, Dehydrierung am β-C-Atom und _____ der β-Keto-säure.
Der Zucker wird dabei um ein C-Atom _____.

Typ 3 ist die Übertragung von _____ oder _____, die durch die Enzyme _____ bzw. _____ katalysiert wird. Als Bruchstücklieferant fungiert stets eine _____, als Akzeptor fungiert eine _____.

Die Summe der an der Gesamtreaktion beteiligten C-Atome

— nimmt zu   ☐
— bleibt gleich   ☐
— nimmt ab   ☐

Antwortenvergleiche s. S. A 98/A 99

49 Der Prozeß der Umwandlung von Hexosen in Pentosen und seine Umkehrung spielen sich in einem Stoffwechselzyklus, dem *Pentosephosphat-Zyklus,* ab.
Die Einzelschritte des Zyklus sind Reaktionen entsprechend den 3 Typen der Zuckerumwandlungen.

Bei der Umwandlung von Fructose-6-(P) und Glycerinaldehyd-3-(P) in Xylulose-5-(P) und
_____-(P) handelt es sich um die Übertragung eines (C_2-Fragmentes/C_3-Fragmentes) _____ .

Damit haben wir eine

   — Transaldolase-Reaktion vor uns ☐

   — Transketolase-Reaktion vor uns ☐

---

50 Das im Ablauf dieser ersten _____-Reaktion entstandene Erythrose-4-(P)
bildet mit einem weiteren Molekül Fructose-6-(P), die beiden Zucker _____-
_____-(P). Diesmal liegt also die Übertragung eines (C_2/C_3) _____-Fragmentes oder —
anders ausgedrückt — eine (Transaldolase-Reaktion/Transketolase-Reaktion) _____
_____ vor.

---

51 Sedoheptulose-7-(P) und Glycerinaldehyd-3-(P) gehen im dritten und letzten Reaktionsschritt
nochmals eine Umwandlung miteinander ein, wobei die Reaktionsprodukte Xylulose-5-(P)
und Ribose-5-(P) entstehen. D.h. der dritte Reaktionsschritt ist nochmals vom Typ einer
(C_2/C_3-) _____-Bruchstück-Übertragung und damit eine (Transaldolase-Reaktion/Transketolase-Reaktion) _____ .

Durchdenken Sie bitte auf der Grundlage des bisher Erarbeiteten nochmals das Schema auf
S. 255 im LB (Pentosephosphat-Zyklus).

---

52 Ziehen wir Bilanz, was bisher erreicht wurde.
Über *zwei* (Transaldolase-Reaktionen/Transketolase-Reaktionen) _____
_____ und *eine* (Transaldolase-Reaktion/Transketolase-Reaktion) _____
_____ sind aus zwei Molekülen C_6-Zucker und einem C_3-Zucker entstanden:

   _____

---

53   ▷ Lesen Sie jetzt bitte im LB den Abschnitt 7 aus Kapitel 15: „Glykolyse und
   alkoholische Gärung".

Die nun folgenden Lernelemente beschäftigen sich mit der Glykolyse, d.h. dem Abbau des
Zuckers im Organismus.
Unter Glykolyse versteht man eigentlich den (aeroben/anaeroben) _____ Abbau
der Kohlenhydrate im Organismus, hier speziell der Speicherform _____ .
Mit anderen Worten: Für den Kohlenhydratabbau in der Glykolyse ist (Sauerstoff/kein
Sauerstoff) _____ notwendig.

---

54 Wie wir wissen, verläuft auch der aerobe Kohlenhydratstoffwechsel über zahlreiche Stufen des anaeroben Kohlenhydratabbaus in der _____.

Halten wir fest:
Anaerober und aerober Kohlenhydratstoffwechsel verlaufen über den _____
_____. Die aerobe Form unterscheidet sich durch die Verwendung der (reduzierten/oxydierten) _____ Coenzyme sowie der Brenztraubensäure.

---

55 Die Glykolyse führt trotz anaeroben Ablaufs zur Energiegewinnung. Pro Mol Glucose werden 2 Mol ATP gewonnen.
Die Summengleichung der Glykolyse entspricht dem Prinzip der Isomerisierung:
Ein Glucosemolekül wird in 2 Moleküle Milchsäure zerlegt.

Die Summenformeln der Gleichung lauten:

_____	= 2	_____
Glucose	= 2	Milchsäure

---

56 *Phase 1* der Glykolyse ist die Umwandlung der Hexose in 2 Mol Triosephosphat. Sie vollzieht sich auf der Oxidationsstufe des Kohlenhydrats und erfordert _____ zur Phosphorylierung.

---

57 Die Phosphorylierung der Glucose in 6-Stellung kann von 2 Enzymen katalysiert werden:
Von der _____, die zahlreiche Hexosen an C-6 phosphoryliert; und von der _____ der Leber.

---

58 Das Enzym Glucokinase katalysiert nur die Phosphorylierung eines Substrates, der _____. Im Gegensatz dazu ist die _____ in der Lage, zahlreiche Hexosen in 6-Stellung zu phosphorylieren.
Aus der intrazellulären Speicherform Glykogen wird ohne ATP-Verbrauch durch Phosphorolyse direkt Glucose-1-(P) freigesetzt, das im nächsten Schritt durch Phosphatverschiebung ebenfalls in die stoffwechselaktive Form der Glucose, das _____, umgewandelt wird.

Glykogen ⟶ Glucose-1-(P) ⟶ Glucose-6-(P)

---

59 Das heißt mit anderen Worten:
Nur die Umwandlung von (Glykogen/Glucose) _____ in Glucose-6-(P) verläuft unter ATP-Verbrauch. Anschließend findet unter Einfluß von Phosphohexose-Isomerase eine Isomerisierung zum Fructose-6-(P) statt. Fructose-6-(P) wird unter ATP-Verbrauch anschließend am C-1 nochmals phosphoryliert. Es entsteht _____.

Dies ist ein *irreversibler* Vorgang. Diese Reaktion ist die Schrittmacher-Reaktion der Glykolyse.

⟹ Antwortenvergleiche s. S. A 99/A 100

60 Als nächster Schritt tritt jetzt die Spaltung der Hexose ein. Es handelt sich um die Aldolase-Reaktion:

Fructose-1,6-bisphosphat wird in die beiden Triosen _____

(C-1 bis C-3) und _____ (C-4 bis C-6) zerlegt.

---

61 Zwischen den Triosen stellt sich ein Gleichgewicht ein, in dem zu 96% das Dihydroxyaceton-phosphat und zu 4% das Glycerinaldehydphosphat vorliegen. Die Gleichgewichtslage fällt eindeutig zugunsten der (Aldoseform/Ketoseform) _____ aus.

Die Gleichgewichtslageeinstellung zwischen den beiden Triosen wird durch das Enzym

_____· beschleunigt, das eine hohe Umsatzzahl besitzt.

---

62 Geben Sie jetzt bitte die formelmäßige Darstellung der Aldolase-Reaktion an. Numerieren Sie dabei die C-Atome der Reaktionsprodukte.

Die Prozentzahlen drücken den Anteil der jeweiligen Substanz am Gleichgewichtsgemisch aus. Beachten Sie dies bei der Zuordnung der entsprechenden Trioseform.

---

63 Damit haben wir die erste Phase der Glykolyse behandelt.

Charakterisieren Sie bitte diese Reaktionsphase nochmals mit wenigen Worten.

_____

_____

_____

_____

---

64 Wir kommen nunmehr zur *Phase 2* der Glykolyse.

In der Phase 2 wird das Triosephosphat mit $NAD^{\oplus}$ zur Phosphoglycerinsäure dehydriert. Die Dehydrierung der Aldehyd-Gruppe zur Carbonsäure ist mit $\Delta G^0 = -16$ kcal eine stark (exergonische/endergonische) _____ Reaktion. Es wird also dabei Energie frei, die z.T. in Form von _____ als chemische Energie gespeichert wird. Die Dehydrierung ist deshalb vom energetischen Standpunkt aus die wichtigste Teilreaktion der Glykolyse.

---

65 Wir betrachten diese ATP-liefernde Dehydrierungsreaktion genau in ihren Einzelschritten.

Zunächst wird die Aldehyd-Gruppe des _____ an eine SH-Gruppe des Enzyms addiert. Erst dann erfolgt die Dehydrierung, bei der der Wasserstoff, wie wir bereits erwähnt haben, auf _____ übertragen wird.
Durch die Addition an die SH-Gruppe des Enzyms und durch die anschließende _____
_____ entsteht eine _____Enzym-Verbindung, die wie alle Thioester (energiereich/energiearm) _____ ist.

---

66 Nunmehr erleidet der Thioester eine _____. Das HS-Enzym wird dabei wieder abgespalten; als Reaktionsprodukt liegt Glycerinsäure-1-(P)-3-(P) vor, in dem der Phosphat-Rest an C-1 (energiereich/energiearm) _____ gebunden ist.

Der in der Glycerinsäure-1-(P)-3-(P) an (C-1/C-3) _____ energiereich gebundene Phosphat-Rest wird mit Hilfe des Enzyms Phosphoglycerat-Kinase auf ADP übertragen. Es entstehen dabei _____ und _____.

---

67 Formelmäßig sieht der Weg vom Glycerinaldehyd-3-phosphat über die Acyl-S-Enzymverbindung zu den Endprodukten 3-Phospho-glycerinsäure, _____ und _____ folgender-maßen aus. Vervollständigen Sie das Formelschema:

Antwortenvergleiche s. S. A 100/A 101

68 Die gesamte Reaktionsfolge, die in der Aufnahme von _____ Phosphat und dessen Übertragung auf _____ gipfelt, bezeichnet man als „Substratkettenphosphorylierung".

Charakterisieren Sie nunmehr die 2. Phase der Glykolyse mit wenigen Worten.

_____

_____

_____

_____

_____

_____

_____

_____

69 Wir kommen zur *3. Reaktionsphase* der Glykolyse. In ihr wird die in Phase 2 zum Schluß entstandene _____ in Brenztraubensäure umgewandelt. Dabei wird das eingesetzte Phosphat auf ein hohes Energieniveau gehoben und auf ATP zurückübertragen.

Zunächst wird 3-Phosphoglycerinsäure mit Hilfe des Enzyms Phosphoglycerat-Mutase in 2-Phosphoglycerinsäure umgelagert. „Coenzym" dieser Umlagerung von _____ _____ ist 2,3-Bisphosphoglycerinsäure.
Man stellt sich vor, daß das 3-Phosphat vom Enzym-Bisphosphat-Komplex phosphoryliert wird, während das in 3-Stellung dephosphorylierte Coenzym abdissoziiert wird.
Das Phosphorylierungsprodukt dagegen, die _____, kann erneut als Coenzym wirksam werden.

70 Von dem durch Umlagerung auf diese Weise entstandenen _____ wird im nächsten Schritt Wasser abgespalten. Das beteiligte Enzym ist die Enolase. Als Reaktionsprodukt erhalten wir die phosphorylierte Enolform der Brenztraubensäure, das „Phosphoenolpyruvat".

71 Die Umwandlung von 2-Phosphoglycerinsäure in die phosphorylierte Enolform der Brenztraubensäure, das _____, ist also lediglich eine _____-Abspaltung, die von dem Enzym _____ katalysiert wird. Entscheidend dabei ist, daß das Reaktionsprodukt die Phosphorsäure in energiereicher Bindung trägt.

72 Die Phosphorsäure liegt im Phosphoenolpyruvat in (energiearmer/energiereicher) _____ _____ Bindung vor. Sie kann durch Pyruvat-Kinase auf ADP übertragen werden.

Reaktionsprodukte sind:

a) das ________ und

b) der wichtigste Metabolit im anaeroben wie aeroben Kohlenhydratstoffwechsel, das ______________.

---

73 Charakterisieren Sie nochmals mit wenigen Worten die 3. Reaktionsphase der Glykolyse. Ergänzen Sie anschließend das nachstehende Reaktionsschema.

____

____

____

____

____

____

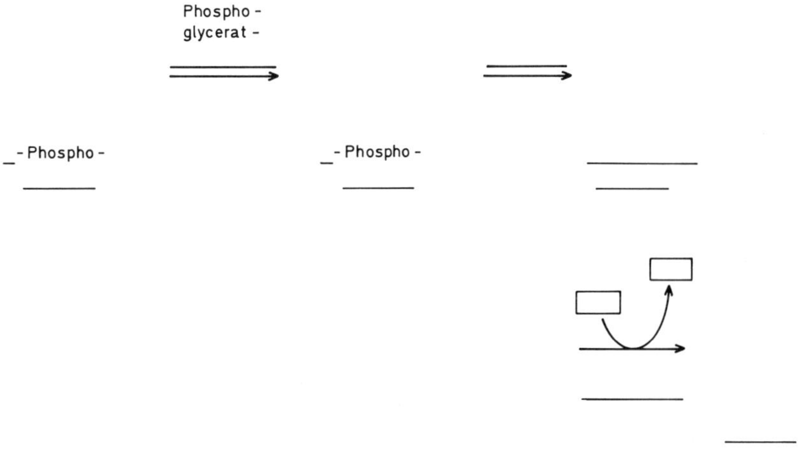
Phospho -
glycerat -
_- Phospho -
_- Phospho -

---

74 Wie Sie sich noch erinnern, wurde bei der Dehydrierung von ______________________ das reduzierte Nicotinamid-dinucleotid NAD•H gebildet. Dieses muß wieder oxidiert werden, um dem Reaktionsablauf erneut zur Verfügung zu stehen.

Würde am Ort des Kohlenhydratabbaus Sauerstoff vorhanden sein, so wäre die Oxidation von NAD•H kein Problem. Das Coenzym würde mit Hilfe der ________________ regeneriert. Die Glykolyse läuft aber häufig (aerob/anaerob) ____________ ab, d.h. es fehlt __________ ________.

Antwortenvergleiche s. S. A 101/A 102

75 Die Reaktionskette der anaeroben Glykolyse schließt sich durch folgende Reaktion:

Durch die Lactat-Dehydrogenase wird Pyruvat zu _____ reduziert und das Nicotin-amid-dinucleotid wird wieder in dehydrierter Form zur Katalyse der Triosehydrierung zur Verfügung gestellt.

76 Im folgenden ist das Formelschema der anaeroben Glykolyse unvollständig dargestellt. Ergänzen Sie die Lücken. Geben Sie die Namen der auftretenden Substanzen an.

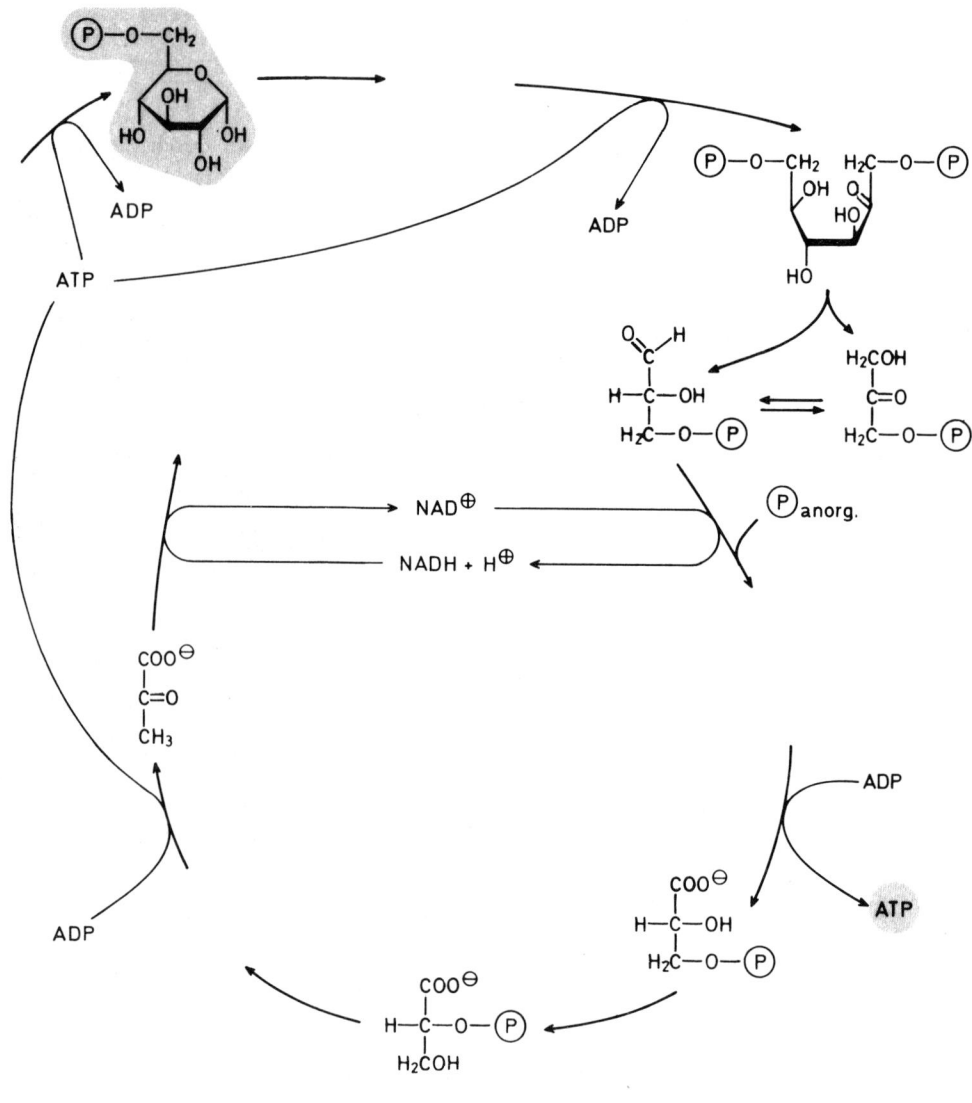

77 Ziehen wir nun die Bilanz der anaeroben Glykolyse. Die Hexose wurde unter Verbrauch von
_____ in ein Bisphosphat verwandelt; dieses wurde gespalten, durchlief eine Kette von
Gleichgewichtsreaktionen und gab Wasserstoff an _____ ab. An zwei Stellen konnte der
Abbau mit dem Adenylsäuresystem gekoppelt werden, wobei chemische Energie gespeichert
wurde. Bei welchen Reaktionsschritten war dies der Fall?

1. _____

_____

2. _____

_____

78 Der energetische Gewinn des anaeroben Glucoseabbaus bis zum Lactat beträgt (ein/zwei/vier)
_____ ATP pro Mol Glucose. Dies ist auf den energetisch wichtigsten Schritt des Abbaus
zurückzuführen. Geben Sie bitte die Teilreaktion an.

_____

_____

▷ Lesen Sie jetzt bitte im LB Kapitel 15, Abschnitt 8—10.

79 Rohrzucker ist aus Glucose und einem zweiten Zucker, der sogar als Spaltprodukt des Rohrzuckers entdeckt wurde, aufgebaut.
Wie heißt diese zweite Zuckerkomponente des Rohrzuckers?

_____

80 Im Darm wird der Rohrzucker in seine Bestandteile _____ und _____
zerlegt.

81 Das geschieht wie folgt:
Zunächst wird die freie Fructose durch eine Fructokinase und unter Verbrauch von
_____ zu _____ phosphoryliert.

82 Durch eine Spaltung, die im Prinzip der Aldolasereaktion der Glykolyse entspricht, wird
Fructose-1-Ⓟ mit Hilfe des Enzyms 1-Phosphofructaldolase in _____
_____ und _____ zerlegt.

◁ Antwortenvergleiche s. S. A 103

83   Worin besteht der Unterschied zwischen der Spaltung der Fructose-1-(P) und der Aldolase-
reaktion in der Glykolyse?

_____

_____

_____

_____

_____

_____

_____

_____

84   Während nun das eine Reaktionsprodukt der Fructose-1-(P)-Spaltung, das _____
_____, direkt in die Glykolyse einmündet und dort weiter abgebaut wer-
den kann, muß das zweite Spaltungsprodukt, der _____, vorher noch
phosphoryliert werden.

85   Wenden wir uns nun dem aeroben Kohlenhydratabbau zu. Die anaerobe Glykolyse, die wir
ausführlich besprochen haben, stellt an sich nur einen Ausweg des Kohlenhydratabbaus dar,
der vor allem in den Zellen des Organismus begangen wird, die (gut/schlecht) _____
mit Sauerstoff versorgt sind. Im allgemeinen vollzieht sich der Kohlenhydratabbau (aerob/
anaerob) _____.

86   Während anaerober und aerober Kohlenhydratabbau bis zur _____
den gleichen Weg benutzen, trennen sich von da an die weiteren Reaktionswege. Unter anaeroben Bedingungen wird, wie wir wissen, Pyruvat zu _____ reduziert, wobei das
(NADH/NAD$^\oplus$) _____ oxidiert wird.

87   Wo das reduzierte Nicotinamid-dinucleotid (NAD·H) unter aeroben Verhältnissen reoxidiert
wird, liegt auf der Hand: in der _____.

88   Das Pyruvat allerdings kann in verschiedener Weise weiterreagieren. Den quantitativ bedeut-
samsten Reaktionsweg haben wir im Rahmen des Alaninstoffwechsel besprochen. Wie heißt
dieser Reaktionsweg? — Zu welchem Endprodukt führt er?

_____

_____

89 Rufen wir uns die oxidative Decarboxylierung des Pyruvats anhand der Summengleichung ins Gedächtnis:

$$H_3C-\underset{\underset{\displaystyle O}{\|}}{C}-COOH \ + \ HS\overline{CoA} \ + \ NAD^{\oplus} \ \longrightarrow$$

90 Die durch die oxidative Decarboxylierung von _____ entstehende aktivierte Essig-säure wird zum größten Teil im Citronensäurezyklus verbraucht. An welchem Reaktions-schritt des Citratzyklus ist sie beteiligt?

91 Fassen wir kurz zusammen:
Unter aeroben Verhältnissen ist die quantitativ bedeutsamste Folgereaktion des Pyruvats die _____ zu _____. Der größte Teil dieses Reaktionsproduktes wird im _____ verbraucht, während ein eventuell vorliegender Überschuß zum Aufbau von _____ verwendet werden kann.

92 Wir werden nun versuchen, die Bilanz des aeroben Kohlenhydratabbaus aufzustellen. Bis zur Bildung von Brenztraubensäure entstehen pro Mol Triose ____ Mol ATP und ____ Mol NAD·H + H$^{\oplus}$. Bei der oxidativen Decarboxylierung zu Acetyl-CoA fällt ein weiteres Mol NAD·H + H$^{\oplus}$ an. Wieviel Mol ATP entstehen aus einem Mol Triose bis zur Bildung von Ace-tyl-CoA, wenn das gesamte NAD·H + H$^{\oplus}$ in der Atmungs-Kette oxidiert wird?

93 Bei vollständiger Oxidation von aktivierter Essigsäure im Citratzyklus fallen weitere _____ Mol ATP pro Mol Triose an.
Das bedeutet insgesamt _____ Mol ATP pro Mol Triose oder _____ Mol ATP pro Mol Glucose.

94 Die Carboxylierung des Pyruvats zu Oxalacetat ist eine zweite Reaktionsmöglichkeit. Oxalacetat kann aus _____ durch direkte Anlagerung von aktivierter _____ _____ entstehen, wobei das katalysierende Enzym Biotin enthält.

⟲ Antwortenvergleiche s. S. A 104

95 Ergänzen Sie bitte folgende Gleichung:

$$H_3C-CO-COO^{\ominus} \quad + \quad ^{\ominus}OOC \sim Biotinenzym$$

$$\rightleftharpoons$$

Damit stehen dem Pyruvat im aeroben Abbau zwei verschiedene Reaktionswege offen:

a) _____

b) _____

---

96 Wir kommen nun zur Neubildung von Glukose durch Gluconeogenese.
Wir wissen, daß bei der anaeroben Glykolyse Brenztraubensäure in _____ umgewandelt wird.
Der in der Leber ablaufende Aufbau von Zucker aus _____ könnte im Prinzip
durch Umkehrung der Glykolyse vonstatten gehen. Dies ist jedoch nicht der Fall, da bei einigen Reaktionen die Gleichgewichtslage dafür zu ungünstig ist.

---

97 Von den Reaktionen, die aufgrund ihrer ungünstigen Gleichgewichtslage eine Umkehr der
Glykolyse verhindern, ist vor allem die Pyruvatkinase-Reaktion zu nennen. Die Umkehrung
dieser Reaktion, die _____ der _____, und damit
Resynthese von Zucker auf diesem Weg ist (durchaus möglich/nicht möglich) _____
_____.

---

98 Die Schlüsselreaktion der Gluconeogenese verläuft vielmehr über eine Phosphorylierung des
_____.

---

99 Einen wichtigen Weg der Oxalacetat-Bildung haben wir im letzten Abschnitt besprochen.
Oxalacetat entsteht dabei durch direkte _____ von _____ mit
Hilfe eines _____-haltigen Enzyms.

---

100 Die Schlüsselreaktion der Gluconeogenese ist, wie gesagt, die Phosphorylierung des Oxalacetats.
Phosphordonator ist dabei _____; als Reaktionsprodukt erhalten
wir bei gleichzeitiger Decarboxylierung _____.
Bitte ergänzen Sie das dazugehörige Schema.

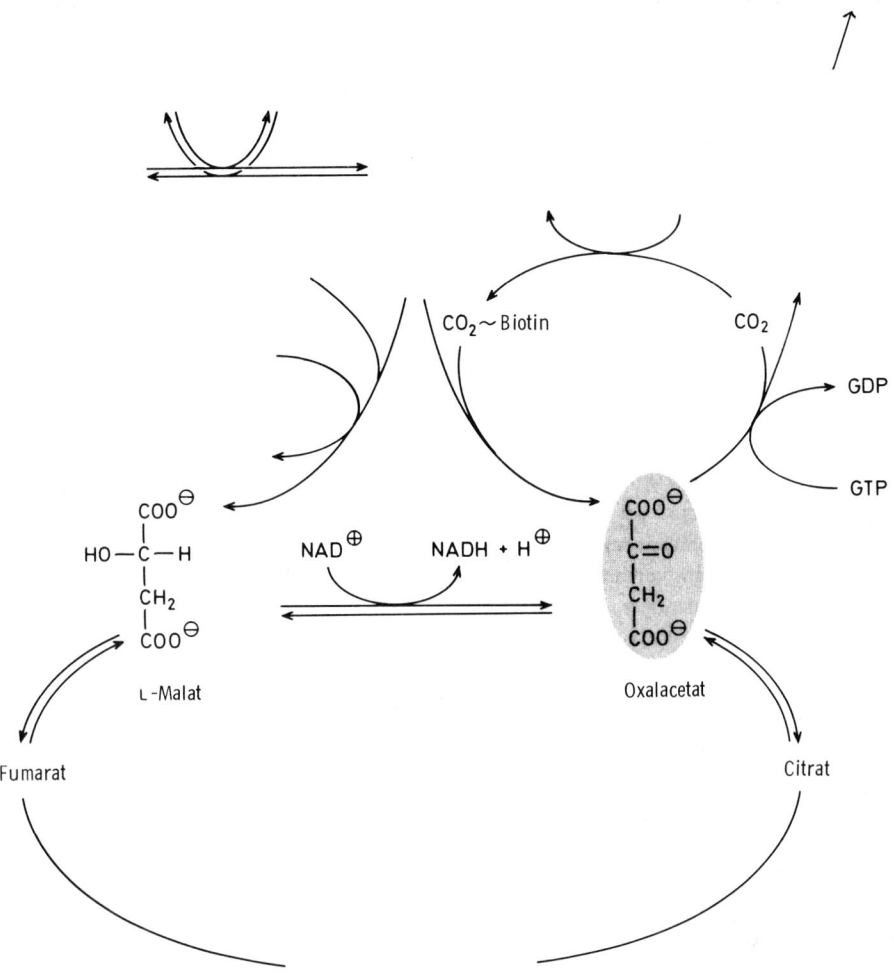

---

101   Halten wir nochmals fest:
Durch _____ und gleichzeitige _____ entsteht
aus Oxalacetat Phosphoenolpyruvat.
Aus Phosphoenolpyruvat wird anschließend Phosphoglycerat. Von hier verläuft die Gluconeogenese als Umkehrung der Glykolyse.

Antwortenvergleiche s. S. A 105

102 Wenn Sie sich das Schema der Glykolyse vor Augen halten, dürfte Ihnen auch die Umkehrung dieses Stoffwechselvorganges keine Schwierigkeiten bereiten. Wir gehen die Einzelschritte kurz durch:

3-Phosphoglycerinsäure wird unter ATP-Verbrauch zunächst zu 3-_____

_____ phosphoryliert.

103 Unter Einfluß von Glycerinaldehydphosphat-Dehydrogenase und _____ als Wasserstoff-donator entsteht aus Glycerinsäure-1-$\textcircled{P}$-3-$\textcircled{P}$ _____.

104 Triose-Isomerase und Aldolase lassen aus dem Triosephosphat dann _____

_____ entstehen. Dieses kann weiter in Glucose-6-$\textcircled{P}$ und schließlich in Glucose bzw. die Speicherform _____ umgewandelt werden.

105 Schauen wir uns kurz die energetische Bilanz der Gluconeogenese an.

Vom Pyruvat ausgehend werden pro Mol Triose 3 Mol energiereiches Phosphat verbraucht. Zählen Sie bitte die Einzelreaktionen auf, die mit dem Verbrauch von energiereichem Phosphat verbunden sind.

1. _____

_____

_____

2. _____

_____

_____

3. _____

_____

_____

106 Es können auch eine Reihe von Aminosäuren in Glucose übergehen. Die Bedingung, daß die Aminosäuren, um in Glucose übergehen zu können, C_4-Dicarbonsäuren liefern müssen, ist deshalb wichtig, weil durch die C_4-Dicarbonsäuren der Anschluß an den _____

_____ ermöglicht und die Umwandlung in _____ gewährleistet werden. Von hier verläuft dann der Reaktionsweg in bekannten Gleisen: Zum Phosphoenolpyruvat und über die Umkehrung der Glykolyse zur Glucose bzw. meist zur Speicherform _____

_____.

107 Welche Aussage ist richtig?

— Auch die Phosphorylierung der Hexosen mit ATP ist umkehrbar. ☐

— Nicht umkehrbar ist lediglich die Phosphorylierung der Hexosen mit ATP. ☐

In welcher Hinsicht kann sich dies u.U. als Vorteil erweisen?

_____

_____

_____

108 Am Ende der Betrachtung über den Kohlenhydratstoffwechsel können wir sagen, daß Aufbau und Abbau bis auf einige Schlüsselreaktionen (denselben Weg/unterschiedliche Wege) _____ _____ gehen.
An diesen Schlüsselreaktionen greifen die Regulationsmechanismen an. Ein Beispiel kennen Sie: Die Wirkung des Hormons Cortisol. Es (hemmt/stimuliert) _____ die Gluconeogenese aus Aminosäuren.

Kleine Erfolgskontrolle

109 Geben Sie bitte die Definition von Aldosen und Ketosen an.

_____

_____

_____

_____

_____

110 Welche Verbindung ist der Grundkörper aller Zucker der D-Reihe?

_____

Nach welcher Richtung zeigt seine OH-Gruppe in der Projektionsformel?

_____

111 Sagt die Zugehörigkeit eines Zuckers zur D-Reihe etwas über seine optische Drehung (nach rechts oder links) aus?

_____

Antwortenvergleiche s. S. A 106

112 Wo steht definitionsgemäß in der Projektionsformel eines Zuckers das am höchsten oxidierte C-Atom?

_____

Nach welchem C-Atom richtet sich die Zugehörigkeit zur D- oder L-Reihe?

_____

_____

_____

113 Was versteht man unter Furanosen und Pyranosen?

_____

_____

_____

_____

_____

_____

In welcher Form liegen die wichtigsten freien Zucker zumeist vor?

_____

114 a) Durch welche Regel ist in der Haworthschen perspektivischen Darstellung die Zugehörigkeit eines Zuckers zur D-Reihe festgelegt?

_____

_____

_____

b) In welcher Stellung befinden sich die H-Atome der β-D-Glucose in der Haworth-Formel?

_____

115   Ergänzen Sie die folgenden Formelgerüste zu den Formeln der angegebenen Zucker.

(β-D-Galaktose)   (β-D-Mannose)   (β-D-Glucose)

(β-D-Fructofuranose)   (β-D-Glucosamin)   (β-D-Glucuronsäure)

---

116   Was versteht man formal unter Aminozuckern?

_____

_____

_____

Welche drei Verbindungen aus dieser Substanzgruppe sind von besonderer Bedeutung?

_____

_____

---

117   Zählen Sie bitte die drei grundsätzlich verschiedenen Reaktionstypen auf, die für die Umwandlung der Zucker ineinander zur Verfügung stehen.

1. _____

_____

_____

2. _____

_____

_____

Antwortenvergleiche s. S. A 107

3. _____

_____

_____

_____

118 Welche Gruppen werden von der Transaldolase bzw. der Transketolase übertragen?

_____

_____

119 Nachstehend sehen Sie das Ihnen bekannte vereinfachte Schema des Pentosephosphatzyklus. Tragen Sie in die leeren Kästchen die Zahl der C-Atome der entsprechenden Substanzen ein.

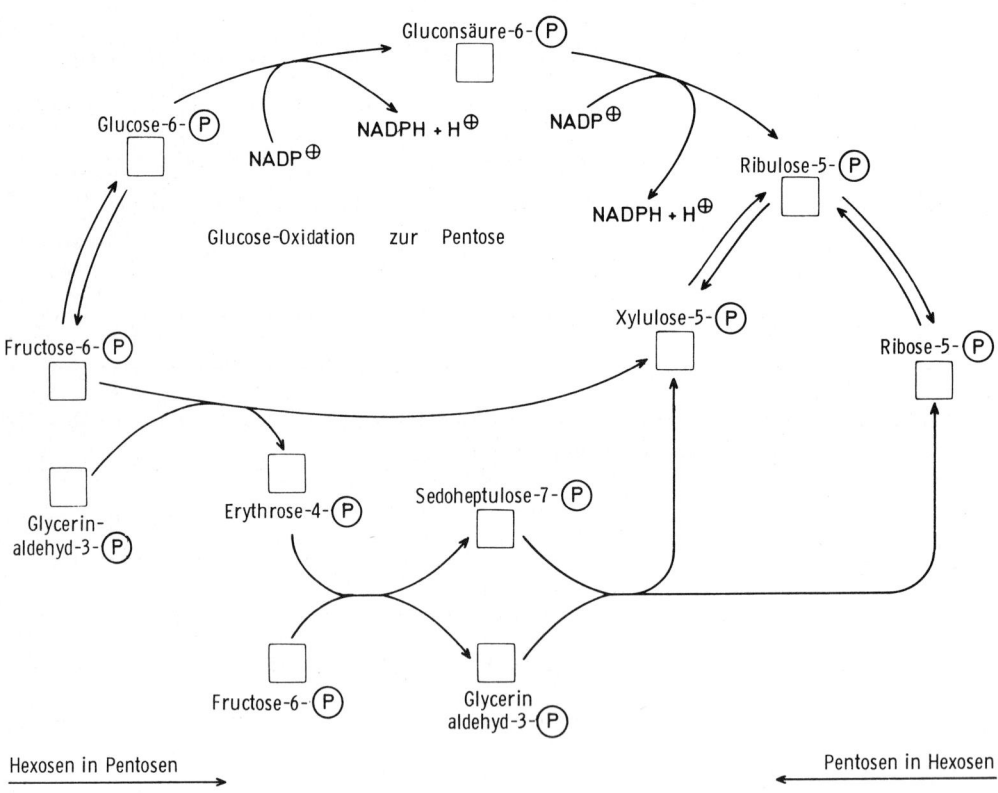

120   Ergänzen Sie das folgende unvollständige Schema der Glykolyse im Hinblick auf Formeln und Namen der Substanzen.

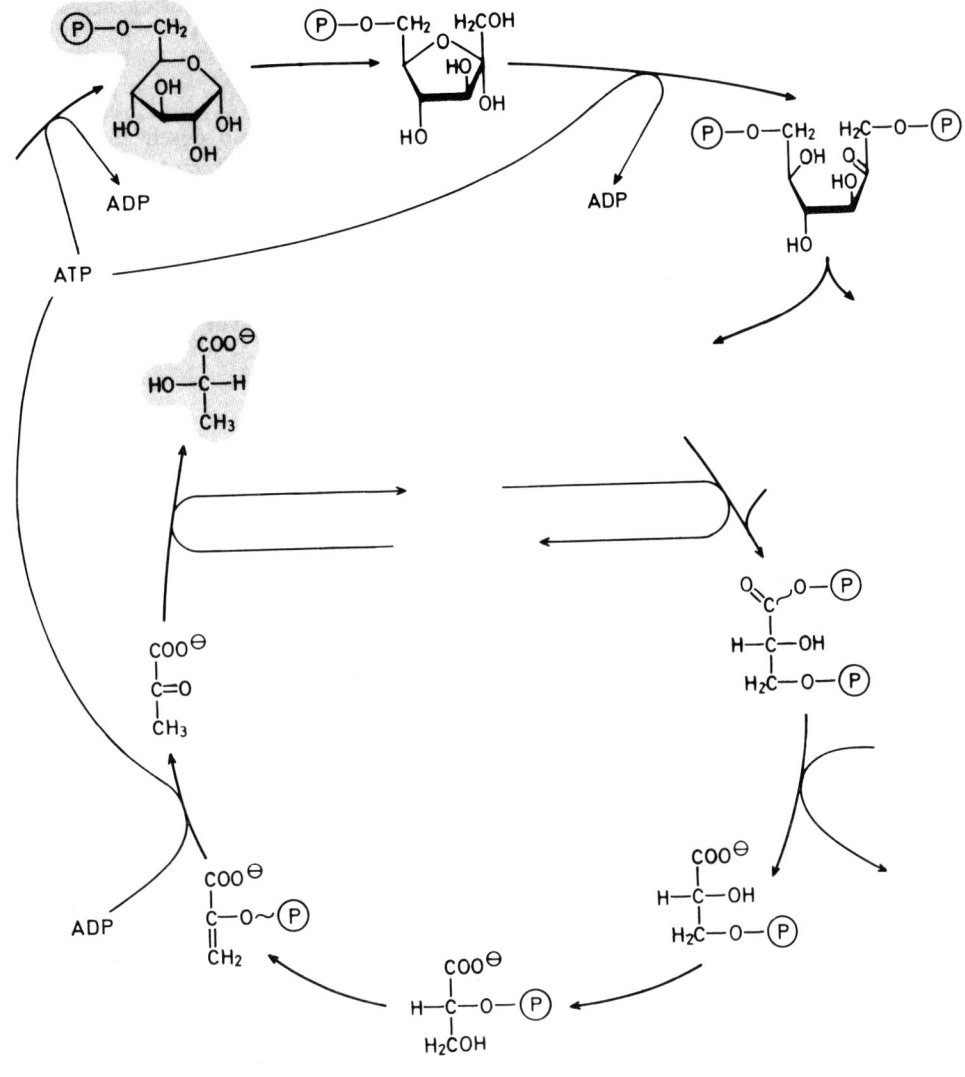

---

121   Was versteht man unter Schrittmacherreaktion der Glykolyse?

_____

_____

_____

_____

_____

_____

_____

122 Welche Teilreaktion der Glykolyse ist vom energetischen Standpunkt die wichtigste? Warum?

_____

_____

_____

_____

123 Wieviel Mol ATP entstehen bei dem glykolytischen Abbau von einem Mol Glucose zu Lactat?

_____

124 In welche Endprodukte wird Pyruvat in der anaeroben Glykolyse (a) und in der alkoholischen Gärung (b) umgewandelt?

a) _____

b) _____

125 Nennen Sie die beiden „Anschlußsubstanzen" des Fructosestoffwechsel an die Glykolyse.

_____

126 Welche beiden Reaktionsmöglichkeiten des Pyruvats bestehen im aeroben Kohlenhydratabbau?

_____

_____

127 Wieviel Mol ATP entstehen pro Mol Glucose, wenn aerober Abbau, Atmungs-Kette und Citratzyklus zusammenwirken? _____

128   Von welcher Verbindung ab verläuft die Gluconeogenese als Umkehrung der Glykolyse?

_____

129   Ist die Gluconeogenese aus Lactat ein exergonischer oder ein endergonischer Prozeß?

_____

130   Welche Voraussetzungen müssen Aminosäuren erfüllen, um in Glucose übergehen zu können?

_____

_____

_____

_____

Antwortenvergleiche s. S. A 108

Lektion 16:
Photosynthese

Lernelemente

Die „Photosynthese" (LB S. 266—275) ist in ihren Einzelschritten für Mediziner nicht von entscheidendem Interesse. Sie wird darüber hinaus — auch für den Biologen — in der Botanik behandelt. Wir wollen deshalb im Lernprogramm auf dieses Kapitel nicht näher eingehen.

Lektion 17:
Glykoside, Oligosaccharide und Polysaccharide

Lernelemente

1   ▷ Bitte arbeiten Sie im LB das Kapitel 17, Abschnitte 1–3 durch.

Die in dieser Lektion zu behandelnden Verbindungen haben ein gemeinsames Bauprinzip: die sog. *Glykosidbindung.*

Der Begriff der glykosidischen Bindung ist Ihnen aus vorausgegangenen Kapiteln bereits bekannt.
Welche Stoffgruppen mit einer Glykosidbindung sind Ihnen noch in Erinnerung?

_____

_____

2   Die einzelnen Vertreter der Glykoside kann man je nach Art ihres Zuckerbestandteils weiter unterteilen. So bezeichnet man z.B. die Derivate der Glucose als _____, die Derivate der Galaktose als _____. Beide Gruppen besitzen zwischen _____ und _____ eine glykosidische Bindung.

Die Isomerie zwischen ____- und β-Glucosid entspricht derjenigen zwischen ____- und β-Glucose.

Geben Sie an, bei welcher der nachstehenden Formen es sich um die ____-, bei welcher Form es sich um die β-Form handelt.

3   Bei Ausbildung der Glykosidbindung können zwei isomere Formen entstehen, die ____- und die β-Form. Während sich die entsprechenden Zuckerisomere (z.B. ____- und β-Glucose oder -Galaktose) ineinander umlagern können, ist das bei den zugehörigen Glykosiden nicht möglich.
Beschreiben Sie bitte den Grund für dieses unterschiedliche Verhalten unter Berücksichtigung der Vorstellung, wie sich Zuckerisomere ineinander umwandeln (Zwischenstufe).

_____

_____

↪ Antwortenvergleiche s. S. A 109

_____

_____

_____

_____

_____

4   Neben den O-Glykosiden (Zucker plus Alkohol bzw. phenolische OH-Gruppe oder Carbonsäure) gibt es noch sog. N-Glykoside. Hier geht der Zucker eine Verbindung mit einer HN-
Gruppe ein.
Zu den N-Glykosiden gehört die Ihnen bereits bekannte besonders wichtige Glykosid-Gruppe
der _____ .

5   Wir haben gehört, daß die Zucker mit ganz verschiedenen Alkoholen eine _____ -
Bindung eingehen können. Eine derartige Bindung ist auch mit den alkoholischen Gruppen
eines zweiten Zuckermoleküls möglich. Es reagieren dann zwei Moleküle _____
_____ miteinander.

6   Verbindungen, die aus zwei Molekülen Zucker zusammengesetzt sind, bezeichnet man als
Disaccharide. Die Nomenklatur richtet sich nach der Zahl der Zuckereinheiten in der Verbindung. Demzufolge sind Trisaccharide aus _____ , Tetrasaccharide aus _____ Einheiten aufgebaut.
Ist eine Verbindung aus mehr als acht Zuckereinheiten aufgebaut, so gehört sie zu den _Poly-
sacchariden._ Besteht sie aus höchstens acht Einheiten, so ist sie ein _Oligosaccharid._

Tri- und Tetrasaccharide sind also (Oligo-/Poly-) _____ -saccharide, wogegen das aus
10^5 Glucoseeinheiten bestehende Glykogen der Leber zu den (Oligo-/Poly-) _____ -
sacchariden gehört.

7   Formulieren Sie bitte nochmals den Unterschied im Aufbau der bisher besprochenen Glykoside und der Oligosaccharide mit eigenen Worten.

_____

_____

_____

_____

_____

_____

_____

8 Durch welche Molekül-Gruppe sind viele charakteristische Eigenschaften (z.B. Reduktions-vermögen) eines Monosaccharids bedingt?

_____

_____

Dadurch (behält/verliert) _____ ein Disaccharid, bei dem die halbacetalische Hydroxy-Gruppe nur an einer der beiden Zuckereinheiten durch Glykosidbindung blockiert ist, seine reduzierenden Eigenschaften.
Sind beide halbacetalischen Hydroxy-Gruppen verschlossen, so (behält/verliert) _____ das Disaccharid diese Eigenschaften.

9 Oligosaccharide werden im Hinblick auf ihre unterschiedlichen reduzierenden Eigenschaften in zwei Gruppen unterteilt, die jeweils nach dem Prototyp der Gruppe benannt sind. Welche Gruppen sind das?

_____

_____

Die jeweiligen Prototypen der beiden Gruppen sind die Disaccharide Maltose und Trehalose. Ordnen Sie beide Disaccharide folgenden Stichworten zu:

a) Nur eine halbacetalische Hydroxy-Gruppe verschlossen:

_____

b) Beide halbacetalischen Hydroxy-Gruppen verschlossen:

_____

10 Welche anderen typischen Disaccharid-Eigenschaften müssen hier außer der bereits erfolgten Nennung des Reduktionsvermögens noch erwähnt werden, die von einer freien halbacetali-schen Hydroxy-Gruppe abhängig sind?

_____

11 Das wichtigste Disaccharid vom Trehalosetyp hat nachstehende Formel. Geben Sie bitte den Namen und die Bestandteile der Verbindung sowie die Form, in der sie vorliegt (Pyranose-bzw. Furanoseform) an.

Name: _____

Bestandteile: _____

_____

Antwortenvergleiche s. S. A 109/A 110

12 Die furanoide Ringform der Fructose, die in der Saccharose vorkommt, ist, wie Sie wissen, die (stabilere/weniger beständige) _____ Form der Fructose.

Geben Sie bitte nochmals die Formel von Saccharose an.

Saccharose

13 Prototyp der Oligosaccharide vom Maltosetyp ist, wie schon erwähnt, die _____.
Aus welchen Monosacchariden ist dieses Disaccharid zusammengesetzt?

_____

14 Die im Malz vorkommende Maltose (Malzzucker) wirkt (reduzierend/nicht reduzierend) _____. Begründen Sie Ihre Antwort.

Begründung: _____

_____

15 In der Milch kommt ein Disaccharid vor, das aus _____ in β-1-4-Bindung besteht.
Kuhmilch enthält etwa 4,5% _____, Frauenmilch etwa 6%.

16 Stellen Sie nun zum Vergleich nochmals die Formeln der drei folgenden Disaccharide einander gegenüber.

Saccharose   Maltose   Lactose

17 Oligosaccharide und Glykoside sind zusammengesetzte Verbindungen, die chemisch oder durch Enzyme _____ werden können.

Charakterisieren Sie dieses Reaktionsverhalten nochmals mit einem Stichwort.

_____

_____

18 Die Glykosidasen, eine Untergruppe der Hydrolasen, katalysieren die Gleichgewichtseinstellung; das Gleichgewicht liegt auf seiten der Spaltung. Die Enzyme sind meist „gruppenspezifisch''. Ihre Spezifität richtet sich auf zwei Parameter:

    a) Die Natur des glykosidisch gebundenen Zuckers und
    b) die Art der glykosidischen Bindung.

19 Nochmals:

Glykosidasen, die eine Untergruppe der _____ bilden, katalysieren die _____ der Oligosaccharide und Glykoside. Sie sind _____; ihre Spezifität ist auf zwei Strukturmerkmale der zu spaltenden Verbindung ausgerichtet:

    a) auf die Natur des _____

    b) auf die Art der _____.

20 Zur Wiederholung:

(Kreuzen Sie die richtigen der folgenden Aussagen an.)

Enzyme: a) Setzen die Aktivierungsenergie einer Reaktion herab; ☐
              b) Erhöhen die Aktivierungsenergie einer Reaktion; ☐
              c) Können die Gleichgewichtslage einer Reaktion verändern; ☐
              d) Können die Gleichgewichtslage einer Reaktion nicht verändern; ☐
              e) Verzögern die Gleichgewichtseinstellung einer Reaktion; ☐
              f) Beschleunigen die Gleichgewichtseinstellung einer Reaktion. ☐

21 ▷ Lesen Sie nunmehr Kapitel 17, Abschnitt 4.

Bevor ein Monosaccharid eine glykosidische Bindung eingehen kann, muß es in ein energiereiches Derivat übergeführt werden. Dabei fungiert ein _____ als aktivierende Gruppe. Das die „aktive Glucose'' tragende Coenzym ist das bereits besprochene _____. Mit anderen Worten: _____ ist das Coenzym der Glykosidierung.

⇨ Antwortenvergleiche s. S. A 110

22 Die Bildung von Uridindiphosphat-Glucose erfolgt nur dann, wenn die Glucose bereits phosphoryliert ist. Wie von der Besprechung der Glykolyse bereits bekannt ist, wird Glucose unter dem Einfluß einer Kinase mit ATP zu _____ phosphoryliert.

Die formelmäßige Umwandlung von Glucose-6-(P) in Glucose-1-(P) ist Ihnen bekannt (vgl. LB S. 281). Glucose-1-(P) kann nun mit dem _____ die energiereiche Bindung eingehen.

23 Dem durch die Bindung an _____ aktivierten Glucosemolekül stehen verschiedene Reaktionsmöglichkeiten offen. Unter dem Einfluß von Epimerase kann es z.B. zum entsprechenden Galaktosederivat epimerisiert werden.

Um die UDP-Glucose in _____ umzuwandeln, muß die sterische Umwandlung an einem C-Atom erfolgen. An welchem?

_____

24 Im Ablauf einer zweiten Reaktionsmöglichkeit des aktivierten Glucosemoleküls wird dieses gegen Galaktose ausgetauscht, dabei wirkt das Enzym Hexose-1-(P)-Uridyl-Transferase als Katalysator. Ergänzen Sie dazu folgende Gleichung:

$$\text{UDP-Glucose} + \text{Galaktose-1-}(P) \; \underset{\longleftarrow}{\overset{\text{Transferase}}{\rightleftharpoons}} \;$$ _____

_____

25 Besonders interessant ist das Zusammenwirken der beiden Enzyme Epimerase und Transferase. Welche Verbindungen müssen in den drei Kästchen stehen, um diesen Sachverhalt richtig darzustellen?

26 Das Enzym Hexose-1-phosphat-Uridyl-Transferase ist deshalb für den menschlichen Organismus lebenswichtig, weil es die Galaktose in den Weg des Glucoseabbaus einschleust.
Wie heißt die Krankheit, die durch Fehlen dieses Enzyms verursacht wird?

_____

Wie wirkt sie sich unter normalen Ernährungsbedingungen aus?

_____

_____

27 Geben Sie bitte nochmals an,

a) welcher natürliche Abbauweg der Galaktose bei der Galaktosämie verschlossen ist,

b) worin die Ursachen dieser Krankheit liegen, und

c) durch welche diätetische Maßnahme man ihre Prognose verbessern kann.

a) _____

_____

b) _____

_____

c) _____

_____

28 Mit der _____ haben Sie einen weiteren Reaktionsweg der „aktiven Glucose" kennengelernt.
Eine zusätzliche wichtige Reaktionsmöglichkeit ist die enzymatische Oxidation von UDP-Glucose zu UDP-Glucuronsäure, d.h. aktivierter Glucuronsäure.

Diese sog. Entgiftungsreaktion verläuft in der Leber folgendermaßen:
Aktive Glucuronsäure bildet mit Fremdstoffen (Metaboliten) unter Transferaseneinfluß Glucuronide, wobei durch Bindung der Hydroxy-Gruppen an C-1 der UDP-Glucuronsäure
_____ frei wird.
Mit anderen Worten: UDP-Glucose wird enzymatisch zu _____
oxidiert. Diese bildet mit Hydroxyverbindungen _____. Die Gesamtreaktion vollzieht sich in der _____.

29 Fassen wir zusammen:
Wir haben vier prinzipiell verschiedene Reaktionsmöglichkeiten der aktiven Glucose (UDP-Glucose) kennengelernt. Führen Sie diese bitte nochmals stichwortartig auf.

Antwortenvergleiche s. S. A 111

1. _____

2. _____

3. _____

4. _____

Bevor wir nun zu den Polysacchariden kommen, definieren Sie zur Wiederholung den Unterschied zwischen Oligo- und Polysacchariden.

_____

_____

---

30   ▷ Lesen Sie jetzt bitte im LB Kapitel 17, Abschnitt 5, durch.

Sie wissen:
Cellulose besteht ausschließlich aus Glucose. Cellulose gehört deshalb zu den (Homoglykanen/ Heteroglykanen)_____. Die Glucosemoleküle der Cellulose sind zwischen C-1 und C-4 β-glykosidisch verbunden.
Ergänzen Sie bitte in der folgenden Darstellung die Ziffern.

Glc_____→_____Glc_____→_____Glc_____→_____Glc

---

31   Auch Stärke ist ein Homoglykan mit (lediglich einem/mehreren verschiedenen) _____ _____ Monosaccharid(en) als Grundbaustein(en).
Stärke ist ein wichtiger pflanzlicher Reservestoff, den man hauptsächlich in Samen (Getreide) und Knollen (Kartoffeln) als Stärkekörner findet. Aus Kartoffeln oder Getreide isolierte Stärke besteht aus zwei verschiedenen Stoffen:

- der Amylose und
- dem Amylopektin.

Sowohl die _____ als auch das _____ bestehen aus dem Bauelement _____, allerdings mit unterschiedlicher Verknüpfung und Anordnung der Glucose-Reste.

---

32   Die Maltoseeinheiten sind in derselben Weise wie die Glucose-Reste untereinander verbunden, so daß zwischen ihnen eine _____-Bindung vorliegt.
Geben Sie zur Wiederholung nochmals die Formel eines Maltosemoleküls an.

Maltose

33 Ebenso wie bei der _____ sind beim zweiten Stärkebestandteil, dem _____ _____, die Glucoseeinheiten $\alpha1\rightarrow4$-glykosidisch miteinander verbunden. Zusätzlich kommen auch $\alpha1\rightarrow6$-glykosidische Bindungen vor.

34 Das Vorhandensein der _____- und _____-Bindung führt im Durchschnitt zu einer Verzweigungsstelle pro 25 Glucose-Reste im Amylopektinmolekül. So nimmt man bei etwa 1000 Glucose-Resten in einem Amylopektinmolekül _____ Verzweigungen an.

Als entsprechendes Disaccharid der $\alpha1$-6-Glykosidbindung kommt im Amylopektin die _____ hinzu, zusätzlich zur _____, dem schon bei der Amylose genannten Disaccharid der $\alpha1$-4-Glykosidbindung.

35 Zeichnen Sie bitte einen Formelausschnitt zu einem Amylopektinmolekül mit einer Verzweigungsstelle.

36 Ein weiteres Homoglykan ist das Glykogen. Es kommt als Reservestoff in der Leber, im Muskel und in vielen anderen Zellen vor. Im chemischen Aufbau entspricht es weitgehend dem Amylopektin. Welche Disaccharideinheiten und Glykosidbindungsarten müssen demnach im Glykogenmolekül vorkommen?

Antwortenvergleiche s. S. A 111

Obwohl Glykogen dem _____ in etwa entspricht, ist es jedoch noch stärker verzweigt und höher molekular als jenes. So hat Muskelglykogen ein Molekulargewicht (MG) von etwa 1000000 und Leberglykogen ein solches von etwa 16000000. Wievielen Glucose-einheiten entspricht dies in etwa (MG der Glucose Einheit 180−18 = 162)?

Muskelglykogen: _____

Leberglykogen: _____

Das (höhere/niedrigere) _____ Molekulargewicht des Glykogenmoleküls gegenüber dem Amylopektinmolekül wird also durch die (größere/kleinere) _____ Anzahl von Glucose-Resten verursacht.

---

37   Wir betrachten nunmehr den enzymatischen Abbau der Polysaccharide.

▷ Lesen Sie dazu zunächst im LB den Abschnitt 6 des 17. Kapitels.

Geben Sie den Namen der Enzyme an, die Stärke in Maltoseeinheiten aufspalten.

_____

---

38   Amylasen sind weit verbreitete, wichtige Verdauungsenzyme, die _____ in _____ aufspalten. Nach ihrem Angriffspunkt am Makromolekül unterscheidet man zwei Amylase-formen: _____ und _____.

Die im Speichel, im Pankreas und im Malz vorkommenden α-Amylasen spalten die Poly-saccharide von der Molekülmitte her auf, weshalb sie im Angriffspunkt mit den _____ _____ vergleichbar sind. Als Spaltprodukte entstehen zunächst Oligosaccharide mit 6−7 Glucoseeinheiten.

---

39   Die bei Spaltung durch α-Amylasen zunächst auftretenden Oligosaccharide mit _____ Glucoseeinheiten werden durch Enzyme weiter abgebaut, bis als Endprodukt überwiegend _____ vorliegt. Die α1→6-Glucosidbindungen werden durch α-Amylasen (ebenfalls/nicht) _____ angegriffen.

β-Amylasen, die in ihrem Angriffspunkt den Exopeptidasen vergleichbar sind, d.h. Polysaccha-ride
— in der Molekülmitte   □
— vom Molekülende her   □

spalten, kommen fast ausschließlich im Pflanzenreich vor.

---

40   Fassen wir zusammen:

Durch Amylasen wird Stärke in _____-Einheiten aufgespalten.

Während α-Amylasen in _____ vorkommen, fin-den wir β-Amylasen vor allem in _____.

Der Hauptwirkungsunterschied zwischen α- und β-Amylasen liegt im Angriffspunkt am Polysaccharidmolekül:

α-Amylasen greifen _____

β-Amylasen greifen _____

41   Innerhalb der Zellen verläuft sowohl der Stärkeabbau in Pflanzenzellen als auch der Glykogenabbau in den Muskel- und Leberzellen über den Weg der Phosphorolyse. Was ist unter Phosphorolyse zu verstehen?

_____

_____

42   Im Verlauf der _____ wird vom nichtreduzierenden Ende des Polysaccharids ein Glucose-Rest abgelöst und auf anorganisches Phosphat übertragen, wobei Glucose-1-Ⓟ entsteht.

Kreuzen Sie bitte zur Wiederholung die richtige Aussage an.

Das nichtreduzierende Ende eines Polysaccharids

a) trägt eine freie halacetalische Hydroxy-Gruppe   ☐
b) trägt keine freie halbacetalische Hydroxy-Gruppe   ☐

43   Durch Abspaltung des _____ und seine gleichzeitige Verbindung mit
_____ zu Glucose-1-Ⓟ wird eine neue reaktionsbereite
Endgruppe des Polysaccharids frei, so daß die Abspaltung fortgesetzt werden kann. Auf diesem Wege kann Amylose vollständig in _____ verwandelt werden (während Amylopektin und Glykogen nur bis zum Grenzdextrin abgebaut werden).

Das Enzym ist also spezifisch auf

— Glucose-1-4-Bindungen eingestellt   ☐
— Glucose-1-6-Bindungen eingestellt   ☐

Daraus ist ersichtlich:
— Glucose-1-4-Bindungen   ☐
— Glucose-1-6-Bindungen   ☐
werden nicht angegriffen.

44   Wie sieht nun die Phosphorolyse des Polysaccharids energetisch aus?
Glucose geht in den allgemeinen Abbau (Glykolyse oder Pentosephosphatzyklus) stets in phosphorylierter Form ein. Wie wir erfahren haben, liegt als Endprodukt der Polysaccharid-Phosphorolyse Glucose-1-Ⓟ vor. Was bedeutet das im Hinblick auf den weiteren Glucoseabbau?

⟴ Antwortenvergleiche s. S. A 112

_____

_____

_____

_____

▷ Lesen Sie dazu im LB weiter bis vor Beginn des Abschnittes „Glykogensynthese"
auf S. 288.

45 Welche Umwandlung des Glucose-1-Ⓟ bewirkt die Phosphoglucomutase?

_____

Welches im Rahmen der Glykolyse besprochene analoge Reaktionsmodell ist Ihnen bekannt?

_____

46 Ergänzen Sie bitte nachfolgendes Schema zur Umwandlung von Glucose-1-Ⓟ in Glucose-
6-Ⓟ .

Ⓟ-Donator   Substrat

47 Mit der durch das Enzym _____ katalysierten Umwandlung von
Glucose-1-Ⓟ in Glucose-6-Ⓟ ist der Anschluß der Phosphorolyse des Polysaccharids an
die _____ hergestellt.

48 Der Glykogenaufbau in der Zelle vollzieht sich nach neueren Erkenntnissen über eine aktivierte Form der Glucose. Wie heißt diese Ihnen von der allgemeinen Glykosidsynthese her
bekannte „aktive Glucose"?

_____

49   Energetisch ist die Bildung von UDP-Glucose eine „teure" Angelegenheit: 2 ATP werden benötigt. Durch ihr hohes Energiepotential bewirkt die „aktive Glucose" jedoch eine anschließend stark exergonisch verlaufende Glykogensynthese. Das Reaktionsgleichgewicht der Glykogenbildung liegt also weit auf seiten der (Spaltung/Synthese) _____.

---

50   Zusammengefaßt:
Glykogenabbau und -synthese gehen in der Zelle (denselben Weg/verschiedene Wege) _____ .

Was bedeutet das für die Regulierung dieser beiden entgegengesetzten Stoffwechselwege?

_____

_____

Lesen Sie weiter bis Ende Abschnitt 6 (S. 290).

---

51   Geben Sie bitte an, welche der beiden folgenden Enzymformen stark und welche schwach aktiv ist.

Phosphorylase a: _____

Phosphorylase b: _____

Durch Phosphorylierung kann die schwach aktive Enzymform unter ATP-Verbrauch in die hoch aktive Phosphorylase umgewandelt werden.

---

52   Welche 4 wesentlichen Faktoren sind bei der Umwandlung von Phosphorylase b in Phosphorylase a beteiligt?

1. _____

2. _____

3. _____

4. _____

Das zyklische Adenosinmonophosphat muß erst selbst gebildet werden. Es entsteht durch enzymatische Umwandlung von ATP, wobei zwei Hormone stimulierend wirken.
Welche sind das?

_____

Antwortenvergleiche s. S. A 112/A 113

53 Die Reaktionskette des Glykogen-Stoffwechsels liegt jetzt vollständig vor:
Durch den stimulierenden Einfluß der Hormone _____ und _____
wird ATP in _____ umgewandelt. Das zyklische Adenosinmonophosphat aktiviert eine _____, die für die Phosphorylie-
rung einer Kinase, diese für die Umwandlung der Phosphorylase ____ zu Phosphorylase ____
verantwortlich ist. Letztere Reaktion verläuft unter _____-Verbrauch. Phosphorylase a
bewirkt schließlich die Zerlegung von Glykogen in _____.

Machen Sie sich diese Verhältnisse nochmals anhand der Abb. 17–4 im LB S. 288 klar.
Erarbeiten Sie sich selbst aus dem Text im LB S. 289 folgende Grundlagen:

     a) Begriff „Kontroll-Enzym";
     b) Kontrolle der Glykogen-Synthese;
     c) Bedeutung des Glykogen-Stoffwechsels bei menschlichen Stoffwechsel-Lagen;
     d) Glykogen-Speicherkrankheiten.

---

54   ▷ Lesen Sie nun Abschnitt 7 „Heteroglykane".

Manche Polysaccharide sind neben einfachen Zuckern auch aus abgeleiteten Verbindungen
wie Aminozucker und Uronsäuren aufgebaut.

Erinnern Sie sich am Beispiel von β-D-Glucosamin und β-D-Glucuronsäure nochmals an die
allgemeinen Formeln dieser Zuckerderivate. Geben Sie bitte diese Formeln an.

       β-D-Glucosamin β-D-Glucuronsäure

---

55 Die meisten Polysaccharide, deren Bausteine abgeleitete Verbindungen wie _____
und _____ sind, fungieren als Gerüstsubstanzen des Bindegewebes oder als
Schleimsubstanzen des Körpers. Man bezeichnet sie auch als Mucopolysaccharide.

Welcher der nach ihrem chemischen Aufbau unterteilten Polysaccharid-Gruppen sind die
Mucopolysaccharide zuzuordnen?

Den   — Homoglykanen   ☐
           — Heteroglykanen   ☐
           — konjugierten Verbindungen   ☐

---

56   ▷ Lesen Sie jetzt bitte im LB Kapitel 17, Abschnitt 7 und 8.

Mucopolysaccharide haben ein gemeinsames Bauprinzip: Uronsäure ist mit einem acetylierten Aminozucker über eine 1→3-Bindung glykosidisch verknüpft, wodurch eine Disaccharideinheit entsteht. Diese aus _____ und _____ bestehende Disaccharideinheit ist wiederum in 1→4-Stellung zu einem linearen Makromolekül verknüpft. Darüber hinaus kann noch Schwefelsäure in esterartiger Bindung aufgenommen werden, so daß das Mucopolysaccharid zwei Säurekomponenten, nämlich _____ und _____ besitzt. Deshalb reagieren die Stoffe stark (basisch/sauer) _____.

---

57   Nennen Sie einige Stellen, an denen Hyaluronsäure im Körper vorkommt.

_____   _____

_____

_____

Warum bezeichnet man die Hyaluronidasen als „Ausbreitungsfaktor" in Haut und Bindegewebe?

_____

_____

_____

---

58   Eine wichtige Rolle im Organismus spielen zwei weitere Heteroglykane: die *Chondroitinschwefelsäuren,* die ebenso wie _____ am Aufbau des Bindegewebes beteiligt sind, sowie das Antikoagulans *Heparin.*

---

59   Die letzte Substanzgruppe dieses Kapitels sind die Glykoproteine. Glykoproteine gehören zu den

- Homoglykanen   ☐
- Heteroglykanen   ☐
- konjugierten Verbindungen ☐

(Kreuzen Sie bitte die richtige Antwort an.)

Bei Glykoproteinen ist im Unterschied zu den bisher besprochenen Polysacchariden das Rückgrat des Makromoleküls eine Polypeptid-Kette, also ein (Zuckermolekül/Proteinmolekül) _____.

---

60   Der Kohlenhydratanteil der Glykoproteine besteht aus Oligosaccharidseitenketten, die an bestimmten Stellen mit der _____-Kette verknüpft sind. _____-Seitenketten gehen glykosidische Bindungen mit Hydroxy-Gruppen des Serins und Threonins, aber auch N-glykosidische Bindungen ein (z.B. Asparagin-Amidgruppe).

⇩ Antwortenvergleiche s. S. A 113

61 Halten wir fest:

Rückgrat der Glykoprotein-Makromoleküle sind _____. Oligosaccharid-Ketten, die mit Hydroxy-Gruppen von _____ und _____ aber auch
z.B. mit den Amid-Gruppen des _____ glykosidisch verbunden sein können, bilden
den Kohlenhydratanteil, der bei den Glykoproteinen des Blutplasmas meist 10—25% beträgt.
Damit verhalten sich Glykoproteine ähnlich wie (Kohlenhydrate/Proteine) _____.
Glykoproteine findet man bei elektrophoretischer Auftrennung des Blutplasmas vor allem in
der _____-Fraktion. Allerdings haben auch γ-Globuline geringe
Kohlenhydratbestandteile.

---

62 Eine weitere Glykoproteingruppe sind die Mucoide, wie man die Bestandteile der Körper-
schleime bezeichnet. Mit durchschnittlich über 40% Kohlenhydratanteilen sind sie (kohlen-
hydratärmer/kohlenhydratreicher) _____ als die meisten Glyko-
proteine des Blutplasmas. (Im Gegensatz zu diesen/Ebenso wie diese) _____
_____ enthalten die Mucoide viele kurze Oligosaccharid-Ketten, die wahrscheinlich den Schleimcharakter dieser Stoffe bewirken.

---

63 Zählen Sie nochmals die bisher besprochenen wichtigen Glykoprotein-Gruppen auf:

1. _____

2. _____

Die dritte uns interessierende Gruppe sind die blutgruppen-spezifischen Substanzen.

---

64 Die blutgruppen-spezifischen Substanzen kommen u.a. in _____ vor.
Eine Transfusion unverträglicher Blutgruppen führt zur Auflösung der Blutkörperchen (Hämolyse), da die blutgruppen-spezifischen Substanzen mit den regelmäßig im Normalserum vorhandenen _____ spezifische serologische Reaktionen eingehen.

Zur Wiederholung:
Die Isoagglutinine gehören zu den Immunglobulinen (G/A/M) ____. Sie stellen die Antikörper gegen fremde Blutkörperchen dar und kommen (regelmäßig/nur in Ausnahmefällen)
_____ im Normalserum vor.
Deshalb ist einleuchtend, daß Isoagglutinine als _____ im Falle einer Transfusion unverträglicher Blutgruppen mit deren blutgruppen-spezifischen Substanzen eine
_____-Reaktion eingehen, die zur _____ der Blutkörperchen führt.

---

65 Die Antikörper der bekannten Blutgruppen A B 0 kommen normalerweise im Blut vor.
Daneben kann man einige weitere Blutgruppen unterscheiden. Wie ist es möglich, daß deren
Antikörper ebenfalls im Blut auftauchen?

_____

_____

---

66 Welche Störungen können bei wiederholter Transfusion unverträglicher Blutgruppen auftreten? Auf welchen serologischen Mechanismus (Stichwort) sind sie zurückzuführen?

---

67 Man weiß heute, daß die Blutgruppeneigenschaften (erblich/erworben) _____ sind und daß die Blutgruppenspezifität auf bestimmte _____-Endgruppen zurückzuführen ist, die als antigen-determinierende Gruppen wirken.

Kleine Erfolgskontrolle

68 Wann spricht man von einer Glykosidbindung?

⇨ Antwortenvergleiche s. S. A 114

69 Geben Sie die Formeln von α- und β-Methylglucosid an.

α-Methylglucosid   β-Methylglucosid

Nennen Sie den Unterschied zwischen den isomeren Glucosid- und Glucoseformen im Hinblick auf ihre Fähigkeit, sich ineinander umzulagern.

_____

_____

_____

_____

_____

70 Wovon hängt es ab, ob ein Disaccharid reduzierende Eigenschaften besitzt oder nicht?

_____

_____

_____

_____

_____

71 Worin besteht der wesentliche Unterschied zwischen Disacchariden vom Maltosetyp und solchen vom Trehalosetyp?

_____

_____

_____

_____

_____

72 Nennen Sie je zwei Vertreter der Disaccharide vom Maltose- und vom Trehalosetyp.

_____

_____

73 Geben Sie bitte die Formeln von Maltose und Saccharose an.

Maltose   Saccharose

74 Welche biochemische Umwandlung muß ein Monosaccharid zunächst durchmachen, bevor es eine glykosidische Bindung eingehen kann?

_____

_____

_____

_____

75 Welche vier prinzipiellen Reaktionsmöglichkeiten stehen einem aktivierten Glucosemolekül offen? (Stichworte)

a) _____

b) _____

c) _____

d) _____

76 Welcher genetische Enzymdefekt liegt bei der Galaktosämie vor? Wie wirkt er sich aus?

_____

_____

⟱ Antwortenvergleiche s. S. A 115

_____

_____

_____

77 Welche für den Organismus besonders wichtige Funktion kommt der „aktiven Glucuronsäure"
(UDP-Glucuronsäure) zu?

_____

_____

_____

_____

_____

78 Nennen Sie jeweils zwei Vertreter (oder Vertretergruppen) von

Homoglykanen: _____

Heteroglykanen: _____

konjugierten
Verbindungen: _____

79 Aus welchen Bausteinen ist Cellulose aufgebaut? Wie sind die Bausteine untereinander verknüpft?

_____

_____

80 Welche beiden verschiedenen Stoffe findet man in der Stärke? Welcher ist mehr am Stärkeaufbau beteiligt? Welche Disaccharideinheiten kommen in ihnen vor?

_____

_____

_____

_____

_____

81 Mit welchem anderen Polysaccharid ist Glykogen am ehesten vergleichbar?

_____

Wo liegen die Unterschiede?

_____

_____

82 Nennen Sie den wichtigsten Unterschied in der Art der hydrolytischen Spaltung von Polysacchariden durch α- und β-Amylasen.

_____

_____

_____

_____

_____

_____

83 Welchen Weg geht der Abbau von Stärke oder Glykogen in den Zellen? Charakterisieren Sie kurz das Abbauprinzip.

_____

_____

_____

_____

_____

_____

84 Welche drei Faktoren sind direkt an der Umwandlung von schwach aktiver Phosphorylase b in hochaktive Phosphorylase a beteiligt?

a) _____

_____

Antwortenvergleiche s. S. A 115/A 116

b) _____

_____

c) _____

_____

85 Nennen Sie zwei Hormone, die indirekt in die Umwandlung von Phosphorylase b in Phosphorylase a eingreifen. Worin besteht die Beeinflussung?

_____

_____

86 Welchen Einfluß hat die Phosphoglucomutase auf das bei der Polysaccharid-Phosphorylase anfallende Glucose-1-(P) ? Was bedeutet dies für den Kohlenhydratstoffwechsel allgemein?

_____

_____

_____

_____

87 In welcher Form muß Glucose vorliegen, damit eine Glykogensynthese ablaufen kann?

_____

88 Aus welchen Bausteinen ist Hyaluronsäure aufgebaut?

_____

Wo kommt sie im Organismus vor?

_____

_____

89 Nennen Sie die Bausteine, aus denen Heparin aufgebaut ist.

_____

_____

Geben Sie bitte an, an welcher Stelle und auf welche Weise Heparin in die Blutgerinnung eingreift?

_____

_____

_____

90   An welchen Stellen und auf welche Art können in Glykoproteinen die Oligosaccharid-Ketten mit der Polypeptid-Kette verbunden sein?

_____

_____

_____

91   Welchen Molekülteilen der Blutgruppen-spezifischen Substanzen ordnet man heute den Sitz der Blutgruppenspezifität zu?

_____

_____

Antwortenvergleiche s. S. A 116

Lektion 18:
Topochemie der Zelle

Lernelemente

1   Wir werden in diesem Kapitel die Ihnen bereits aus der Histologie bekannte Struktur der Zelle sowie die wichtigsten biochemischen Funktionen der einzelnen Zellelemente beschreiben.

▷ Lesen Sie zunächst im LB Kapitel 18.

Durch welche verschiedenen analytischen Methoden gelang es, Einblick in die Strukturen und biochemischen Funktionen der Zelle zu gewinnen?

1. _____

2. _____

Was leistet das Verfahren der differentiellen Zentrifugation?

_____

_____

_____

_____

2   Betrachten wir die einzelnen Zellstrukturen. Die im Zellkern befindlichen Chromosomen, die meist nur während der Zellteilung sichtbar sind, sind Sitz der _____. Sie sind stark spiralisiert und aus DNA und Protein aufgebaut.

Zur Wiederholung:
Welche drei Fähigkeiten sind charakteristisch für die Gene?

1. _____

2. _____

3. _____

3   Die aus _____ und _____ aufgebauten Strukturen, auf denen die Gene lokalisiert sind, heißen _____. Sie befinden sich im _____. Sie lassen sich am besten anhand von Riesenformen, die bei manchen Insekten vorkommen, untersuchen.

▷ Lesen Sie jetzt bitte den Abschnitt 1 des Kapitels 18.

4 Wir wissen:

Der Zellkern ist der Sitz der _____ (DNA). Damit ist dessen biochemische Hauptfunktion der Nucleinsäurestoffwechsel, und zwar sowohl DNA- wie RNA-Synthese.

Die DNA-Synthese vollzieht sich im Interphasenkern, d.h. im Zustand des Zellkerns (vor/während) _____ der Zellteilung. Dies ist insofern sinnvoll, als sich der DNA-Bestand einer Zelle bereits verdoppelt haben muß, (nachdem/bevor) _____ sie in die Mitose eintritt.

Auch die RNA-Synthese vollzieht sich im Zellkern. Zählen Sie bitte die drei zu unterscheidenden RNA-Formen auf:

        1. _____

        2. _____

        3. _____

5 Die nächste zu betrachtende Zellstruktur ist das aus einem Netzwerk von Bläschen und Röhrchen bestehende endoplasmatische Reticulum. Es ist aus Membranen und zahlreichen kleinen Granula aufgebaut.

▷ Lesen Sie dazu im LB Abschnitt 2 von Kapitel 18.

An der Außenseite der Membranen des _____ sitzen kleine, 150 Å messende Granula, die sog. _____ .

6 Das endoplasmatische Reticulum ist in solchen Geweben, in denen eine starke _____ _____ abläuft, besonders gut ausgebildet, da die an das endoplasmatische Reticulum angehefteten _____ Orte der Proteinbiosynthese sind.

7 Beim Homogenisieren werden die Membranen des Ergastoplasmas (= gleichbedeutend mit endoplasmatischem Reticulum) _____. Durch anschließende differentielle Zentrifugation gewinnt man eine aus Bruchstücken des Ergastoplasmas bestehende Fraktion, die man als _____ bezeichnet.

Die aus Membranstücken gebildeten _____ haben wir bereits als Sitz _____ _____ Enzyme kennengelernt.

Zählen Sie bitte die Bestandteile der in den Hydroxylasen enthaltenen Redox-Kette, die die Hydroxylierung unterstützt, auf.

        _____

        _____

        _____

◗ Antwortenvergleiche s. S. A 117

8 Außer den eigentlichen Mikrosomen findet man in der Mikrosomenfraktion
_____ und _____.

Zur Wiederholung:
Welche Rolle spielen die Ribosomen bei der Proteinbiosynthese?

_____

_____

_____ haben Granula- oder Bläschengestalt und sind vor allem wegen ihres
Hydrolasengehaltes interessant.

---

9 Hydrolasen, die in den _____ reichlich vorhanden sind, bewirken eine
_____ Spaltung.

Zählen Sie einige Hydrolasen auf, die in diesen Partikeln der Mikrosomenfraktion vorkommen.

_____

_____

---

10 Beschreiben Sie bitte Peroxisomen.

_____

_____

_____

_____

---

11 Bei den Mitochondrien interessiert uns hauptsächlich ihre biochemische Bedeutung.

▷ Lesen Sie zunächst im LB den Abschnitt 3, Kapitel 18: „Die Mitochondrien".

Wenn Sie die bisher behandelten, großen biochemischen Stoffwechselzyklen im Hinblick auf
ihre Lokalisation innerhalb der Zelle überdenken, sollten Ihnen drei einfallen, die in den
Mitochondrien ablaufen. Welche sind das?

1. _____

2. _____

3. _____

Sinnvollerweise liegen diese drei wichtigen Stoffwechselsysteme in den _____
räumlich sehr nahe beeinander: Der _____-zyklus kann auf die Dauer nur
ablaufen, wenn das in ihm gebildete NAD·H durch die _____ weiter oxidiert wird.

Ebenso erscheint es sinnvoll, daß das bei jedem Durchlauf der „Spirale" der _____ anfallende Acetyl-CoA noch in den gleichen Zellräumen direkt über den Citratzyklus verbraucht werden kann.

---

12 Mit dem zytoplasmatischen Raum (auch „Cytosol" genannt) ist im allgemeinen der (strukturierte/unstrukturierte) _____ „lösliche" Zellanteil gemeint, den man aus dem Zellhomogenat durch Abzentrifugieren der Partikelfraktion erhält. Im Überstand bleiben die _____ und ihre Substrate zurück.

---

13 ▷ Lesen Sie nun im LB Kapitel 18, Abschnitt 4.

Hat man aus einem Zellhomogenat die Partikelfraktion abzentrifugiert, so liegt in seinem löslichen Anteil, dem _____, ein Enzymsystem vor, das im Stoffwechsel eine zentrale Stellung einnimmt. Um welches System handelt es sich?

---

14 Schreiben Sie die Lokalisationen der folgenden vier Stoffwechselsysteme nochmals dahinter.

      a) Citronensäurezyklus _____

      b) β-Oxidation der Fettsäuren _____

      c) Embden-Meyerhoff-Abbau _____

      d) Atmungs-Kette _____

Kleine Erfolgskontrolle

15 Was versteht man unter Chromosomen?

◻ Antwortenvergleiche s. S. A 118

16 Worin besteht der Unterschied zwischen Euchromatin und Heterochromatin bezüglich ihrer Struktur, Färbbarkeit und Aktivität bei der RNA-Synthese?

_____

_____

_____

_____

_____

_____

_____

17 Welche ist die entscheidende biochemische Funktion des Zellkerns?

_____

_____

18 Wie erhält man die sog. „Mikrosomenfraktion''? Welche Bestandteile kann man in ihr unterscheiden?

_____

_____

_____

19 Welche entscheidende biochemische Funktion kommt den Ribosomen zu? Mit welcher Substanz müssen sie sich initial zusammenschließen, um diese Funktion erfüllen zu können?

_____

_____

_____

20 Welche Enzyme findet man in den Lysosomen besonders reichlich? Nennen Sie einige Beispiele.

_____

_____

21 Welche großen Stoffwechselsysteme haben ihren Sitz in den Mitochondrien?

_____

_____

_____

22 Nennen Sie zwei Argumente, die den Vorteil der unmittelbar benachbarten Lokalisation von Atmungs-Kette und Citratzyklus bzw. β-Oxidation der Fettsäuren und Citratzyklus zum Ausdruck bringen.

_____

_____

_____

_____

_____

_____

23 Was versteht man unter „Hyaloplasma"?

_____

_____

24 Welches Enzymsystem ist im Hyaloplasma lokalisiert?

_____

25 Kreuzen Sie von den folgenden im Hyaloplasma vorliegenden Substanzen diejenigen an, die in die Mitochondrien eindringen können.

NADP·H □

Spaltprodukte der Glucose □

NAD·H □

Pyruvat □

Antwortenvergleiche s. S. A 119

Lektion 19:
Wechselbeziehungen im Intermediär-
stoffwechsel

Lernelemente

1 ▷ Lesen Sie bitte zunächst im LB den Abschnitt 1 von Kapitel 19.

Sie wissen: Ein unkontrolliertes Nebeneinander von enzymatischen Reaktionen würde an vielen Punkten des Stoffwechsels zu nutzloser _____ führen.
Dies kann nur durch sinnvolle Stoffwechselregulation vermieden werden. Eine erste Möglichkeit dieser Art ist die räumliche Trennung der beteiligten Enzyme, die _____
_____.

Beschreiben Sie diesen Regulationsmechanismus:

_____

_____

_____

_____

2 Ein weiterer wichtiger Regulationstyp ist die Regulation durch begrenzende Metabolite, wobei ein Schlüsselmetabolit den gesamten Stoffdurchsatz _____.

3 Als Beispiel einer Regulation durch _____ haben Sie die Kontrolle der Atmung in den Mitochondrien kennengelernt.

Hierzu eine Frage: Wie verhalten sich Sauerstoffaufnahme und oxidative Phosphorylierung, wenn man Mitochondrienpräparationen sog. „Entkoppler" (wie Dinitrophenol) zusetzt?

_____

_____

Daraus und aus anderen Befunden geht hervor, daß der begrenzende Faktor der Atmungs-Kette unter physiologischen Bedingungen

a) der Elektronentransport ist ☐
b) die oxidative Phosphorylierung ist ☐

4 Formulieren Sie bitte mit eigenen Worten, was unter dem Begriff „Fließgleichgewicht", das sich häufig über die gesamte Reaktionsfolge eines Stoffwechselabbauweges bildet, zu verstehen ist.

_____

_____

_____

_____

_____

_____

5 Bei relativ _____ Konzentrationen der einzelnen Metabolite im Fließgleichgewicht besitzen die sog. Schrittmacher-Reaktionen besondere Bedeutung.

Geben Sie als Beispiel die Schrittmacher-Reaktion des Embden-Meyerhof-Abbaus an.

_____

_____

6 Die Phosphofructokinase-Reaktion ist als _____ der Glykolyse
stark exergonisch und damit praktisch (reversibel/irreversibel) _____

Worin besteht die Bedeutung der „Schrittmacherenzyme" im Stoffwechsel?

_____

_____

7 Wie wirkt sich eine erhöhte Metabolit Konzentration auf den Stoffumsatz aus, wenn

  a) eine Regulation im Sinne der Michaelis-Kinetik vorliegt?

_____

_____

  b) eine Regulation im Sinne der Produkthemmung vorliegt?

_____

_____

Antwortenvergleiche s. S. A 120

8 Neben Michaelis-Kinetik und begrenzenden Metaboliten kennen wir ein weiteres Kontrollprinzip, das im Rahmen der Stoffwechselregulation große Bedeutung besitzt: Die Regulation durch _____ Rückkopplung (engl: feedback control). Das Wort „negativ" besagt, daß es sich um ein („antreibendes"/„bremsendes") _____ Regulationsprinzip handelt.
Beim Vorliegen negativer Rückkopplung werden Reaktionsschritte, die am Anfang der Reaktions-Kette liegen, durch den Einfluß des Endproduktes gehemmt.

---

9 Mit anderen Worten:
Das _____ wirkt als Inhibitor auf den ersten Reaktionsschritt. Hilfsmittel der Rückkopplungskontrolle ist die allosterische Hemmung der Schlüsselenzyme.

---

10 Ist viel Isoleucin vorhanden, wird bereits der erste Syntheseschritt _____. Wird das Endprodukt (Isoleucin) verbraucht, wird die allosterische Hemmung wieder _____.

---

11 Wir wiederholen:

> Kompartimentierung
> Regulation durch begrenzende Metabolite
> Fließgleichgewichte und Schrittmacherreaktionen
> Regulation durch die Michaelis-Kinetik
> Regulation durch negative Rückkopplung

sind sinnvolle _____, um Leerläufe im Stoffwechsel zu vermeiden. Ein weiterer Mechanismus ist die Kontrolle durch enzymatische _____. Klassisches Beispiel:

● die _____

---

12 Auch dieser Mechanismus erlaubt — wie die allosterische Kontrolle —

− eine reversible Aktivierung   ☐
− eine irreversible Aktivierung   ☐
− eine reversible Inaktivierung   ☐
− eine irreversible Inaktivierung   ☐

eines bestimmten Enzyms.

---

13 Zwischen der allosterischen Kontrolle und der Kontrolle durch enzymatische Modifizierung von Enzymen gibt es zwei wichtige Unterschiede:

1. _____

_____

2. _____

_____

---

14   Ein nächstes zu erwähnendes Prinzip der Stoffwechselregulation ist die Regulation durch veränderte Enzymspiegel.
Im Fließgleichgewicht führt eine Enzymvermehrung im allgemeinen zu (erhöhtem/erniedrigtem/unverändertem) _____ Stoffumsatz, da das Fließgleichgewicht ein (offenes/geschlossenes) _____ System darstellt, das unter Normalbedingungen Zufluß und Abfluß der Reaktionspartner gewährleistet.

15   Bei Bakterien z.B. ist bekannt, daß die Synthese bestimmter Enzyme in Gang kommt, wenn die entsprechenden _____ zugeführt werden. Man bezeichnet dies als Enzyminduktion.

16   Mit anderen Worten:
Führt man Bakterien bestimmte Substrate zu, so wird über das Prinzip der sog. _____ _____ zunächst die Enzymkonzentration erhöht und damit der Stoffumsatz _____ .

17   Nennen Sie bitte die zwei Induktorarten, die bei Säugetieren eine Enzyminduktion auslösen können. _____

Zählen Sie zur Wiederholung nochmals die im Vorausgehenden behandelten sechs wichtigsten Prinzipien der Stoffwechselregulation auf.

   1. _____
   2. _____
   3. _____
   4. _____
   5. _____
   6. _____

18   ▷ Lesen Sie nunmehr den Abschnitt „Kohlenhydratstoffwechsel" im LB, S. 308ff.

Die Konzentration der in freier Form im Blut zirkulierenden Glucose beträgt normal _____
Die Glucose wird in Cytosol zu _____ phosphoryliert, nachdem sie in den Zellen aufgenommen ist.
_____ ist die stoffwechselaktive Form der Glucose.

▷ Antwortenvergleiche s. S. A 121

19 Glucose-6-phosphat kann aber auch durch _____ der Glykogenreserven über Glucose-1-phosphat entstehen.

20 Zur Synthese von Fettsäuren und Cholesterin wird NADPH benötigt. Durch welche Reaktion des Kohlenhydrat-Stoffwechsels wird NADPH dazu bereitgestellt?

21 Beim Embden-Meyerhof-Abbau führt der Weg über _____-6-phosphat zum _____-1,6-bisphosphat. Schlüsselenzym der Embden-Meyerhof-Kette ist die _____.

Diese Phosphorylierung ist (reversibel/irreversibel) _____.

22 Die Gluconeogenese entspricht der Umkehrung der _____. Ausgangsmaterial für den Aufbau von Kohlenhydraten sind _____ und eine Reihe von _____.

23 Schlüsselsubstanz ist das _____-pyruvat, zu dessen Bildung aus Pyruvat der Umweg über Oxalacetat eingeschlagen wird.

24 Glucose-6-phosphat kann in _____ verschiedenen Richtungen weiter umgewandelt werden. Beim (aktiven/inaktiven) _____ Pentosephosphatzyklus wirken die Zwischenprodukte _____, _____ und _____ auf die Phosphohexose-Isomerase zurück. Die Zwischenprodukte bewirken eine Hemmung des ersten Enzyms der Glykolyse, wodurch der Durchsatz durch die _____ begrenzt wird.

25 Über den Pentosephosphatzyklus wird _____ bereitgestellt, das bei genügend vorhandenem ATP zur Fettsäuresynthese dienen kann.

26 Die freie Glucose, die nach einer Mahlzeit in der Leber in Glucose-6-phosphat umgesetzt wird, steht im Gleichgewicht mit _____.

Ein hoher Glucose-6-phosphat-Spiegel begünstigt den Aufbau von _____ als Reservestoff.

27 Das Schlüsselenzym der Glykolyse, die _____, wird durch einen hohen ATP-Spiegel gehemmt.
In der Atmungs-Kette entsteht unter (aeroben/anaeroben) _____ Bedingungen reichlich ATP. Unter (aeroben/anaeroben) _____ Bedingungen wird das ATP durch Stoffwechselreaktionen rasch verbraucht.

28 Bei Sauerstoffmangel decken viele Zellen den Energiebedarf durch anaeroben _____ _____. Bei Zuführung von Sauerstoff wird die Glucose _____ abgebaut, wobei gleichzeitig der Durchsatz von Glucose durch Drosselung dem Energiebedarf angepaßt wird (sog. Pasteureffekt).

29 ▷ Lesen Sie bitte den Abschnitt „Fettstoffwechsel" im LB, S. 310.

Beim Fettstoffwechsel nimmt die „aktivierte Essigsäure", _____, eine zentrale Stellung im Stoffwechsel ein. Auf welchen Wegen entsteht die aktivierte Essigsäure?

_____

_____

30 Acetyl-CoA ist ein wichtiges Ausgangsmaterial für Synthesereaktionen:

    1. steht es für manche Ester- und Säureamidsynthesen zur Verfügung,
    2. ein wichtiger Syntheseweg führt zu den Isoprenoidlipiden.
    3. Acetyl-CoA dient bei der Umwandlung von Kohlenhydrat in Fett als Ausgangsmaterial. Das Acetyl-CoA entsteht dabei aus _____ durch oxidative Decarboxylierung in den Mitochondrien.

31 Zum Transport in das Cytosol erfolgt eine Kondensierung mit Oxalacetat zu _____.
Im Cytosol wird dieses durch die ATP-Citrat-Lyase wieder gespalten. Die Spaltung liefert Acetyl-CoA und Oxalacetat

Oxalacetat wird zu Malat reduziert. Welcher Stoff ist dabei notwendig? _____

32 ▷ Lesen Sie bitte im LB den Abschnitt „Proteinstoffwechsel", S. 313).

Beim Proteinstoffwechsel unterscheidet man

    — den Stickstoff-Stoffwechsel
    — den Kohlenstoff-Stoffwechsel der Aminosäuren
    — sowie die _____.

33 Der Stickstoff-Stoffwechsel führt über _____ zu Glutamin- und Asparaginsäure und weiter zum Harnstoff.
Die Harnstoffsynthese erfolgt in einem Zyklus, wobei Energie (gewonnen/verbraucht) _____ _____ wird.

 Antwortenvergleiche s. S. A 122

34   Tragen Sie bitte die fehlenden Stoffe in das Schema ein.

Die Schlüsselsubstanz für den ersten Schritt ist
Carbamoylphosphat.

Ornithin

---

35   Der Kohlenstoff-Stoffwechsel der Aminosäuren mündet in den _____-zyklus. Die Glutaminsäure liefert durch _____ in den Mitochondrien direkt
α-Ketoglutarat. Über Glutaminsäure und α-Ketoglutarat werden die Aminosäuren _____,
Prolin, Histidin, _____ in den Citratzyklus eingeschleust.

---

36   Aspartat liefert

durch Transaminierung: über den Harnstoffzyklus:

_____   _____

---

37   Der Abbau von Phenylalanin und _____ endet im Fumarat und Acetoacetat.

---

38   Im Pyruvat enden Serin, _____, _____, _____.

---

39   Bitte vervollständigen Sie das Schaubild.

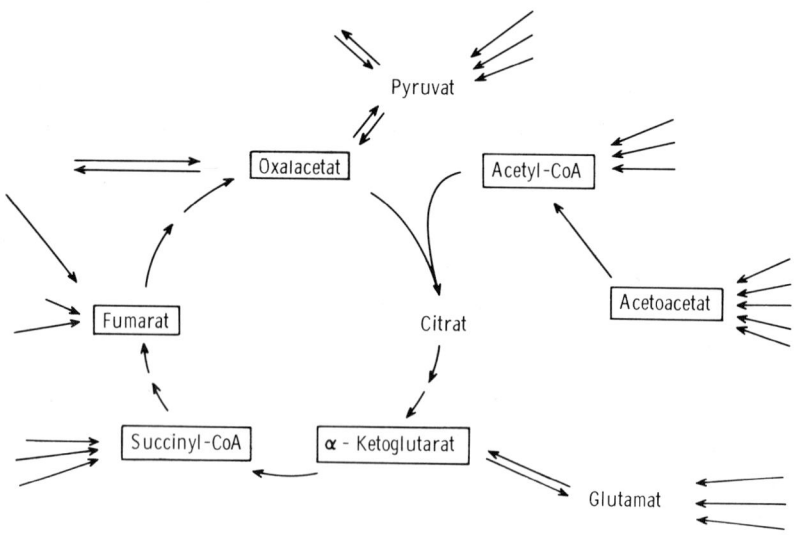

Kleine Erfolgskontrolle

40 Welche sind die zwei wichtigsten Endprodukte des Stoffwechsels? In welchen Reaktionszyklen werden sie zum überwiegenden Teil gebildet?

_____

_____

41 Nennen Sie bitte die Substanz, die das am universellsten verwendbare Ausgangsmaterial zum Aufbau körpereigener Stoffe darstellt.

b) Geben Sie ihre Formeln an.

c) Nennen Sie die beiden Stoffwechselwege, die die wichtigsten Lieferanten dieser Substanz sind.

a) _____

b) _____

c) _____

42 Wie heißt das Coenzym der Glykosidbildung?   _____

43 Welche beiden wichtigen Reaktionswege der Hexoseumwandlung liefern die Ribose für die Nucleinsäuresynthese?

_____

_____

44 An welchen Stellen des Embden-Meyerhof-Abbaus der Glucose wird ATP gebildet?

a) _____

b) _____

45 In welche Substanzen wird Pyruvat umgewandelt

a) unter aeroben Bedingungen?   b) unter anaeroben Bedingungen?

_____   _____

Antwortenvergleiche s. S. A 123

46   Von welcher Schlüsselsubstanz aus verläuft die Gluconeogenese als Umkehrung der Glykolyse? Über welchen Hauptweg wird diese Schlüsselsubstanz gebildet?

_____

_____

_____

47   Nennen Sie zwei wichtige Synthesewege (Stichwort), die vom Acetyl-CoA ausgehen.

_____

_____

_____

48   Wieviel Mol ATP werden pro Mol Acetyl-CoA bei Zusammenwirken von Citratzyklus und Atmungs-Kette gebildet? _____

49   Welche wichtigen Nebenreaktionen, die aus dem Citratzyklus hinausführen, können von folgenden Substanzen eingegangen werden?

α-Ketoglutarat: _____

_____

Succinyl-CoA: _____

Oxalacetat: _____

_____

50   Neun der 18 verbreiteten Aminosäuren stehen mittelbar oder unmittelbar mit den Dicarbonsäuren des Citratzyklus in Beziehung. Geben Sie an, welche Dicarbonsäuren bei folgenden Aminosäuren gemeint sind.

a) Prolin, Histidin, Arginin: _____

b) Phenylalanin, Tyrosin: _____

c) Asparaginsäure: _____

d) Alanin: _____

51   Welche Aminosäure ist der C_1-Lieferant zur Bildung von „aktivem Formaldehyd" und „aktiver Ameisensäure"? _____

52 Welches ist das wichtigste Abbauprodukt der Purinbasen im Nucleinsäurestoffwechsel des
Menschen? _____

53 Was versteht man unter dem Pasteur-Effekt?

54 Was versteht man unter einem Fließgleichgewicht?

55 Welche beiden prinzipiellen Möglichkeiten bestehen für die Zelle, um „Stoffwechselleerläufe"
zu vermeiden? (Erinnern Sie sich an das Beispiel vom Zusammenwirken von Glucokinase
und Phosphatase unter nutzlosem ATP-Verbrauch.)

56 Wie wirkt sich bei einer Stoffwechselregulation durch die Michaelis-Kinetik die Konzentra-
tionserhöhung eines Metaboliten aus?

57 Welcher Parameter kontrolliert den Sauerstoffdurchsatz der Atmungs-Kette in entscheidender
Weise?

Antwortenvergleiche s. S. A 124

58   Was versteht man unter einer Regulation durch negative Rückkopplung?

_____

_____

_____

Welcher Mechanismus liegt ihr zugrunde?

_____

59   Welche Art von Regulation liegt meist vor, wenn in Bakterien nach Zufuhr von Substrat der Stoffwechselumsatz ansteigt? Worauf ist dieses Phänomen zurückzuführen?

_____

_____

_____

_____

Lektion 20:
Hormone

Lernelemente

1 Hormone sind Stoffe, die von spezialisierten Drüsen oder Geweben gebildet und in die Blutbahn sezerniert werden. Diese bei der inneren Sekretion gebildeten Hormone beeinflussen in spezifischer Weise periphere Gewebe, was als humorale oder hormonale Steuerung bezeichnet wird.

▷ Lesen Sie bitte im LB Kapitel 20, Abschnitt 1.

---

2 Zählen Sie bitte die drei innersekretorischen Drüsensysteme des Hypophysen-Nebennieren-rinden-Systems als Beispiel für einen hormonalen Regelkreis auf. (Beginnen Sie mit dem übergeordneten Zentrum. Beachten Sie die Reihenfolge.)

1. _____

2. _____

3. _____

Ein Regelkreis oder Rückkopplungsmechanismus liegt hier deshalb vor, weil die sekretorische Aktivität der beiden übergeordneten Zentren (Zwischenhirn und Hypophyse) von der vorliegenden Menge der peripher wirksamen Hormone, der _____, gesteuert wird. Eine Erhöhung des Corticosteroidspiegels bewirkt eine _____ der übergeordneten Zentren.

---

3 Seit langem ist bekannt, daß die meisten Hormone nur auf bestimmte Organe und Gewebe wirken. Diese Organe heißen _____. Der Grund für diese Gewebsspezifität ist ebenfalls bekannt: Die Zellen der Erfolgsorgane enthalten den _____ für das spezielle Hormon. Wirkungsorte der Hormonrezeptoren sind

a) der _____

b) die _____ der Erfolgsorgane.

---

4 Hormone sind _____ Stoffe und haben deshalb zunächst einmal _____ Wirkungen. Die für den Körper entscheidenden „physiologischen" Hormonwirkungen sind als Folge dieser Primärwirkungen zu betrachten.
Als eine chemische Primärwirkung von Hormonen betrachtet man heute ihre Bindung an ein bestimmtes Protein im Erfolgsorgan. Dieses _____ hat damit für das Hormon die Funktion eines Rezeptors. In jüngster Zeit ist es gelungen, solche „Hormonrezeptoren" zu isolieren.

⇨ Antwortenvergleiche s. S. A 125

5 In der Zellmembran ist der Hormonrezeptor häufig Teil des Adenylat-Zyklase-Systems, das die Umwandlung von ATP in zyklisches 3',5'-AMP katalysiert. (Vgl. Abb. 20−2.)

Bei einer uns bekannten Stoffwechsel-Kontrolle (Phosphorylase b $\longrightarrow$ aktive Phosphorylase a) haben wir festgestellt, daß zwei Hormone das Adenylat-Zyklase-System stark stimulieren. Welche sind das? _____

In der Zellwand ist der „Hormonrezeptor'' Teil des _____.

6 Isolierte Zellkerne kann man durch Inkubation mit Hormonen zur RNA-Synthese anregen. Dies ist einsichtig, wenn die Annahme stimmt, daß sich die Hormone bzw. die Hormon-Rezeptor-Komplexe mit _____ verbinden und damit eine Aktivierung bestimmter, vorher blockierter _____ bewirken.

Zählen Sie bitte nochmals die beiden Wirkungsmechanismen von Hormonen auf.

   1. _____

   2. _____

7 Welche drei Hormongruppen kann man aufgrund ihrer chemischen Natur unterscheiden?

   1. _____

   2. _____

   3. _____

In Tab. 20−1 im LB auf S. 320 finden Sie eine Zusammenstellung der wichtigsten Hormone sowie der zugehörigen innersekretorischen Drüsen und Wirkungen. Lesen Sie diese Übersicht zunächst aufmerksam durch. Prägen Sie sich möglichst viele Hormone ein. Sie sollen den Inhalt dieser Tabelle am Ende dieser Lektion weitgehend beherrschen.

▷ Lesen Sie zunächst im LB, Kapitel 20, Abschnitt 2.

Die Nebennierenrinde − ein lebenswichtiges Organ − produziert zwei Typen von Hormonen:

   1. die _____ (Cortisol und Corticosteron) und

   2. die _____ (hauptsächlich Aldosteron).

Die beiden Typen von Nebennierenrinden-Hormonen sind _____ nahe verwandt, aber _____ verschieden.

8 Die Nebennierenrinden-Hormone sind lebenswichtige Stoffe. Eine Entfernung der Hormondrüsen beim Versuchstier führt deshalb in wenigen Tagen zum _____.

Corticoide haben zwei biologische Wirkungen: Eine Wirkung auf den Mineralstoffwechsel und eine auf den Glucosehaushalt. Den Einfluß auf den _____ bezeichnet man als mineralocorticoide Wirkung, den Einfluß auf den _____ als glucocorticoide Wirkung.

9 Wie Sie sicher noch wissen, haben alle Nebennierenhormone _____ C-Atome. Nennen Sie bitte nochmals die Ihnen bekannten Nebennierenrinden-Hormone.

_____

Vgl. Sie die Formeln im LB, S. 321.

_____

10 Die Biogenese der Nebennierenrinden-Hormone geht vom Corpus-Luteum-Hormon _____ aus. Ihr Bauschema ist relativ einheitlich. Neben den _____ C-Atomen findet man stets eine _____ in 3-Stellung sowie in der Seitenkette eine _____ - und eine _____ .

_____

11 Eine Störung im Salzhaushalt in Form einer erhöhten $Na^{\oplus}$-Ausscheidung kann man durch Corticoidgaben (speziell Aldosteron) aufheben. Diese auf der _____ Wirkung — besonders von _____ — beruhende Reaktion besteht also in einer ($Na^{\oplus}$-Retention/$Na^{\oplus}$-Ausscheidung) _____ und einer $K^{\oplus}$-Ausscheidung.

_____

12 Die _____ Wirkung der Nebennierenrinden-Hormone fördert die Glykogenbildung in der Leber. Die Glykogenbildung erfolgt über den Weg des Proteinabbaus, weshalb man auch von einer katabolen (= abbauenden) Wirkung sprechen kann. Die glucocorticoide oder _____ Wirkung besteht folglich aus zwei Komponenten. Geben Sie diese hier an:

       1. _____

       2. _____

_____

13 Die Corticoide hemmen die Proteinblosynthese in lymphatischen Organen. Folge: Sie unterdrücken bei höherer Dosierung die _____. Dies nennt man „_____ Wirkung". Wobei spielt diese immunsuppressive Wirkung eine Rolle?

_____

14 ▷ Lesen Sie jetzt bitte im LB Abschnitt 3 von Kapitel 20.

Als eigentliche männliche Keimdrüsenhormone sind das Ihnen bekannte _____ (LB S. 322) und das Δ^4-Androsten-3,17-dion anzusehen. Sie werden in den Zwischenzellen des Hodengewebes gebildet. Die Hodenhormone gehören ebenfalls zur Gruppe der _____-Hormone und haben _____ C-Atome.

_____

⇨ Antwortenvergleiche s. S. A 125/A 126

15 Ergänzen Sie mit Hilfe der systematischen Namen die folgenden Formelgerüste zu den Formeln von a) Δ^4-Androsten-3,17-dion und b) Testosteron (Δ^4-Androsten-17-β-ol-3-on).

17α-Hydroxy-progesteron $\longrightarrow$ a)   b)

---

16 Die biologischen Wirkungen der männlichen Keimdrüsenhormone unterscheidet man in Wirkungen auf den Sexualapparat und in Wirkungen auf den Stoffwechsel. Welche Einzelwirkungen kennen Sie?

Sexualapparat: _____

_____

Stoffwechsel: _____

_____

---

17 Die Förderung des Proteinaufbaus durch Androgene bezeichnet man als _____ Wirkung. Die Corticoide, die den (Proteinaufbau/Proteinabbau) _____ fördern, haben eine katabole Wirkung.
Androgene und Corticoide beeinflussen also den Proteinstoffwechsel in (gleicher/entgegengesetzter) _____ Weise.

---

18 Bei den weiblichen Keimdrüsenhormonen muß man, wie Sie sicher wissen, zwischen dem im Follikel gebildeten _____ und dem vom Corpus luteum stammenden _____ _____ unterscheiden.
Da die Biochemie der Östrogene bereits behandelt wurde (Lektion 14), wollen wir uns lediglich in Erinnerung rufen, daß die Östrogene _____ C-Atome haben, daß ihre Biogenese vom _____ ausgeht und daß sie einen _____ Ring A aufweisen.

---

19 Ergänzen Sie bitte die nachstehende Formel von Östradiol.

In physiologischer Hinsicht sind die Östrogene vor allem für den normalen Ablauf der Menstruationszyklen der Frau verantwortlich. Die Uterusschleimhaut macht unter Östrogeneinfluß die (Sekretionsphase/Proliferationsphase) _____ durch.

Zusätzlich beeinflussen die Östrogene die Entwicklung der _____

_____ .

20 Den in den Follikeln gebildeten Östrogenen stehen die Hormone des Corpus luteum (Gelbkörper), die _____, gegenüber.

Das wichtigste Gelbkörperhormon ist das Progesteron, das neben seiner physiologischen
Bedeutung im weiblichen Organismus vor allem, wie schon erwähnt, als biogenetisches Ausgangsmaterial der _____ eine Rolle spielt.

Progesteron, dessen eigene Biosynthese vom _____ ausgeht, wird nicht nur im

_____, sondern auch in der Placenta synthetisiert.

21 Kreuzen Sie bitte die richtigen der folgenden Aussagen an.

- Östradiol bewirkt die Proliferationsphase der Uterusschleimhaut   ☐
- Östradiol bewirkt die Sekretionsphase der Uterusschleimhaut   ☐
- Progesteron bewirkt die Proliferationsphase der Uterusschleimhaut   ☐
- Progesteron bewirkt die Sekretionsphase der Uterusschleimhaut   ☐

22 *Adrenalin* und *Noradrenalin* sind die beiden entscheidenden Hormone des _____

_____. Die Biosynthese der beiden Nebennierenmark-Hormone _____ und

_____ nimmt ihren Ausgang von der Aminosäure Tyrosin.

▷ Lesen Sie dazu im LB den Abschnitt 4 „Das Adrenalin" von Kapitel 20.

23 Geben Sie in Stichworten die wichtigsten pharmakologischen und biochemischen Wirkungen
des Adrenalins hier an.

Pharmakologisch: _____

Biochemisch: _____

_____

24 ▷ Lesen Sie nun im LB weiter Abschnitt 5 „Das Epiphysenhormon", sowie
Abschnitt 6 „Hormone der Schilddrüse und der Nebenschilddrüse".

Das nächste zu besprechende Hormon ist das *Thyroxin*, dessen Name Ihnen vermutlich im
Zusammenhang mit der Funktion und zahlreichen Erkrankungen der Schilddrüse bekannt ist.
Thyroxin wird in der _____ gebildet.

⟁ Antwortenvergleiche s. S. A 126/A 127

Zunächst müssen wir zwischen der nichtjodierten Stammsubstanz des Hormons, dem (Thyroxin/Thyronin) _____, und dem jodhaltigen Hormon selbst, dem (Thyroxin/Thyronin)_____, unterscheiden.

Da Thyroxin eine jodhaltige aromatische _____ ist, gehört es wie (Nebennierenrindenhormone/Nebennierenmarkhormone) _____ zu der Hormongruppe, die _____ (vollenden Sie bitte den Satz.)

---

25 Wie wirken sich Ausfall oder Unterfunktion der Schilddrüse beim Jugendlichen aus?

_____

Welchen Einfluß haben Über- und Unterfunktion der Schilddrüse auf den Grundumsatz des Erwachsenen? Welche Krankheitsbilder sind diesen Störungen zuzuordnen?

_____

_____

Daraus folgt bedingt: Die Höhe des Grundumsatzes läßt auf die Funktion der _____ _____ schließen.

---

26 Ein zweites Hormon im Zusammenhang mit der Schilddrüse ist das *Calcitonin*, ein Polypeptid, das nach unserer Hormoneinteilung nach chemischen Gesichtspunkten zur dritten Gruppe, den _____, gehört.

Als Antagonist des in den Nebenschilddrüsen gebildeten Parathormons bewirkt _____ eine rasche kurz andauernde Senkung des _____ im Blut. Das Parathormon wirkt nicht nur auf den Knochenstoffwechsel, sondern auch auf die _____, wo es die Rückresorption von _____ vermindert.

---

27 Die Bauchspeicheldrüse produziert zwei Blutzucker-regulierende Hormone, die Sie dem Namen nach sicher kennen:

1. _____

2. _____

▷ Lesen Sie dazu im LB Abschnitt 7 des 20. Kapitels.

---

28 Insulin und Glucagon werden in der Bauchspeicheldrüse in den sog. _____ _____ gebildet. Chemisch gesehen ist Insulin ein _____ mit einem Molekulargewicht von _____, dessen beide Ketten im Molekül über _____-Brücken miteinander verbunden sind.

Welche bekannte und weitverbreitete Stoffwechselkrankheit ist auf Insulinmangel zurückzuführen?

_____

Welches sind ihre wichtigsten Stoffwechselsymptome? _____

Wie kann der D.M. behandelt werden? _____

Welche Wirkung hat eine orale Insulingabe? (Begründung) _____

_____

---

29 Physiologischer Antagonist des Insulins ist das in den A-Zellen des Inselapparates gebildete
_____, ein _____ mit einem Molekulargewicht von 3500.

Als Antagonist des Insulins hat Glucagon eine (blutzuckersenkende/blutzuckersteigernde)
_____ Wirkung.

---

30 Ordnen Sie als Zusammenfassung unserer Kenntnisse über die Hormone der Bauchspeicheldrüse die folgenden Eigenschaften den beiden Hormonen in richtiger Weise zu.

a) Polypeptid

b) Blutzucker-erhöhend

c) Fördert Kohlenhydratumwandlung in Fett

d) Ist oral wirkungslos

e) MG 6000

f) MG 3500

g) Erhöht Zellpermeabilität für Glucose

h) Blutzucker-erniedrigend

i) Erhöht Gluconeogenese aus Lactat

k) Mangel führt zum Diabetes mellitus

l) Fördert Kohlenhydratabbau in der Zelle

m) Mobilisiert Glykogen-Reserven

Tragen Sie nur den zugehörigen Buchstaben ein:

Insulin: _____

Glucagon: _____

---

31 Die nächste zu besprechende Hormongruppe sind die Hypophysenhormone, die in den beiden
voneinander funktionell unabhängigen Teilen der Hypophyse gebildet werden.

▷ Lesen Sie dazu im LB, Abschnitt 8, Kapitel 20.

Geben Sie bitte die Namen der zwei Hypophysenteile an.

a) _____

b) _____

Die Tätigkeit der Hypophyse wird weitgehend vom _____ gesteuert. In ihm
werden neurosekretorische Wirkstoffe, die sog. _____, gebildet, die
den Regelkreis der peripheren Hormonproduktion (vgl. Abb. 20–1, LB S. 316) beeinflussen.

⟐ Antwortenvergleiche s. S. A 127

32   Was versteht man unter dem Begriff „Neurosekretion"?

_____

Neurosekretorischen Ursprungs sind die Hormone der (Neurohypophyse/Adenohypophyse) _____, also des (Hypophysenhinterlappens/Hypophysenvorderlappens) _____. In ihm werden die beiden jeweils aus 9 Aminosäure- ·
Resten bestehenden Peptidhormone _Ocytocin_ und _Vasopressin_ gebildet.

---

33   Ocytocin (griech. = „schnelle Geburt") fördert die Kontraktion der glatten Muskulatur des _____ und spielt damit beim _____-vorgang eine wichtige Rolle. Darüber hinaus „kümmert sich" das Hormon auch nach der Geburt um das Neugeborene, nämlich durch Förderung der Milchejektion in der _____.

---

34   Das zweite Hormon des Hypophysenhinterlappens ist unter zwei Namen bekannt, die dieselbe Substanz bezeichnen. Wie heißt das Hormon?

_____

Beide Namen weisen jeweils auf eine wichtige physiologische Wirkung hin: „Vasopressin" verdeutlicht die _____ Wirkung, während „Adiuretin" auf die _____ Wirkung schließen läßt.

Zu welchem Krankheitsbild können Einschränkungen bzw. Ausfall der Adiuretinproduktion führen? Zum _____.

Welcher Pathomechanismus liegt ihm zugrunde?

_____

---

35   Die früher als _____ bezeichnete pars intermedia der Hypophyse ist der Produktionsort eines Peptidhormons, das eine Verdunkelung der Haut bewirkt. Um welches Hormon handelt es sich? _____

---

36   Das Wachstumshormon, auch _____ genannt, ist für die Entwicklung des Körpers sehr wichtig. Es wird in der (Neurohypophyse/Adenohypophyse) _____ gebildet. Somatotropin weist eine ausgeprägte Artspezifität auf.
Beispiel: Ein Wachstumshormon der Rinderhypophyse löst beim Menschen

    — typische Hormonwirkungen aus.   ☐
    — keine typischen Hormonwirkungen aus. ☐

Zählen Sie bitte die Wirkungen auf, die das Wachstumshormon ausübt.

_____

_____

---

37 Ein weiteres Adenophysenhormon ist das *lipotrope Hormon* (LPH), das das _____-gewebe beeinflußt.

Das _____ Hormon setzt aus dem Fettgewebe die Fettsäuren frei und fördert deren _____ in der Leber und anderen Organen. Es ähnelt darin dem soeben besprochenen _____.

---

38 Das thyreotrope Hormon oder *Thyreotropin* stimuliert die Hormonproduktion der _____ _____. Die Produktion von Thyreotropin wird durch ein Neurosekret aus dem Hypothalamus reguliert. Die Substanz ist bekannt. Hier haben wir es also mit einem spezifischen Freisetzungsfaktor, dem Thyreotropin-_____ zu tun.

---

39 Es besteht dabei eine Wechselbeziehung (im Sinne eines Regelkreises) zwischen den jeweils im Organismus vorliegenden Mengen des Schilddrüsenhormons _____ und des Hypophysenhormons _____.

---

40 Das *adrenocorticotrope Hormon* (Abkürzung: _____) hat im Organismus große Bedeutung, da es die Hormonproduktion der _____ entscheidend beeinflußt.
ACTH (erhöht/erniedrigt) _____ die Produktion der Corticoide in der NNR. Dabei fungiert gespeichertes _____ als Ausgangsmaterial der Synthese. Von welchen Faktoren ist die Menge des ausgeschütteten Corticotropin abhängig?

      1. _____

      2. _____

Als dritte Substanz spielt bei der Auslösung dieser „hormonalen Stressreaktion" der im Zwischenhirn gebildete _____ eine Rolle.

---

41 Eine Reihe von Adenohypophysenhormonen faßt man unter dem Begriff „*Gonadotrope Hormone*" zusammen. Im Gegensatz zu den Sexualhormonen sind die _____ _____ nicht geschlechtsspezifisch. Das jeweilige Hormon beeinflußt demnach sowohl _____ als auch _____ Keimdrüsen.

Zählen Sie die zwei heute bekannten grundsätzlich verschiedenen Wirkungen der gonadotropen Hormone auf.

      1. _____ (FSH)

      2. _____ (ICSH-LH)

Für jede Wirkung findet sich in der (Adenohypophyse/Neurohypophyse) _____ ein Hormon. Außerdem werden im _____ Gonadotropine ausgeschieden, die sich chemisch jedoch von den genannten Hypophysenhormonen unterscheiden. Sie stammen teils aus der _____, teils aus der _____.

▷ Antwortenvergleiche s. S. A 128

42 Das menschliche Choriongonadotropin wird in der _____ gebildet.

---

43 Ein wichtiger Wirkungsbereich hormonaler Regulationsmechanismen ist die hormonale Regulation der Blutglucose.
Normalerweise beträgt die Glucosekonzentration im Blut 4—5 mMol pro Liter oder anders ausgedrückt _____ bis _____ mg pro Liter.

---

44 Der Blutzuckerspiegel muß möglichst _____ gehalten werden, da entscheidende Organfunktionen von ihm abhängen. So verfügt beispielsweise das _____ über keine Eigenreserven an oxidierbarem Kohlenhydrat und ist deshalb in seiner Funktion auf den _____ angewiesen. Wir haben als wichtigstes blutglucose-senkendes Hormon das _____ kennengelernt.

---

45 Wir wiederholen nochmals die wichtigsten Insulinwirkungen. Schreiben Sie bitte hinter die folgenden Stoffwechselvorgänge, ob sie unter Insulineinfluß gefördert oder gehemmt werden.

  a) Der Glucoseeinstrom ins Gewebe wird   _____

  b) Die Glykogenbildung im Muskel wird   _____

  c) Die Glucoseoxydation im Muskel wird   _____

  d) Die Glykogenolyse in der Leber wird   _____

  e) Die Gluconeogenese in der Leber wird   _____

  f) Die Fettsynthese aus Kohlenhydrat in
     Leber und Fettgewebe wird   _____

---

46 Am einfachsten kann eine Erhöhung des Blutglucosespiegels durch Phosphorolyse des _____ erfolgen. In dieser Richtung wirken die beiden Hormone _____ und _____. Sie sind damit Antagonisten des _____ .

---

47 Glucagon fördert den _____, stimuliert aber darüber hinaus noch die _____ aus Lactat. Eine wichtige (blutglucose-steigernde/blutglucose-senkende) _____ Wirkung geht von den Nebennierenrindenhormonen aus. Dies gilt besonders für die (Mineralocorticoide/Glucocorticoide) _____ _____ mit ihrem Hauptvertreter _____, das — wie bereits erwähnt — die Gluconeogenese aus _____ stimuliert, wodurch der _____ erhöht wird.

---

48 Das Wachstumshormon Somatotropin wirkt diabetogen; dabei ist eine Erhöhung des _____ _____ und Antagonismus zum _____ nachweisbar. Die diabetogene Wirkung

des _____ beruht primär auf einer Hemmung der _____
_____. Allgemein kann man sagen: Durch Somatotropin werden Kohlenhydrat- und
Eiweißoxidation (gesteigert/vermindert) _____, während der Fettstoffwechsel
(gesteigert/vermindert) _____ wird.

---

49   Kurze Zusammenfassung:
Eine blutglucose-senkende Wirkung geht aus vom _____. Eine blutglucose-steigernde
Wirkung geht aus von _____ .

Ist aus irgendeinem Grunde das reibungslose Zusammenspiel des Blutglucose-Regulations-
systems nicht mehr gewährleistet, wirkt sich das auf den Blutzuckerspiegel aus. Als Beispiel
kann man hier das schon erwähnte Krankheitsbild _____ anführen,
das auf relativem Insulinmangel beruht.

Geben Sie zur Wiederholung nochmals die wichtigsten Symptome des Krankheitsbildes von
Diabetes an.

_____

_____

Die Anlage für einen Diabetes mellitus

    — ist erblich   ☐
    — ist nicht erblich ☐

---

50   Nochmals:
Das Insulin hemmt die _____ der Leber und fördert die _____
aus Kohlenhydrat in der Leber und im _____. Gleichzeitig hemmt es hier die
Abgabe freier _____ in das Blut.
Dieser Mechanismus ist zum Verständnis der Diabetes mellitus wichtig.

---

51   Das Adrenalin bewirkt eine _____, und zwar gleichzeitig in Leber und
Muskel. Am Ende ist paradoxerweise (mehr/weniger) _____ Glykogen in der Leber als
vorher.

---

52   Aus der vorausgegangenen Besprechung der Hormone sind Ihnen die drei Organsysteme
bekannt, die die Produktion der verschiedenen Hormone gewährleisten, denen im Rahmen
des Menstruationszyklus als zweitem großen Wirkungsbereich hormonaler Regulationsmechanismen Bedeutung zukommt. Zählen Sie diese Hormondrüsen bitte auf.

_____

_____

▷ Lesen Sie jetzt im LB Abschnitt 11 von Kapitel 20.

↳ Antwortenvergleiche s. S. A 129

53 Zwei periodisch wiederkehrende Prozesse kennzeichnen den normalen Genitalzyklus der Frau. Es sind: im Ovar: _____ (→ Sprung)

und im Uterus: _____ (→ _____).

Jeder neue Zyklus wird durch die Hormonproduktion der _____ eingeleitet, die zunächst das _____-Hormon ausschüttet. Das Follikel-stimulierende Hormon fördert, wie wir wissen, im _____ die Reifung eines neuen _____ .

54 Einige Tage nach Beginn der Freisetzung von FSH schüttet die Hypophyse ein zweites Hormon aus, das _____, das den neugebildeten Follikel zur Produktion von _____ anregt. Außerdem hat das zwischenzell-stimulierende Hormon eine zweite Wirkung, die mit steigender Hormonkonzentration in den Vordergrund tritt. Es ist die _____ Wirkung.

55 Ist zwischen den bis zu diesem Zeitpunkt gebildeten Hypophysenhormonen (FSH und LH) ein bestimmtes Konzentrationsverhältnis erreicht, tritt die _____ ein; der Follikel wird in das _____ umgewandelt.

56 In der Zwischenzeit konnte das unter (FSH/LH) _____-Einfluß gebildete Östrogen für den Aufbau der neuen Uterusschleimhaut sorgen. Zum Zeitpunkt der Ovulation ist die (Sekretionsphase/Proliferationsphase) _____ der Schleimhaut bereits abgeschlossen.

57 Im Ovar kommt nun die Produktion von _____ in Gang. Dieses führt die Uterusschleimhaut über in das Stadium der (Proliferationsphase/Sekretionsphase) _____ _____ und schafft damit die Voraussetzung für die Nidation (Einbettung) des _____ .

58 Hat eine Befruchtung des Eies stattgefunden, wandelt sich der Gelbkörper in das Corpus luteum gravitatis um und steigert die Produktion von (Östrogen/Progesteron) _____, das später von der Placenta gebildet wird.

59 Hat keine Befruchtung stattgefunden, bildet sich das _____ zurück, da die Hypophyse weniger _____ produziert. Da die Uterusschleimhaut in der Sekretionsphase auf das im Gelbkörper gebildete _____ angewiesen ist, das nun in geringerer Menge geliefert wird, kommt es zur _____ . Nach Abstoßen der Uterusschleimhaut ist der Ausgangszustand wieder erreicht, und ein neuer Zyklus kann beginnen.

60 Nun können wir auch den Wirkungsmechanismus der hormonalen Konzeptionsverhütung (Prinzip der „Pille") verstehen.

Wir haben festgestellt, daß die peripher zirkulierenden Ovarialhormone eine Rückwirkung auf die _____ haben. Diese Tatsache hat man sich bei der Pille zunutze gemacht, indem man durch die Gabe eines oral wirksamen Gestagens die Produktion von _____ in der Hypophyse unterdrückt. Eine Ovulation tritt aber, wie bereits erwähnt, nur bei einem bestimmten Konzentrationsverhältnis von _____ und _____ ein, das jedoch durch Hemmung der LH-Produktion durch die Pille nicht erreicht werden kann. Die Ovulation _____

_____ .

---

61 Wir kommen nun zu einer Gruppe hormonähnlicher Substanzen, die man unter dem Begriff _„Gewebshormone"_ zusammenfaßt. Diese werden nicht wie die „richtigen" Hormone in speziellen innersekretorischen Drüsen, sondern — wie der Name schon sagt — in verschiedenen _____ gebildet.

▷ Lesen Sie dazu im LB Abschnitt 12 vom Kapitel 20 sorgfältig durch.

---

62 Die Vertreter der ersten Gruppe der Gewebshormone, die Wirkstoffe des Magen-Darm-Kanals, werden im _____-Gewebe gebildet. Sie haben eine anregende Wirkung auf die _____. Zu diesen Gewebshormonen gehören:

a) _____

b) _____

c) _____

---

63 Wir wiederholen die Wirkung der drei Gewebshormone. Ordnen Sie die aufgeführten Wirkungen (a–f) dem entsprechenden Wirkstoff zu.

Wirkung von

1. Sekretin: _____

2. Gastrin: _____

3. Cholecystokinin/
Pankreozymin: _____

a) Anregung der Magensaftsekretion

b) Anregung der Enzymsekretion des Pankreas

c) Anregung der Wassersekretion des Pankreas

d) Kontraktionserhöhung der Gallenblase

e) Anregung der Bicarbonatsekretion des Pankreas

f) Anregung der Gallensekretion

⟡ Antwortenvergleiche s. S. A 130

64 Gruppe Zwei unserer Einteilung der Gewebshormone umfaßt Peptide, die im Blut aus
_____ entstehen und vor allem eine Wirkung auf das _____-System und die
glatte _____ zeigen.

Dazu gehören: _____ und _____.

65 *Angiotensin I* ist ein Dekapeptid, das aus dem Angiotensinogen freigesetzt wird und durch
weitere Abspaltung von zwei Aminosäuren in das Angiotensin II übergeht.

In höheren Dosen wirkt Angiotensin _____.

Worin liegt die physiologische Bedeutung des Angiotensin?

_____

_____

66 Bradykinin hat eine zweifache Wirkung: Es führt über eine Gefäßerweiterung zur
_____ und hat damit eine entgegengesetzte Wirkung wie das Angiotensin. Außerdem stimuliert es die Kontraktion der _____.

Zur Wiederholung:
Ordnen Sie die Wirkungen (a—e) den beiden Wirkstoffen in der richtigen Weise zu.

Wirkungen von

1. Angiotensin II: _____   a) Blutdrucksenkung

2. Bradykinin: _____   b) Blutdruckerhöhung

c) Aldosteronproduktion stimulierend

d) Gefäßerweiternd

e) Kontraktionsfördernd auf glatte Muskulatur

67 Die dritte Gruppe unserer Einteilung der Gewebshormone faßt Substanzen zusammen, die in
vielen Geweben des Organismus gebildet werden und dort auch zur Wirkung gelangen.
Zu ihnen gehören u.a.: _____

68 *Histamin* wurde Ihnen als Vertreter der „biogenen Amine" bereits vorgestellt. Es ist ein
Decarboxylierungsprodukt der Aminosäure _____. Histamin wird unter dem Einfluß des Flavoprotein-Enzyms _____ inaktiviert. Welche Histaminwirkun-
gen sind Ihnen bekannt?

_____

_____

69 Ebenfalls ein „biogenes Amin'' ist das aus der Aminosäure Tryptophan entstehende
_____. Es hat auf Blutgefäße (erweiternden/verengenden) _____
Einfluß und tritt bei der Blutgerinnung aus den _____ ins Serum über.
Darüber hinaus scheint Serotonin auch psychische Funktionen zu beeinflussen, wofür seine
Anwesenheit im _____ spricht.

---

70 *Tyramin* ist vor allem durch seine Wirkung auf Blutdruck und glatte Muskulatur interessant.
Wie sieht der Tyramin-Einfluß hier aus?

---

71 Größere Bedeutung kommt dem *Hydroxytyramin* zu, das wir unter dem Namen _____
als Zwischensubstanz der _____-Synthese kennengelernt haben.

---

72 Ordnen Sie zur Wiederholung den im folgenden aufgeführten Eigenschaften die zugehörigen
Wirkstoffe zu.

a) Wirkt vasokonstriktorisch; erhöht die Peristaltik des Darmes und kommt u.a. in
der Darmschleimhaut und im Zentralnervensystem vor: _____

b) Muttersubstanz von Noradrenalin und Adrenalin; evtl. Überträgersubstanz in
adrenergen Nerven: _____

c) Steigert Magensaftsekretion; ist an allergischen und anaphylaktischen Reaktionen
beteiligt; erweitert die Blutkapillaren: _____

d) Überträgersubstanz der cholinergen Nerven: _____

e) Erhöht Blutdruck und erregt glatte Muskulatur: _____ .

Kleine Erfolgskontrolle

73 Welche beiden Wirkungsmechanismen von Hormonen sind Ihnen bekannt?

---

74 In welche drei Gruppen kann man die Hormone ihrer chemischen Natur (und Bildungsweise)
nach unterteilen?

a) _____

b) _____

c) _____

⇨ Antwortenvergleiche s. S. A 130/A 131

75 a) Welche beiden grundsätzlich verschiedenen biologischen Wirkungen haben die Nebennierenrindenhormone?

_____

_____

b) Bei welchen Vertretern überwiegen die jeweiligen Wirkungen?

_____

_____

76 Ergänzen Sie die folgenden Formelgerüste zu den Formeln von Testosteron, Östradiol und
Progesteron.

Testosteron   Östradiol-3,17 β   Progesteron

77 Inwiefern kann man bei den Androgenen von einer anabolen Wirkung sprechen?

_____

78 Zeigen Sie im folgenden Schema anhand der Formeln den Biosyntheseweg von Noradrenalin
und Adrenalin auf. Von den beiden Zwischenverbindungen geben Sie lediglich die Namen an.

79 Welche Wirkung hat eine höhere Dosis von Adrenalin auf den Blutdruck? Warum?

_____

80 Ergänzen Sie das nachstehende Formelgerüst zur Formel von Thyroxin.

Thyroxin

---

81 Was versteht man unter Thyreostatika?

---

82 Nennen Sie die drei nach ihrem Wirkungsmechanismus unterschiedlichen Arten von Thyreostatika sowie einige dazugehörige Vertreter.

a)

b)

c)

---

83 Wie wird der Grundumsatz durch Über- bzw. Unterfunktion der Schilddrüse beeinflußt? Welche Krankheitsbilder sind damit verbunden?

---

84 Welche Wirkung haben Calcitonin und Parathormon auf den Ca^{2+}-Spiegel des Blutes?

Antwortenvergleiche s. S. A 131/A 132

85 Durch welche drei Einzelwirkungen führt Insulin zu einer Senkung des Blutzuckerspiegels?

_____

_____

_____

86 Was versteht man unter Alloxan-Diabetes?

_____

_____

87 Durch welche beiden Einzeleffekte erhöht Glucagon die Glucose-Ausschüttung der Leber?

_____

_____

_____

88 Wie wirkt sich der Stress auf die Produktion der Nebennierenrindenhormone aus? Durch welches Hormon wird dieser Einfluß vermittelt?

_____

_____

_____

89 Wodurch kann es zum Krankheitsbild des Diabetes insipidus kommen? Warum?

_____

_____

_____

90 Geben Sie von folgenden Hormonen die dazugehörigen innersekretorischen Drüsen sowie die wichtigsten Hormonwirkungen an (Stichwörter).

Hormon	Drüse	Wirkung
Corticosteroide		
Progesteron		
Östradiol		
Testosteron		
Thyroxin		
Adrenalin		
Parathormon		
Thyrocalcitonin		
Insulin		
Glucagon		
Ocytocin		
Vasopressin (= Adiuretin)		
Somatotropin		
Lipotropes Hormon		
Corticotropin		
Thyreotropin		
Follikelstimulierendes Hormon		
Zwischenzellstimulierendes Hormon		
Luteomammotropes Hormon (= Prolactin, Lactotropin)		
Choriongonadotropine		

⇨ Antwortenvergleiche s. S. A 132

91 Welche Hormone haben einen senkenden bzw. einen erhöhenden Einfluß auf den Blutzuckerspiegel?

Blutzucker-senkend: _____

Blutzucker-erhöhend: _____

92 Nennen Sie bitte die Ursache sowie die wichtigsten Symptome des Diabetes mellitus.

_____

_____

_____

_____

_____

_____

93 Schildern Sie in Stichworten den hormonalen Ablauf des Menstruationszyklus der Frau.

_____

_____

_____

_____

_____

_____

94 Welcher Hormonbestandteil der „Pille" verhindert die Ovulation? Auf welche Weise geschieht
das?

_____

_____

95 Nennen Sie bitte die Gewebshormone des Magen-Darm-Traktes und ihre wichtigsten Wirkungen.

_____

_____

_____

_____

96   Welche Wirkungen haben folgende Gewebshormone auf Blutdruck bzw. Blutgefäße?

Angiotensin II (in größeren Dosen): _____

Bradykinin: _____

Histamin: _____

Serotonin: _____

Tyramin: _____

Acetylcholin: _____

Antwortenvergleiche s. S. A 133

Lektion 21:
Mineralstoffwechsel

Lernelemente

1   ▷ Arbeiten Sie bitte zunächst im LB die ersten beiden Abschnitte von Kapitel 21 durch.

Geben Sie den Unterschied zwischen den bisher besprochenen Stoffwechselarten (Protein-, Kohlenhydrat- und Fettstoffwechsel) und dem Mineralstoffwechsel an.

_____

_____

_____

2   Ein entscheidendes Problem ist die Aufrechterhaltung konstanter Ionenkonzentrationen in Körperflüssigkeiten. Die Mineralstoffaufnahme mit der Nahrung stellt hierbei einen (sehr wesentlichen/nur minimal) _____ regulierenden Faktor dar, während ein wesentliches Hilfsmittel die Regulierung der _____ ist. Außerdem gibt es für manche Ionen im Bedarfsfall mobilisierbare _____.

3   Bevor die Verteilung von Wasser und Mineralstoffen im Organismus betrachtet werden kann, sind drei „Großräume" des Körpers zu unterscheiden:

     1. der intrazelluläre Raum, der die gesamte Flüssigkeit _____ umfaßt;

     2. der extrazelluläre Raum, der einerseits das Plasmawasser, also das Wasser des _____, und andererseits die interstitielle Flüssigkeit, d.i. die _____ _____ befindliche Flüssigkeit umfaßt;

     3. der transzelluläre Raum, auch häufig als Abteilung des (intrazellulären/extrazellulären) _____ Raums betrachtet, der die Flüssigkeit von Cerebrospinal-, Intraocular-, Pleural-, Peritonealraum und den Inhalt der Nierentubuli sowie des Verdauungstraktes umfaßt.

4   Diese „Großräume" sind nicht streng voneinander zu trennen, erleichtern aber das Verständnis der Wasser- und Mineralstoffverteilung im Körper, weshalb wir die drei Räume nochmals aufzählen wollen: _____

_____

5   Der Ausgleich der Wasserbilanz kommt im wesentlichen durch zwei Regulationssysteme zustande.
Eines der beiden Regulationssysteme zum Ausgleich der Wasserbilanz tritt bei Flüssigkeitsmangel als _____-gefühl in Kraft; das regt zu vermehrter Flüssigkeitsaufnahme an.
Das zweite Regulationssystem arbeitet über die Regulation der Flüssigkeitsausscheidung in der

_____ . Je nach Lage der Wasserbilanz kann auf diesem Wege die H_2O-Ausscheidung _____ oder _____ werden.

---

6 Von den ca. 180 Litern Primärharn, die die Niere täglich bildet, werden 178–179 Liter wieder rückresorbiert. Welches Hormon (dessen Fehlen zum Krankheitsbild des Diabetes insipidus führt) kontrolliert diesen Teil der Nierentätigkeit? Wo wird es gebildet?

Zur Wiederholung:
Wodurch ist das Krankheitsbild des Diabetes insipidus gekennzeichnet?

Kommt es nun z.B. durch Adiuretinmangel zu einer Verminderung der (Ausscheidung/Rückresorption) _____ von Flüssigkeiten, schaltet sich wieder das erste Regulationssystem ein: Es tritt ein starkes _____ auf.

---

7 Was versteht man unter einem Mol bzw. Millimol einer Substanz?

Geben Sie bitte an, wie eine zweimolare Salzsäure zusammengesetzt ist (Atomgewicht von H: 1,0; von Cl: 35,5).

---

8 Welche international übliche Bezeichnung steht zur Verfügung, wenn in speziellen Fällen die Konzentration nicht auf Mol, sondern auf Gewichtseinheiten bezogen werden soll?

---

9 Bringt man eine Lösung in direkten Kontakt mit einem Lösungsmittel, so kommt es auf dem Weg der _____ zu einer Verdünnung der Lösung. Dies ist ein (freiwillig/unfreiwillig) _____ ablaufender (exergonischer/endergonischer) _____ Vorgang, der zur Erhöhung der molekularen (Ordnung/Unordnung) _____ führt.

Antwortenvergleiche s. S. A 134/A 135

10   Nach den Gesetzen der Diffusion ist stets nur eine (Verdünnung/Konzentrierung) _____
_____ zu erwarten, wogegen durch Osmose bei Aufwendung mechanischer Arbeit auch
eine (Verdünnung/Konzentrierung) _____ erreicht wird. Dieses Prinzip
macht sich bekanntlich der Organismus bei Ultrafiltration und Kolloidosmose zunutze.
Zur Aufnahme niedermolekularer Substanzen in die Zellen kommt das Prinzip des aktiven
Transports zur Anwendung, worunter man den Stofftransport durch Membranen versteht,
der nicht nach Prinzipien der Osmose oder Diffusion abläuft.

11   Wenn der aktive Transport gegen ein _____ abläuft, ist er mit
Energieverbrauch verbunden. Die chemische Energie wird meist durch Spaltung von ATP
geliefert. Man hat in Membranen eine durch $Na^{\oplus}$ und $K^{\oplus}$ aktivierbare ATPase nachgewiesen,
die die _____ bewirkt und wahrscheinlich Bestandteil des Transport-
systems für $Na^{\oplus}$ und $K^{\oplus}$ ist.

12   Fassen wir zusammen:
Unter aktivem Transport versteht man den Transport von Stoffen durch _____,
der nicht nach Prinzipien von _____ oder Diffusion abläuft und meist gegen ein
_____ erfolgt. Der aktive Transport benötigt _____,
die meist durch Spaltung von _____ geliefert wird.

13   Einige Modelle des aktiven Transports postulieren die Existenz eines _____, der
den Transport des Ions oder Moleküls durch die Membran bewerkstelligt.
Ergänzen Sie nachstehendes Schema des Carriermodells.

14   ▷ Bitte lesen Sie jetzt im LB Kapitel 21, Abschnitt 4.

Bei der folgenden Besprechung des Säuren-Basen-Gleichgewichts spielt der Begriff des pH
eine zentrale Rolle. Geben Sie die Definition dieses Begriffes an.

15   Geben Sie (zur Wiederholung) an, was allgemein unter einem Puffergemisch zu verstehen ist.

_____

_____

_____

Unter den Ionen, die im Zusammenhang mit dem Säuren-Basen-Gleichgewicht eine Rolle spielen, nimmt das $H^{\oplus}$-Ion eine besondere Stellung ein. Welche?

_____

_____

_____

16   Der pH-Wert, der sich in einem Puffersystem einstellt, läßt sich bekanntlich nach der Gleichung von _____ berechnen. Wie lautet die allgemeine Form dieser Gleichung?

_____

17   Wenden wir die Gleichung von Henderson-Hasselbalch auf das Bicarbonat-Puffersystem an.

In welchem Verhältnis müssen $HCO^{\ominus}$ und H_2CO_3 zueinander stehen, damit sich der normale pH-Wert des Blutes (7,4) ergibt? (pK = 6,1)

_____

Nun bewirkt das Enzym _____ eine Gleichgewichtseinstellung zwischen H_2CO_3 und CO_2 nach der Formel

_____

18   An der Sicherung eines konstanten Blut-pH wirken noch zwei weitere Puffersysteme mit. Welche sind das?

_____

_____

Antwortenvergleiche s. S. A 135

19 Welche beiden Mechanismen einer erhöhten Säureausscheidung durch die Niere gibt es?

a) _____

b) _____

20 *Natrium* und *Kalium* sind bekanntlich im Organismus in charakteristischer Weise ungleich verteilt:

$Na^\oplus$ findet man vor allem im (intrazellulären/extrazellulären) _____ ,

$K^\oplus$ im (intrazellulären/extrazellulären) _____ Raum vor.

Die $K^\oplus$-Konzentration in den Zellen ist (höher/niedriger) _____ als die extrazelluläre $Na^\oplus$-Konzentration. Dies ist im Hinblick auf das osmotische Gleichgewicht notwendig, da (intrazellulär/extrazellulär) _____ verhältnismäßig viel osmotisch wirksame Stoffe vorhanden sind.

Bei Besprechung der Nebennierenrindenhormone haben wir festgestellt, daß von ihnen ein Einfluß auf die $Na^\oplus$- und $K^\oplus$-Ausscheidung der Niere ausgeht. Wie sieht dieser Einfluß aus? Welches Corticoid spielt hier eine entscheidende Rolle?

_____

21 Ein weiterer wichtiger Mineralstoff ist das *Calcium*. Die Resorption des Nahrungscalciums ist meist unvollkommen und stark von anderen Faktoren abhängig.

Wie heißt das bereits erwähnte Vitamin, das die $Ca^{2\oplus}$-Resorption im Magen-Darm-Trakt fördert und bei Mangel zum Krankheitsbild der Rachitis führt?

_____

22 Man muß, wie Sie erfahren haben, zwischen $Ca^{2\oplus}$-resorptionsfördernden und $Ca^{2\oplus}$-resorptionshemmenden Stoffen unterscheiden. Geben Sie jeweils zwei Vertreter jeder Gruppe an.

Resorptionsfördernd	*Resorptionshemmend*
_____	_____
_____	_____

23 Das Calcium liegt im Blut in zwei Formen vor:

a) _____ ,   b) _____ .

Ob Calcium ins _____-gewebe, dem wichtigsten Calciumspeicher des Organismus, eingelagert oder aus ihm mobilisiert wird, hängt vor allem vom $Ca^{2\oplus}$-Spiegel im Blut ab, der von zwei antagonistisch wirkenden Hormonen reguliert wird. Welche uns bekannten Hormone sind das?

_____

24   Ein weiteres lebensnotwendiges Element ist das *Eisen,* das uns als Bestandteil des Blutfarbstoffs _____ und der Zellhämine schon begegnet ist.

Den größten Anteil am Gesamteisen des Körpers hat das _____. Daneben gibt
es eine Reihe von Speicherformen für Eisen. Welche? (Nur Namen)

_____

Kleine Erfolgskontrolle

25   Nennen Sie den entscheidenden Unterschied zwischen dem Mineralstoffwechsel und dem
Stoffwechsel von Protein, Kohlenhydrat oder Fett.

_____

_____

26   Welche drei ,,Großräume'' sind im Zusammenhang mit der Wasser- und Mineralienverteilung
im Organismus von Interesse? Welche Flüssigkeitsregionen sind ihnen zuzuordnen?

_____

_____

_____

_____

27   Durch welche beiden Regulationssysteme wird ein Ausgleich der Wasserbilanz im Organismus
im wesentlichen erreicht?

_____

_____

28   a) Welchen Einfluß hat Adiuretin auf die Nierentätigkeit? _____

_____

b) Zu welchem Krankheitsbild kann ein Adiuretinmangel führen? _____

_____

⟳ Antwortenvergleiche s. S. A 136

29 a) Wieviel ppm (= 1 Teil auf 1000000 Teile) entspricht einer Konzentration von 10 mg auf 100 g?

_____

b) Wie ist das Äquivalentgewicht einer Substanz definiert?

_____

_____

30 a) Was versteht man unter dem Begriff „Diffusion"?

_____

_____

b) Handelt es sich bei der Diffusion um einen freiwillig ablaufenden Prozeß?

_____

31 Was versteht man unter „aktivem Transport"?

_____

_____

_____

_____

32 Wie groß ist der normale pH-Wert des Extrazellulärraumes (d.h. des Blutplasmas)?

_____

33 Welches ist das wichtigste Puffersystem des Organismus?

_____

34 In welchem Verhältnis stehen die Konzentrationen von Anion $HCO_3^{\ominus}$ zu undissoziierter Säure bei einem pH von 7,4?

_____

35 Wovon ist die effektive H_2CO_3-Konzentration des Blutes vor allem abhängig?

_____

36 Welche Puffersysteme wirken außer dem Bicarbonat-Puffer an der Konstanthaltung des Blut-pH mit?

_____

_____

37 Wodurch können a) Lunge und b) Niere einer acidotischen Stoffwechsellage entgegenwirken?

    a) Lunge: _____

    b) Niere: _____

                  _____

38 Welches Hormon beeinfluß die $Na^{\oplus}$- und $K^{\oplus}$-Ausscheidung der Niere am stärksten? In welcher Weise?

_____

39 Wie kann sich anhaltendes Erbrechen auf den Elektrolythaushalt auswirken?

_____

_____

40 a) Wie groß ist die durchschnittliche _Gesamtcalciumkonzentration_ des Blutes?

_____

    b) Welche Hormone beeinflussen den Calciumspiegel in welcher Weise?

_____

_____

_____

41 a) Wie groß ist etwa der Eisenvorrat des menschlichen Organismus? _____

    b) In welcher Form liegt der größte Teil des Eisens vor?

_____

42 Welche Speicherformen des Eisens gibt es? Wo trifft man sie vor allem im Organismus an?

_____

_____

↪ Antwortenvergleiche s. S. A 137

Lektion 22:
Ernährung und Vitamine

Lernelemente

1   ▷ Lesen Sie bitte im LB Kapitel 22, Abschnitt 1.

Die verschiedenen Nährstoffe können einander in großem Umfang vertreten. Nach dem, was wir in Kapitel 20 über die „Wechselbeziehungen des Intermediärstoffwechsels" gehört haben, ist dies nicht schwer verständlich, da die Nährstoffe nach dem „Prinzip der gemeinsamen Endstrecke" über den _____ und die _____ oxidiert werden.

Nach dem „Isodynamiegesetz" können sich die Nährstoffe nach Maßgabe ihrer _____ _____ vertreten.

2   Der Berechnung der „physiologischen Verbrennungswärme" legt man folgende abgerundeten Werte zugrunde:

Kohlenhydrat   4,1 kcal/g
Protein   4,1 kcal/g
Fett   9,3 kcal/g

_____ und _____ haben also die gleiche, _____ dagegen eine etwa doppelt so hohe Verbrennungswärme.

Geben Sie bitte an, wieviele Gramm Kohlenhydrat, Protein und Fett eine Verbrennungswärme von jeweils 2000 kcal liefern.

Kohlenhydrat   _____

Protein   _____

Fett   _____

3   Die Mindestmenge an Energie, die der Körper zur Aufrechterhaltung seiner Funktion benötigt, wird in dem Begriff _____ zum Ausdruck gebracht. Dieser Begriff bezieht sich auf den Umsatz von energieliefernden Substanzen.

4   Der im Durchschnitt zwischen _____ und _____ kcal/Tag liegende Grundumsatz wird von der Funktion verschiedener Körperorgane beeinflußt. Dabei spielt die Hormonfunktion einer bereits erwähnten Drüse eine wichtige Rolle. Welche Drüse ist das? _____ Wie wirken sich ihre Über- und Unterfunktion auf den Grundumsatz aus?

_____

_____

5 Was versteht man unter dem Begriff der „Biologischen Halbwertszeit"?

_____

_____

Die Erneuerung der Körperbaustoffe geschieht mit (unterschiedlicher/gleicher) _____ _____ Geschwindigkeit für verschiedene Substanzen. Geben Sie dazu ein Beispiel an.

_____

6 Als Endprodukte des Stoffwechsels erscheinen hauptsächlich _____, _____ und Harnstoff.

Man kann aus dem Verhältnis von gebildetem CO_2 zu verbrauchtem O_2 auf die Art der verbrannten Nahrungsstoffe rückschließen. Dieses Verhältnis kennen Sie aus der Physiologie als den „Respiratorischen Quotienten" (RQ):

Ergänzen Sie bitte:

$$RQ = \frac{\text{Volumen gebildetes} _____}{\text{Volumen verbrauchter} \_\_\_\_}$$

7 Glucose wird nach folgender Bruttogleichung oxidiert:

$$C_6H_{12}O_6 + 6O_2 = 6CO_2 + 6H_2O$$

Wie groß ist hier der respiratorische Quotient? _____

8 Ein respiratorischer Quotient von 1,00 bedeutet also, daß _____ oxidiert wurde, während ein RQ von etwa 0,8 bei der biologischen Oxidation von _____, ein RQ von 0,7 bei Oxidation von _____ auftritt.
Kann der RQ über 1,00 steigen? _____

_____

9 ▷ Bevor wir die essentiellen Nahrungsbestandteile besprechen, lesen Sie zunächst den Abschnitt 2 von Kapitel 22.

Formulieren Sie bitte, was man unter der _Stickstoffbilanz_ versteht.

_____

_____

⟁ Antwortenvergleiche s. S. A 138

Eine negative Stickstoffbilanz liegt vor, wenn die (Stickstoffaufnahme/Stickstoffausscheidung) _____ überwiegt.

10 Wieviel Protein muß (Eiweißminimum) und wieviel Protein sollte (empfohlene Menge) der Mensch täglich mit der Nahrung aufnehmen, um eine ausgeglichene Stickstoffbilanz zu erreichen? _____

Das Eiweißminimum von _____ g Protein/Tag ist häufig in Entwicklungsländern wegen schlechter Ernährungsbedingungen nicht gesichert. Vor allem Kinder, die sich noch im Wachstum befinden und deshalb einen relativ (höheren/niedrigeren) _____ Proteinbedarf haben, leiden dort unter Eiweißmangel.

11 Auch der Mangel an essentiellen Aminosäuren spielt eine bedeutende Rolle. Sie (können/ können nicht) _____ vom Organismus synthetisiert werden und müssen deshalb mit der Nahrung in ausreichender Menge _____ werden.

Geben Sie nochmals an, welche Aminosäuren für den Menschen essentiell sind.

_____

12 ▷ Lesen Sie nun im LB Kapitel 22, Abschnitt 3.

Vitamine sind genau wie _____ und _____ _____ essentielle Nahrungsbestandteile. Sie können vom menschlichen Körper selbst (gebildet/nicht gebildet) _____ werden. Sie müssen ihm mit der Nahrung _____ werden, worin (ein wesentlicher/kein wesentlicher) _____ _____ Unterschied zwischen Vitaminen und Hormonen besteht.

13 Formulieren Sie bitte mit eigenen Worten, inwiefern die biochemische Genetik ein Verständnis für die Existenz von „Vitaminen" ermöglicht hat.

_____

_____

_____

_____

_____

_____

14 Vitamine wirken in „_____ Menge" und haben damit _____ Funktion.

Außer Ascorbinsäure (Vitamin C) liegt der Tagesbedarf des Menschen für alle Vitamine unter (1 mg/10 mg/100 mg/1 g) _____ pro Tag.

Geben Sie nochmals die Art der katalytischen Funktion an, die für die meisten Vitamine bekannt ist: _____

_____

15 Was versteht man unter „Vitaminmangelkrankheiten"?

_____

_____

▷ Lesen Sie jetzt die Abschnitte 4 und 5, Kapitel 22.

16 Man unterscheidet zwei Gruppen von Vitaminen:

> Fettlösliche Vitamine und
> wasserlösliche Vitamine.

Diese nach recht äußerlichen Eigenschaften erfolgte Einteilung liefert doch im Hinblick auf Ernährungsfragen einen Hinweis, in welcher Art von _____ ein Vitamin in hoher Konzentration anzutreffen sein wird. Genuß von frischem Obst und Gemüse führt dem Körper _____ Vitamine zu. Butter, Lebertran, Maiskeimöl versorgen den Körper mit _____ Vitaminen.

17 Vitamin A gehört chemisch zu den _____. Wie bereits erwähnt, entsteht Vitamin A im Organismus aus _____, das als Provitamin A fungiert.

18 Wir betrachten nochmals den Syntheseweg: Erstes Spaltprodukt des β-Carotins ist _____, das im Organismus zur Alkoholform (Retinol, Vitamin A_1) reduziert werden kann. Die Vitamin-A-Aldehyde kennen wir als Bestandteile des _____.

Während sich im Tierexperiment Vitamin-A-Mangel zunächst als Wachstumsstillstand äußert, haben Mangelerscheinungen beim Menschen am Anfang _____ und später _____ zur Folge.

19 Als rachitisheilendes Vitamin haben wir das auch unter dem Namen Calciferol bekannte _____ kennengelernt.

Vitamin D fördert, wie bereits erwähnt, die Resorption von _____-Ionen im Magen-Darm-Trakt und führt bei Mangel zum Krankheitsbild der _____.

Biochemisch steht das auch _____ genannte Vitamin D den _____ nahe, in deren Rahmen wir es besprochen haben.

⇨ Antwortenvergleiche s. S. A 139

20   Vitamin D geht aus Δ5,7-ungesättigten Sterinen, die als Provitamine fungieren, durch
_____ hervor.

---

21   Als Antisterilitätsfaktor der weiblichen Ratten wurde _____, auch _____
genannt, entdeckt.

---

22   Vitamin K spielt eine wichtige Rolle im Rahmen der _____. Es ermöglicht
die Prothrombinbildung in der Leber, weshalb es auch als antihämorrhagisches Vitamin bezeichnet wird.

Durch Dicumarinderivate kann man die Wirkung von Vitamin K spezifisch hemmen. Daraus
resultiert eine (Verlängerung/Verkürzung) _____ der Gerinnungszeit des
Blutes.

---

23   Vitamin K ist ein Naphthochinonderivat mit einer Isoprenoid-Seitenkette. Das verbreitete Vitamin mit der Difarnesyl-Seitenkette heißt _____, der Stoff mit der Phytyl-
Seitenkette wird als _____ bezeichnet.

Warum sind beim Menschen Vitamin-K-Mangelerscheinungen relativ selten?

_____

---

24   Aus hochungesättigten Fettsäuren wird im Organismus eine Substanzgruppe aufgebaut, die
zuerst aus Samenflüssigkeit isoliert und später in vielen Geweben nachgewiesen wurde. Heute
sind sie von zunehmendem pharmakologischem Interesse: die _____.

Ihre pharmakologischen Wirkungen sind vielfältig und diesbezügliche Befunde widersprüch-
lich. Man weiß allerdings, daß Prostaglandine auf die _____ erweiternd wirken und
die Kontraktion der _____ stimulieren.

---

25   Damit ist die Besprechung der (fettlöslichen/wasserlöslichen) _____ Vitamine beendet. Schreiben Sie zur Wiederholung hinter folgende Stichworte, welchem Vitamin
sie zuzuordnen sind.

a) Tocopherol: _____

b) Fördert Resorption von
   Ca$^{2\oplus}$-Ionen im
   Magen-Darm-Trakt: _____

c) Phyllochinon: _____

d) Retinol: _____

e) Mangel führt zu
   Blutungsneigung: _____

f) Essentielle Fettsäuren: _____

g) Carotin ist Provitamin: _____

h) Rachitisheilend: _____

i) Mangel führt zu Nacht-
   blindheit: _____

k) Wird von Darmbakterien
   produziert: _____

l) Cholecalciferol: _____

26 *Thiamin*, auch Vitamin B_1 oder Aneurin genannt, ist uns schon mehrfach in Form des
Coenzyms _____ begegnet, das „den aktiven _____ "
und den „aktiven _____ " überträgt.

Die wichtigste Reaktion, bei der Thiaminpyrophosphat mitwirkt, ist die oxidative Decarboxylierung von α-Ketosäuren.

Die typische Thiaminmangelkrankheit ist die _____. Sie kommt vor allem in ost-
asiatischen Ländern vor, in denen _____ oft einziges Nahrungsmittel ist.

27 Ein erster Vertreter des Vitamin-B_2-Komplexes ist das Isoalloxazinderivat _____.
Riboflavin kennen wir als Bestandteil der Flavinnucleotide _____ und _____, deren
Funktion darin besteht, _____ reversibel zu binden.

Welche Symptome eines Riboflavinmangels beim Menschen sind bekannt?

28 Geben Sie die Formel von *Nicotinsäureamid* als weiterem Vertreter des Vitamin-B_2-Komplexes
an.

Nicotinsäureamid

Bei Besprechung des Aminosäurestoffwechsels haben wir eine Aminosäure kennengelernt,
bei deren Abbau über einen Seitenweg Nicotinamid (bzw. $NAD^{\oplus}$ und $NADP^{\oplus}$) gebildet werden kann. Welche Aminosäure ist das? _____

29 Nicotinsäureamid ist Baustein der Coenzyme _____ und _____ und hat so eine
wichtige biochemische Bedeutung. Beide Coenzyme können _____ übertragen.

Welche Symptome treten bei Nicotinsäureamid-Mangel auf?

30 Der dritte Vertreter des Vitamin-B_2-Komplexes ist die Folsäure. Wir haben ihre biochemische
aktive Form, die _____, bei den Coenzymen des C_1-Stoffwechsels
ausführlich besprochen.

31 Tetrahydrofolsäure fungiert im Stoffwechsel als Überträger von „aktiver _____ "
und „aktivem _____ ".

Antwortenvergleiche s. S. A 140

32   Folsäure ist für manche Mikroorganismen ein Wachstumsfaktor. Die Wachstumswirkung
kann durch eine Reihe antibiotisch wirksamer Chemotherapeutika aufgehoben werden,
die vermutlich die Folsäurebildung stören. Dadurch gehen die Bakterien zugrunde.
Wie heißen diese viel verwendeten Arzneimittel?   _____

In welcher Form wirkt sich Folsäure-Mangel (meist eine Verwertungsstörung) beim Menschen
aus?   _____

33   Als Folsäureantagonisten fungieren _____ und sein N^{10}-Methylderivat,
_____. Beide Stoffe werden therapeutisch bei _____ verwendet.
Warum? _____

34   *Pantothensäure* als vierter Vertreter des Vitamin-B_2-Komplexes ist Bestandteil des wichtigen
Coenzyms _____.

Die wichtigste Verbindung des Coenzyms A im Stoffwechsel ist _____. Außerdem ist das Coenzym entscheidend bei der Aktivierung höherer _____-säuren beteiligt.

35   Während bei Versuchstieren Pantothensäuremangel _____ / _____
_____ verursacht, sind beim Menschen keine Mangelerscheinungen bekannt, da das
Vitamin sehr weit verbreitet ist.

Zählen Sie bitte nochmals die Vertreter des Vitamin-B_2-Komplexes — mit zugehörigen
Coenzymen in Klammern — auf.

_____

_____

_____

36   Als *Vitamin B_6* bezeichnet man das Pyridinderivat Pyridoxin, das wir von der Besprechung
des Pyridoxalphosphates, dem Coenzym des _____-Stoffwechsels kennen.
Die Formel von Pyridoxalphosphat lautet:

Pyridoxalphosphat

37 Obwohl bei Vitamin-B_6-Mangel bisher kein typisches Krankheitsbild beobachtet wurde, stehen bei Kindern manchmal auftretende _____ sowie _____-ähnliche Symptome vielleicht mit Pyridoxalmangel in Zusammenhang.

---

38 Als *Vitamin B_{12}* haben wir das _____ kennengelernt, das in seiner komplizierten Struktur eine gewisse Ähnlichkeit mit dem Häminsystem aufweist.

Cobalamin ist der Schutzfaktor gegen die _____, eine Blutkrankheit, die mit erheblichen Reifungsstörungen der roten Blutkörperchen verbunden ist.

---

39 Perniziöse Anämie ist bedingt durch

    — Vitamin-B_{12}-Mangel,   ☐
    — eine Resorptionsstörung von Vitamin B_{12}, ☐

weil der normalerweise in der Magenschleimhaut gebildete _____
fehlt. Perniziöse Anämie kann durch intravenöse Gaben bereits kleinster Mengen von _____ ohne Schwierigkeiten geheilt werden.

Vergleichen wir Vitamin B_{12} mit dem B_{12}-Coenzym, finden wir an Stelle des Cyanid-Ions einen zweiten _____.

---

40 *Vitamin C,* auch _____ genannt, ist ein biochemisches Redoxsystem, das reversibel _____ abgeben kann. Geben Sie zur Wiederholung nochmals die Formel von Ascorbinsäure an.

Ascorbinsäure

---

41 Mit ca. 75 mg/Tag ist der menschliche Vitamin-C-Bedarf im Vergleich zu den anderen Vitaminen relativ (klein/groß) _____.

Typische Vitaminmangelkrankheit ist die _____ mit folgenden typischen Symptomen:

Sie sind zu heilen durch Gaben von _____.

⟡ Antwortenvergleiche s. S. A 141

42 Das letzte zu erwähnende Vitamin, das *Vitamin H*, auch _____ genannt, ist in der Lage, unter ATP-Verbrauch CO_2 zu binden und zu übertragen.

Diese Biotin-Funktion spielt z.B. bei den Umwandlungen von Acetyl-CoA in _____ _____ (vgl. LB S. 207) und Pyruvat in _____ (vgl. LB S. 262f.) eine wichtige Rolle.

Durch _____-Gabe, das das Vitamin inaktiviert, läßt sich im Tierexperiment Biotinmangel auslösen. Das hat Symptome wie _____ und _____ zur Folge.

---

43 Schreiben Sie bitte hinter die folgenden Stichworte, welchem Vitamin sie zuzuordnen sind.

a) Kann aus Tryptophan synthetisiert werden: _____

b) Mangelkrankheit ist Beriberi: _____

c) Heilt perniziöse Anämie: _____

d) Bestandteil von „Coenzym F": _____

e) Bestandteil von Coenzym A: _____

f) Wird durch Avidin inaktiviert: _____

g) Resorption von „Intrinsic Factor" abhängig: _____

h) Mangel bewirkt u.a. Störungen des Tryptophanabbaus: _____

i) Synthese wird durch Sulfonamide blockiert: _____

k) Mangelkrankheit ist Pellagra: _____

l) Mangelkrankheit ist Skorbut: _____

Kleine Erfolgskontrolle

44 Wie groß ist die „physiologische Verbrennungswärme" von jeweils einem Gramm

Kohlenhydrat? _____   Protein? _____   Fett? _____

---

45 Wie groß ist der durchschnittliche Grundumsatz pro Tag? _____

Von welchen physiologischen Parametern ist er abhängig?

_____

---

46 Wie ist die biologische Halbwertszeit definiert?

_____

_____

---

47 Wie ist der respiratorische Quotient definiert?

_____

Welche Werte hat er bei der biologischen Oxidation von Kohlenhydrat, Fett und Protein?

_____

48 Was versteht man unter der Stickstoffbilanz des Organismus?

_____

_____

Wann ist sie negativ?   _____

49 Bei welchen Werten liegt das Eiweißminimum pro Tag für den Menschen?   _____

Wie groß ist die empfohlene Eiweißzufuhr?   _____

50 Geben Sie bitte die essentiellen Aminosäuren an.   _____

_____

51 Ordnen Sie die Vitamine A, B_1, C, K, B_6, B_{12}, D, H, B_2-Komplex, E nach Fettlöslichkeit und Wasserlöslichkeit.

fettlöslich   _wasserlöslich_

_____   _____

_____   _____

52 In der nachstehenden Tabelle sind lediglich die Buchstaben der einzelnen Vitamine angegeben. Tragen Sie dazu jeweils den Namen des Vitamins und — soweit bekannt — den Namen des Coenzyms und die wichtigsten Mangelkrankheiten des Menschen ein.

Antwortenvergleiche s. S. A 142

Vitamin

Buchstabe	Name	Coenzym	Mangelkrankheit des Menschen
I Fettlösliche Vitamine			
A			
D			
E			
K			
II Wasserlösliche Vitamine			
B_1			
B_2-Komplex			
B_6			
B_{12}			
C			
H			

53 Wie beeinflußt Vitamin D die Resorption von $Ca^{2\oplus}$-Ionen?

54 Welcher Gerinnungsfaktor wird durch Vitamin K in seiner Produktion besonders beeinflußt?

55 Warum ist ein Vitamin-K-Mangel beim Menschen relativ selten?

56 Bei welchem Aminosäureabbau kann Nicotinsäureamid gebildet werden?

57 Durch welche Substanz außer Nicotinsäureamid kann man Pellagra heilen?

_____

58 Wodurch kommt es zur perniziösen Anämie? _____

_____

59 Auf welches Vitamin hat Avidin einen Einfluß? Wie sieht dieser Einfluß aus?

_____

60 Schreiben Sie hinter die folgenden Mangelkrankheiten das jeweilige Vitamin, dessen Mangel sie hervorruft.

Rachitis: _____

Beriberi: _____

Pellagra: _____

Skorbut: _____

Antwortenvergleiche s. S. A 142/A 143

Lektion 23:
Spezielle biochemische Funktionen einiger Organe

Lernelemente

1 ▷ Arbeiten Sie bitte zunächst im LB die Abschnitte 1–3 von Kapitel 23 durch.

Damit die verschiedenen Körperfunktionen im Gesamtorganismus von den _____ ausgeführt werden können, verfügen diese meist über eine spezialisierte Enzymausstattung, wodurch bestimmte Stoffwechselreaktionen in einem Organ möglich, im anderen unmöglich sind.

_____

2 Betrachten wir innerhalb des Verdauungstraktes zunächst den *Magen*.

Der Magensaft zeigt mit einem pH von 1,5 eine (stark saure/neutrale/stark basische) _____ _____ Reaktion. Dies ist auf die Fähigkeit der Magenschleimhaut zurückzuführen, _____ zu produzieren und in den Magen abzugeben.

_____

3 Die Säurebildung des Magens, die normalerweise einen Magensaft-pH von etwa _____ gewähr- leistet, basiert auf dem Prinzip (der Diffusion/des aktiven Transports/der Osmose) _____ _____.

Bei der Wasserdissoziation entstehen auch $OH^{\ominus}$-Ionen, die den pH ins (saure/alkalische) _____ verschieben würden. Wie verhindert der Organismus dies?

_____

_____

_____

4 Im Magenfundus wird auch das *Pepsinogen* gebildet, das im sauren Magensaft in _____ umgewandelt wird. Dies ist ein proteolytisches Enzym, das zu den (Endopeptidasen/Exo- peptidasen) _____ gehört und bevorzugt Bindungen mit aromatischen oder sauren Aminosäuren spaltet.

Auch der sog. „Intrinsic Factor", der wie wir gehört haben, die Resorption von _____ _____ ermöglicht, entsteht in der Magenschleimhaut. Fehlender „Intrinsic Factor" ruft _____ hervor.

_____

5 Welche beiden Gewebshormone regulieren die Sekretion der Bauchspeicheldrüse? _____ und _____. Welchen Einfluß haben diese Gewebshormone auf die Bauchspei- cheldrüse?

_____

_____

_____

6 Pankreassekret ist reich an _____ und folglich (sauer/alkalisch) _____.
Damit kann es die Magensäure _____ .

---

7 Die Zahl der im Pankreas gebildeten Verdauungssysteme ist groß; einigen Vertretern sind wir
bereits begegnet. Welche großen Stoffgruppen werden von Pankreasenzymen hydrolisiert?

_____

Einige Proteasen werden im Pankreas zunächst als Vorstufen gebildet und erst im Dünndarm
aktiviert. Nennen Sie bitte Beispiele.

_____

---

8 Zur Wiederholung:
a) Wie fördern Gallensäuren Verdauung und Resorption der Fette?

_____

b) Was ist der wichtigste Gallenfarbstoff? _____

Geben Sie bitte an, welche entscheidende Rolle die Leber innerhalb des Kohlenhydratstoffwechsels spielt.

_____

_____

---

9 Neben dem ständigen Umbau zwischen Glucose und _____ liegt die zweite wichtige Aufgabe der Leber innerhalb des Kohlenhydratstoffwechsels in der _____.
Woraus synthetisiert die Leber Glucose? _____

---

10 Im Fettstoffwechsel besteht eine Wechselbeziehung zwischen Leber und _____.
Schildern Sie kurz, wie die Leber auf ein Überangebot an zirkulierenden freien Fettsäuren
reagiert.

_____

_____

---

11 Die beim Proteinstoffwechsel anfallenden Aminosäuren werden, wenn sie nicht in Protein
eingebaut sind, weiter abgebaut. Das Kohlenstoffgerüst wird beim _____
verwertet, während der Stickstoff als Harnstoff ausgeschieden wird.

Außerdem ist die Leber der Ort sog. „Entgiftungsreaktionen". Welche Substanz des Kohlenhydratstoffwechsels spielt dabei eine wichtige Rolle? _____

Antwortenvergleiche s. S. A 144/A 145

12 Welche Reaktionstypen rechnet man zu den „Entgiftungsreaktionen"?

_____

_____

13 Die genannten Funktionen lassen sich — wie Sie wissen — zu diagnostischen Zwecken heran-
ziehen. Wir sprechen dann von _____. Nennen Sie bitte solche:

_____

_____

14 Beschreiben Sie bitte die Enzymbestimmung im Serum, die diagnostisch von erheblicher
Bedeutung ist.

_____

_____

_____

_____

15   ▷ Lesen Sie nun im LB Kapitel 23, Abschnitt 3, „Das Blut".

Wir fragen:
a) Worin besteht der wesentliche Unterschied zwischen Blutplasma und Blutserum?

_____

b) Was bezeichnet man als „Reststickstoff"?

_____

c) Worauf läßt sich aus seiner Konzentration im Blut schließen?

_____

16 Unter den zellulären Elementen des Blutes, die auch die „_____" Elemente
genannt werden, nehmen die _____ den ersten Platz mit ca. 5 Millionen/mm³
ein. Welchen wichtigen Stoff enthalten die Erythrozyten?

_____

17 Der Stoffwechsel der Erythrozyten weist einige Besonderheiten auf.

1. Was folgt daraus, daß sie keinen Zellkern haben? _____

_____

2. Was fehlt den Erythrozyten fast vollständig? _____

3. Worauf beschränkt sich der Kohlenhydratstoffwechsel bei den Erythrozyten?

_____

4. Was kann der Ausfall der NADP·H-Bildung bewirken? _____

_____

---

18 ▷ Bitte lesen Sie jetzt den Abschnitt 4 von Kapitel 23.

Unter Ultrafiltration des Plasmas versteht man die Filtration (hochmolekularer/niedermoleku-larer) _____ Stoffe unter Zurückhaltung der (hochmolekularen/niedermolekularen) _____ Stoffe. Zurückgehalten werden in den Glomeruli vor allem die _____ .

---

19 Der Primärharn wird im Laufe seiner Nierenpassage auf etwa 1/100 seines Volumens reduziert und zwar durch _____ .

---

20 Hauptsächlich wird _____ rückresorbiert, aber auch typische Ausscheidungsprodukte wie

_____ .

---

21 Man kann sagen, daß die meisten niedermolekularen Substanzen des Primärharns auf ihrem Weg durch das Tubulussystem der Niere zum erheblichen Teil _____ werden.

Ein Sonderfall ist in gewisser Hinsicht die Glucose: Sie wird bei normalem Blutzuckerspiegel und intakter Niere (überhaupt nicht/zu 50%/vollständig) _____ rückresorbiert.

---

22 Das Auftreten von Glucose im Urin (Glucosurie) muß demnach als

    — normal   ☐
    — pathologisch ☐

angesehen werden.

Antwortenvergleiche s. S. A 145

23 Bei dem Vorgang der Rückresorption in der Niere handelt es sich um einen (energieverbrauchenden/energieliefernden) _____ Prozeß, den wir unter dem Stichwort _____ ausführlich besprochen haben. (Vgl. LB, S. 351.)

24 Der Mechanismus des aktiven Transports ist nicht nur für die Rückresorption, sondern auch für die _____ bestimmter Stoffe in den Harn von Bedeutung. Geben Sie bitte anschließend Substanzen an, die aktiv aus dem Blutstrom in den Harn sezerniert werden.

_____

25 Normalerweise hat der Harn gegenüber Blutplasma einen (höheren/gleichen/niedrigeren) _____ pH-Wert, was nicht zuletzt daran liegt, daß _____ aktiv sezerniert wird.

Welche Hormone üben auf die Niere innerhalb der hormonalen Regulation entscheidende Wirkungen aus?

    1. _____

    2. _____

    3. _____

26 Welche Urinbestandteile stehen als Ausscheidungsprodukte im Vordergrund?

_____

Welche Substanz im Urin läßt einen Rückschluß auf die im Organismus umgesetzte Proteinmenge zu? Wie sieht das entsprechende Mengenverhältnis aus?

_____

27 Pathologische Bestandteile des Harns treten beim gesunden Menschen

    — in beliebiger Menge im Urin auf.   ☐
    — nicht oder nur in geringer Menge im Urin auf.   ☐

Proteine im Urin weisen zunächst auf eine _____ hin. Liegen Glucosurie und Ketonurie (Ketonkörper im Harn) vor, ist als pathologischer Hintergrund _____ _____ wahrscheinlich.

28   ▷ Lesen Sie bitte LB Abschnitt 6 in Kapitel 23.

Sie haben soeben erfahren:
Binde- und Stützgewebe bilden eine Vielfalt von Strukturen mit sehr verschiedenen mechanischen Funktionen:

> _____ oder _____,

> _____ oder _____.

Wodurch wird diese Verschiedenheit erreicht? _____

_____

_____

29 Zählen Sie bitte derartige Makromoleküle auf:

Proteine: _____

Polysaccharide: _____

30 Beschreiben Sie bitte:

1. das Kollagen: _____

_____

_____

_____

2. das Elastin: _____

_____

_____

31 Die _____ sind die zweite Hauptkomponente des Bindegewebes.
Wo findet man vor allem

a) das Chondroitinsulfat? _____

b) die Hyaluronsäure? _____

Wodurch wird im Knochen die Belastbarkeit auf Druck sichergestellt?

_____

32 ▷ Lesen Sie bitte im LB Kapitel 23, Abschnitt 7, „Biochemie der Muskeln".

Wir gehen kurz auf die Biochemie der Muskeln ein. Als dominierende chemische Energie-
quelle steht auch in der Muskulatur der universelle Energiedonator des Organismus, das
_____, zur Verfügung.

▷ Antwortenvergleiche s. S. A 146

33 Man unterscheidet einerseits zwischen Muskeln, die große Arbeit über kurze Zeit leisten (Skelettmuskeln) und ihren Energiebedarf überwiegend durch _____ decken, und andererseits Muskeln, die kleine Arbeit dauernd aufbringen (z.B. Herzmuskel) und ihren Energiebedarf hauptsächlich durch _____ decken.

In den aerob arbeitenden Muskeln — wie z.B. (den Sprungmuskeln/dem Herzmuskel) _____ _____ — befinden sich viele Mitochondrien. Welche Bedeutung haben sie?

_____

_____

34 Die eigentliche „Aktionssubstanz" des Muskels ist ATP, dessen hydrolytische _____ die Energie zur Kontraktion liefert.
Zweite Energiereserve der Muskulatur ist das _____ , das mit _____ im Gleichgewicht steht, d.h. es kann im Bedarfsfall _____ schnell regenerieren.

35 Durch Nutzbarmachung der freien Energie der ADP-Spaltung kann aus 2 ADP ebenfalls ein _____ aufgebaut werden.

    a) Wie muß diese Reaktion aussehen?
    b) Durch welches Enzym wird sie katalysiert?

    Zu a) (Ergänzen Sie folgende Gleichung:)

    $2 \; ADP \rightleftharpoons$ _____

    Zu b) Enzym: _____ .

36 Wir kennen damit zwei Wege, auf denen im Muskel ATP regeneriert wird:

    Aus _____ und aus _____ .

37 Welche löslichen, fibrillären Proteine sind an der Muskelkontraktion aktiv beteiligt?

_____

_____

38 Wir charakterisieren das *Myosin*.

    1. Es hat die _____ eines Globulins.
    2. Woraus besteht Myosin? _____

_____

_____

39 Das *Troponin* kommt mit Actin und Tropomyosin zusammen vor und stellt ein wichtiges _____ dar. Troponin hemmt die _____ des Actomyosins.

40   ▷ Lesen Sie jetzt im LB den Abschnitt 8 von Kapitel 23 aufmerksam durch.

Sie haben erfahren: An den Nervenenden — den Synapsen oder motorischen Endplatten — erfolgt die Reizübertragung auf (physikalischem/chemischem) _____ Wege. Die dabei freigesetzten Substanzen nennt man _____ .

---

41   Je nach den Neurotransmittern, den Aktionssubstanzen, unterscheidet man

       1. _____ und

       2. _____ Nerven.

Es geben ab:

       1. _____

       2. _____

---

42   Die Neurotransmitter sind in den Synapsen innerhalb kleiner Bläschen (synaptische Vesikel) gespeichert. Was geschieht auf das elektrische Signal hin?

---

43   ▷ Lesen Sie jetzt bitte im LB Kapitel 23, Abschnitt 9.

Aus diesem wichtigen Abschnitt stellen wir folgende Fragen:

1. Worin äußert sich die Differenzierung der Zellen verschiedener Gewebe?

2. Was ist dafür erforderlich?

---

44   Nennen Sie Beispiele für die differenzierte Enzymausstattung.

◁ Antwortenvergleiche s. S. A 147

45 Die Entwicklung des Embryos ist mit einer gewaltigen Vermehrung der Zellen auf der Grundlage einer _____ Zellteilung verbunden.

Geben Sie bitte an, in welche Abschnitte der Lebenslauf einer Zelle, der *Zellzyklus*, unterteilt werden kann.

```
┌─────────────┐
│             │
└─────────────┘
       │
       ↓
┌─────────────┐
│             │
└─────────────┘
       │
       ↓
┌─────────────┐
│             │
└─────────────┘
       │
       ↓
┌─────────────┐
│             │
└─────────────┘
       │
       ↓
┌─────────────┐
│             │
└─────────────┘
```

46 Zellen können maligne entarten. Was sind *Tumorzellen?*

_____

_____

Die Umwandlung einer Körperzelle in eine Tumorzelle ist im allgemeinen

    — reversibel   ☐
    — irreversibel   ☐

Was versteht man unter „Invasion"? _____

_____

Was sind Metastasen? _____

_____

47 Die Umwandlung normaler Körperzellen in Tumorzellen kann durch _____
(oder _____) ausgelöst oder begünstigt werden.
Nennen Sie dafür Beispiele:

_____

▷ Lesen Sie bitte dazu nochmals im LB, S. 386–388 ab
   „Ursachen der Krebsentstehung".

Kleine Erfolgskontrolle

48 Welches biochemische Prinzip liegt der Säurebildung der Magenschleimhaut zugrunde?

_____

_____

_____

49 Welche physiologische Bedeutung hat der im Magen gebildete „intrinsic factor"?

_____

_____

_____

50 Welche Arten von Verdauungsenzymen werden im Pankreas gebildet?

_____

_____

_____

51 Durch welche Gewebshormone wird die Sekretion der Bauchspeicheldrüse reguliert?

_____

⇩ Antwortenvergleiche s. S. A 148

52 Formulieren Sie bitte in Stichworten, welche Rolle die Leber

a) im Kohlenhydratstoffwechsel spielt: _____

_____

_____

_____

b) im Fettstoffwechsel spielt: _____

_____

_____

c) im Proteinstoffwechsel spielt: _____

_____

_____

53 Welche Formen von ,,Entgiftungsreaktionen'' kann die Leber ausführen?

_____

_____

54 Welche drei prinzipiellen Vorgänge umfaßt die Nierenfunktion? Welche von ihnen basieren überwiegend auf dem Prinzip des aktiven Transports?

_____

_____

_____

_____

55 Nennen Sie die drei wichtigsten Hormone, die die Nierenfunktion beeinflussen. Geben Sie bitte an, welche Wirkung sie ausüben.

_____

_____

_____

_____

56 Aus welchem Harnbestandteil läßt sich auf die im Organismus umgesetzte Proteinmenge schließen? _____

Wie sieht das entsprechende Mengenverhältnis aus?

_____

57 Welche pathologischen Harnbestandteile gibt es? Auf welche Krankheiten lassen sie u.U. schließen?

_____

_____

_____

_____

58 Wie unterscheiden sich kurzzeitig arbeitende Muskeln (z.B. Sprungmuskeln) von dauernd arbeitenden Muskeln (z.B. Herzmuskel) im Hinblick auf die überwiegende Deckung ihres Energiebedarfs?

_____

_____

59 Was ist die Hauptquelle der chemischen Energie des Muskels? _____

Durch welche energiereichen Phosphate kann sie im Bedarfsfall aufgefüllt werden?

_____

Antwortenvergleiche s. S. A 149

Große Erfolgskontrolle

1   Welche der angegebenen Aminosäuren wird durch eine Transaminase in eine α-Ketosäure über-
    führt, die auch im Citronensäurezyklus auftritt?

     a) Valin □
     b) Tyrosin □
     c) Threonin □
     d) Lysin □
     e) Asparaginsäure □

2   Welches Vitamin spielt eine Rolle bei der Synthese von Malonyl-CoA aus Acetyl-CoA?

     a) Thiamin □
     b) Pantothensäure □
     c) Pyridoxin □
     d) Ascorbinsäure □
     e) Biotin □

3   Eine Verknüpfung der Phosphorsäure mit Inosit in den Inositiden

     a) ist eine Amidbindung □
     b) ist eine Säureanhydridbindung □
     c) ist eine Esterbindung □
     d) ist eine direkte P-C-Bindung □
     e) liegt überhaupt nicht vor □

4   Durch welche Größen wird die Aktivität eines Enzyms ausgedrückt?

     a) Substratspezifität □
     b) Michaelis-Konstante □
     c) Halbwertszeit □
     d) Reaktionsgeschwindigkeit □
     e) pH-Optimum □

5   Der Glykogenabbau im Muskel wird durch folgendes Hormon stimuliert:

     a) Cortisol □
     b) Adrenalin □
     c) Insulin □
     d) Thyroxin □
     e) Parathormon □

6   Stellen Sie bitte die autokatalytische Aktivierung von Trypsin dar.

---

7   Die Sauerstoffbeladung des venösen Blutes in der Lunge erleichtert die CO_2-Abgabe, da

   a) die Erythrozyten sich kontrahieren und dadurch CO_2 auspressen ☐
   b) Ferri-Hb eine stärkere Säure als Ferro-Hb ist ☐
   c) Sauerstoff das Ferro-Hb zu einer stärkeren Säure macht ☐
   d) keines von diesen der Fall ist ☐

---

8   Der Citratzyklus findet statt

   a) im Zellplasma ☐
   b) im Zellkern ☐
   c) in der Zellmembran ☐
   d) in den Mitochondrien ☐
   e) in den Lysosomen ☐

---

9   Diabetes insipidus wird verursacht durch Mangel an

   a) Glucagon ☐
   b) Aldosteron ☐
   c) Vasopressin ☐
   d) Parathormon ☐
   e) Thyreocalcitonin ☐

---

10   Die kompetitive Hemmung einer Enzymreaktion beruht auf

   a) Strukturänderung des Enzyms ☐
   b) allosterischen Effekten ☐
   c) Verdrängung des Coenzyms ☐
   d) irreversibler Vergiftung des Enzyms ☐
   e) keine Antwort trifft zu ☐

---

11   Blutplasma unterscheidet sich vom Blutserum durch

   a) Anwesenheit von Fibrinogen ☐
   b) Abwesenheit von Thrombin ☐
   c) Agglutination der Blutplättchen ☐
   d) Anwesenheit von Plasmalogenen ☐
   e) überhaupt nichts ☐

▷ Antwortenvergleiche s. S. A 150

12   Das Endprodukt des anaeroben Glucosestoffwechsels im Muskel ist

    a) Pyruvat ☐
    b) Acetoacetat ☐
    c) Milchsäure ☐
    d) Malat ☐
    e) CO_2 und H_2O ☐

---

13   Ein essentielles Zwischenprodukt bei der Biosynthese von Fettsäuren ist

    a) Mevalonsäure ☐
    b) Malonyl-CoA ☐
    c) Hydroxymethylglutarat ☐
    d) Methyl-Malonat ☐
    e) Carnitin ☐

---

14   Unter Gluconeogenese versteht man

    a) die Induktion der an der Glucosesynthese beteiligten Enzyme ☐
    b) die Freisetzung von Glucose aus Glykogen ☐
    c) die Neubildung von Glucose aus CO_2 und H_2O in der Pflanze ☐
    d) die Neubildung von Glucose aus Lactat oder Aminosäuren ☐
    e) eine erbliche Stoffwechselstörung mit pathologisch gesteigerter Glucosesynthese ☐

---

15   Blutplasma unterscheidet sich von Vollblut durch das Fehlen von

    a) Hämoglobin ☐
    b) Serum ☐
    c) Alpha-Globulin ☐
    d) Blutzellen ☐

---

16   Welche Peptidbindungen in Proteinen werden durch Pepsinogen gespalten?

---

17   Die Transportform der Kohlenhydrate im Blut ist

    a) Glucose-1-Phosphat ☐
    b) D-Glucopyranose ☐
    c) Glucose-6-Phosphat ☐
    d) Fructose-1,6-Disphosphat ☐
    e) Saccharose ☐

18 Welche Funktion kommt dem Kreatinphosphat im Muskel zu, und wodurch ist es zu dieser Funktion befähigt?

_____

_____

19 Die Harnsäure im Urin ist ein Abbauprodukt

    a) einer Aminosäure ☐
    b) des Harnstoffs ☐
    c) der Fettsäuren ☐
    d) der Purinbasen ☐
    e) der Pyrimidinbasen ☐

20 Aus welchen Monosaccharidbausteinen bestehen

    a) Lactose: _____

    b) Maltose: _____

    c) Saccharose: _____

    d) Cellobiose: _____

21 Nennen Sie die wichtigste Methode zur Trennung von Serum-Proteinen und ihrer quantitativen Bestimmung.

_____

22 Bei Mangel an Vitamin B_1 erwarten Sie Störungen

    a) im Kohlenhydratstoffwechsel ☐
    b) im Fettstoffwechsel ☐
    c) im Aminosäurenstoffwechsel ☐
    d) in der Proteinbiosynthese ☐
    e) im Harnstoffzyklus ☐
    f) keine Antwort trifft zu ☐

23 Das Carnitin wirkt mit bei

    a) der Bildung von Chylomikronen ☐
    b) dem intrazellulären Transport der Fettsäuren ☐
    c) der Speicherung von Fetten ☐
    d) der Emulgierung der Fette im Darm ☐
    e) dem Abbau β-verzweigter Fettsäuren ☐
    f) keine Antwort trifft zu ☐

Antwortenvergleiche s. S. A 151

24 Welche der folgenden Substanzen ist Hilfssubstrat (im Kästchen mit „HS" eintragen), welche ist prosthetische Gruppe (im Kästchen mit „p" eintragen) der Succinatdehydrogenase?

Bernsteinsäure	☐	NADP	☐
Malonsäure	☐	FMN	☐
Ubichinon	☐	Citronensäure	☐
NAD	☐	FAD	☐
Liponsäure	☐	Thiaminpyrophosphat	☐

25 Der Stoffdurchsatz durch die Atmungs-Kette wird normalerweise begrenzt durch

a) die O_2-Anlieferung mittels Hämoglobin ☐
b) die O_2-Diffusion im Gewebe ☐
c) die ADP-Konzentration ☐
d) die Substratzufuhr (z.B. Glucose, Malat) ☐
e) die Coenzym-Konzentration ☐
f) keine Antwort trifft zu ☐

26 Definieren Sie den Begriff „Oxygenasen" (Oxygen-Transferasen), und geben Sie zwei Beispiele an.

a) Definition: _____

_____

_____

b) Beispiele: _____

_____

_____

27 Schreiben Sie die Strukturformel (mit richtiger sterischer Zuordnung) von folgendem Steroid auf: Δ^4-Pregnen-11β,17α,21-triol-3,20-dion.

Hat diese Substanz einen Trivialnamen?   Ja ☐   Nein ☐

Wenn ja, welchen? _____

28 Welche physiologische Bedeutung hat der Abbau von Glucose nach dem Pentosephosphat-Zyklus (= Warburg-Dickens-Horecker-Schema)?

_____

_____

29 Welche der folgenden Substanzen ist Substrat (im Kästchen „S" eintragen), und welche ist Inhibitor (im Kästchen „I" eintragen) der Succinatdehydrogenase?

Oxalsäure	☐	Bernsteinsäure	☐
Cyanid	☐	Apfelsäure	☐
Liponsäure	☐	Malonsäure	☐
Brenztraubensäure	☐	$NAD^{\oplus}$	☐
FMN	☐	Cytochrom c	☐

30 Bei Mangel an Vitamin B_6 erwarten Sie Störungen im

a) Kohlenhydratstoffwechsel ☐
b) Fettstoffwechsel ☐
c) Aminosäurenstoffwechsel ☐
d) Citratzyklus ☐
e) Harnstoffzyklus ☐
f) keine Antwort trifft zu ☐

31 Die Gallensäuren wirken mit bei

a) der Bildung der Chylomikronen ☐
b) dem intrazellulären Transport der Fettsäuren ☐
c) der Speicherung von Fetten ☐
d) der Emulgierung der Fette im Darm ☐
e) dem Abbau β-verzweigter Fettsäuren ☐
f) keine Antwort trifft zu ☐

32 Kreuzen Sie in der folgenden Tabelle die richtige Zuordnung der aufgeführten Hormone zu den chemischen Stoffklassen an.

◻ Antwortenvergleiche s. S. A 152

Hormon	1. Steroid	2. Peptid oder Protein	3. Stoffwechselprodukt von Aminosäuren
a) Adiuretin			
b) Cortisol			
c) Melatonin			
d) Thyreotropin			
e) Glucagon			

33   Das Cytochrom a (a_3) enthält als prosthetische Gruppe

     a) FAD ☐
     b) Ferro-protoporphyrin ☐
     c) Cytohämin ☐
     d) Ferredoxin ☐
     e) Chlorophyll ☐

34   Der Stoffdurchsatz durch die Glykolysekette (anaerob) im Muskel wird reguliert durch

     a) Glucosezufuhr ☐
     b) Glykogenabbau ☐
     c) ATP-Spiegel ☐
     d) NAD-Spiegel ☐
     e) keine Antwort trifft zu ☐

     (N.B. Es ist nach der regulierenden, nicht nach der regulierten Größe gefragt.)

35   Die Gluconeogenese aus Aminosäuren in der Leber wird durch folgendes Hormon stimuliert:

     a) Cortisol ☐
     b) Glucagon ☐
     c) Insulin ☐
     d) Thyroxin ☐
     e) Parathormon ☐

36   Definieren Sie den Begriff „Oxidasen", und geben Sie zwei Beispiele an.

     a) Definition: _____

     _____

     b) Beispiele: _____

     _____

37   Schreiben Sie die Strukturformel (mit richtiger sterischer Anordnung der Gruppen) von folgendem Steroid auf: Δ^4-Pregnen-11β,21-diol-3,20-dion-18-al.

Hat die Substanz einen Trivialnamen? Wenn ja, welchen?

38   Berechnen Sie den respiratorischen Quotienten, der sich aus der Verbrennung von Stearinsäure (Gang der Rechnung angeben) ergibt.

39   a) Nennen Sie Mononucleoside, die sich von Purinbasen ableiten.

b) Geben Sie die Formel einer dieser Verbindungen an.

40   Nennen Sie ein Enzym, das aus Untereinheiten aufgebaut ist (auch als Quartärstruktur bezeichnet) und von dem Isoenzyme existieren.

Antwortenvergleiche s. S. A 152/A 153

41 a) Zu welcher Stoffklasse gehören Enzyme?

_____

b) Gibt es Ausnahmen? _____

_____

42 Welches Enzym spaltet Ribonucleinsäure?

a) Polypeptidase   ☐
b) Desoxyribonuclease   ☐
c) Phosphodiesterase   ☐
d) Ali-Esterase   ☐
e) keines der genannten   ☐

43 Geben Sie die Formel von Harnstoff an.

44 a) Was versteht man unter Transkription?

_____

b) Was versteht man unter Translation?

_____

45 Eine der folgenden Behauptungen ist falsch. Kreuzen Sie diese an.

Die freie Energie einer (bio-)chemischen Reaktion

a) ist unabhängig von der Katalysatorkonzentration   ☐
b) wird angegeben in kcal   ☐
c) ist ein Maß für die Triebkraft einer Reaktion   ☐
d) ist umgekehrt proportional der Aktivierungsenergie   ☐
e) ist direkt proportional dem negativen Logarithmus der   ☐
   Gleichgewichtskonstanten K

46 Welche Hemmstoffe der Protein-Biosynthese kennen Sie?

_____

47 Welche Bedeutung hat das Carbamoylphosphat im Stoffwechsel?

_____

_____

48 Aus welchen Bestandteilen ist Coenzym A aufgebaut?

_____

_____

49 a) Was versteht man unter „ketoplastischen" Aminosäuren?

_____

b) Geben Sie zwei Beispiele an. _____

_____

50 Markieren Sie in der folgenden Peptid-Kette (Insulin-Ausschnitt) mit einem Pfeil die Bindungen, die von Trypsin (Pfeil ↓) und von Chymotrypsin (Pfeil ↑) gespalten werden.

$$SO_3H$$
$$|$$
— Tyr-Leu-Val-Cys-Gly-Glu-Arg-Gly-Phe-Phe-Tyr-Thr-Pro-Lys-Ala —

51 Welche genetisch bedingten Störungen des Phenylalanin-Tyrosin-Stoffwechsels sind die Ursachen

a) der Phenylketonurie _____

_____

b) der Alkaptonurie _____

_____

52 Was versteht man unter dem „isoelektrischen Punkt"?

_____

_____

_____

_____

53 Was sind Antigene? _____

_____

_____

⇨ Antwortenvergleiche s. S. A 153/A 154

54   Die Primärstruktur von Peptiden kann man ermitteln

    a) durch Totalhydrolyse mit HCl ☐

    b) durch Totalhydrolyse mit Enzymen ☐

    c) durch Edmanschen Abbau mit $C_6H_5-N=C=S$ ☐

    d) mit der analytischen Ultrazentrifuge ☐

    e) keine Antwort trifft zu ☐

---

55   Thiaminpyrophosphat wirkt mit bei

    a) Decarboxylierungen ☐

    b) Carboxylierungen ☐

    c) Transaminierungen ☐

    d) Redoxreaktionen ☐

    e) Isomerisierungen ☐

    f) keine Antwort trifft zu ☐

---

56   Die Geschwindigkeit einer enzymatischen Reaktion

    a) ist pH-abhängig ☐

    b) kann aus der Gleichgewichtskonstanten berechnet werden ☐

    c) kann aus der freien Energie ΔG^0 berechnet werden ☐

    d) kann aus der Michaelis-Konstanten berechnet werden ☐

    e) keine Antwort trifft zu ☐

---

57   Die kompetitive Hemmung einer enzymatischen Reaktion beruht auf

    a) Strukturänderung des Enzyms ☐

    b) allosterischen Effekten ☐

    c) Verdrängung des Coenzyms ☐

    d) irreversibler Vergiftung des Enzyms ☐

    e) keine Antwort trifft zu ☐

---

58   Das Prinzip der Basenpaarung bei Nucleinsäuren beruht auf

    a) Wechselwirkung elektrischer Ladung ☐

    b) Wasserstoffbrückenbindungen ☐

    c) Hauptvalenzbindungen ☐

    d) keine Antwort trifft zu ☐

---

59   Kann im Stoffwechsel Fett in Kohlenhydrat umgewandelt werden? Begründen Sie Ihre Antwort.

60   Schreiben Sie auf einem gesonderten Blatt Papier folgende Stoffwechselwege mit ihren Formeln und Coenzymen auf.

     a) Anaerobe Glykolyse
     b) Citronensäurezyklus
     c) Harnstoffzyklus
     d) β-Oxidation der Fettsäuren

Antwortenvergleiche s. S. A 154

Antwortenteil

Lernelemente und Erfolgskontrollen

Lektion 1:
Organische Chemie und Biochemie

Antwortenvergleiche zu den Lernelementen

1   Kohlenstoff(-Verbindungen)

---

2   Tetrahydrofuran   /   Indol

3

	O-Funktionen		N-Funktionen	
	Formel-darstellung	Bezeichnung der Gruppe	Formel-darstellung	Bezeichnung der Gruppe
Einwertige	$-OH$	Hydroxygruppe	$-NH_2$	Aminogruppe
Zweiwertige	$\rangle C=O$	Carbonylgruppe	$=NH$	Iminogruppe
Dreiwertige	$-C\!\!\begin{smallmatrix}O\\OH\end{smallmatrix}$	Carboxygruppe	$-C\equiv N$	Cyanogruppe

---

4 $R^1-\overset{\overset{\displaystyle R^2}{|}}{C}H-OH$

5

$R-CH_2-OH$ $R^1-\overset{\overset{\displaystyle R^2}{|}}{C}H-OH$ $R^1-\overset{\overset{\displaystyle R^2}{|}}{\underset{\underset{\displaystyle R^3}{|}}{C}}-OH$

primäre Alkohole   sekundäre Alkohole   tertiäre Alkohole

---

6   (Esterbildung) Gleichgewichtsreaktion

(Ätherbildung) R^1-CH_2-OH + $HO-\overset{\overset{\displaystyle R^2}{|}}{\underset{\underset{\displaystyle R^3}{}}{C}}H$ ⟶ $R^1-CH_2-O-\overset{\overset{\displaystyle R^2}{|}}{\underset{\underset{\displaystyle R^3}{}}{C}}H$ + H_2O

(Dehydrierung) Wasserstoff(-Atomen) / sekundären (Alkohols) / lassen sich nicht

---

7   Alkoholen / (Aminogruppe) NH_2 / Amin

primäres Amin: sekundäres Amin: tertiäres Amin:

— positive Ladung. ☒

8

Dehydrierung   /   — Aldehyde: $\begin{smallmatrix}H\\[-2pt]R\end{smallmatrix}\!\!>\!\!C=O$ — Ketone: $\begin{smallmatrix}R^1\\[-2pt]R^2\end{smallmatrix}\!\!>\!\!C=O$ /   Iminogruppe

---

9

OH(-Gruppe)   /

---

10   schwache Carbonsäuren   /   Alkoholen

11

Carboxy(-Gruppe) $-C\!\!\begin{smallmatrix}\nearrow O\\ \searrow OH\end{smallmatrix}$ /   Protonen $R-C\!\!\begin{smallmatrix}\nearrow O\\ \searrow O^{\ominus}\end{smallmatrix}$

---

12   dissoziiert

---

13   (sinngemäß:) Die jeweils tieferstehende hat eine CH_2-Gruppe mehr.

---

14   Salz (der) Weinsäure

---

15 CH_2(-Gruppe)   /   Struktur(-Formeln)

HOOC−COOH	HOOC−CH_2−COOH	HOOC−CH_2−CH_2−COOH
Oxalsäure	Malonsäure	Bernsteinsäure
Salz:		
[Oxalat]	[Malonat]	[Succinat]

HOOC−CH_2−CH_2−CH_2−COOH   /   Glutarsäure
[Glutarat]

16 *Carbonsäure*   *Salz*

Milchsäure   Lactat
Brenztraubensäure   Pyruvat
Glycerinsäure   Glycerat
Äpfelsäure   Malat

---

17 R—COOH $\rightleftharpoons$ R—COO$^\ominus$ +   H$^\oplus$ (H$_3$O$^\oplus$)

Carbonsäure   Carbonsäure-   Proton
                               anion

---

18 $$\frac{[R—COO^\ominus] \cdot [H^\oplus]}{R—COOH} = K$$

---

19 $pH = —^{10}\log\ [H^\oplus]$

---

20 (Wert) K   /   pH(-Wert)

---

21 $$\log \frac{[Ac^\oplus]}{[HAc]} - pH = -pK \quad / \quad pH = \log \frac{[Ac^\oplus]}{[HAc]} + pK$$

---

22 pH(-Änderungen)   /   H$^\oplus$(-Konzentration)

---

23 H$^\oplus$(-Ionen)   /   wenig   /   Säure

---

24 schwache (Säuren) | Phosphatpuffer

Salzen | Citratpuffer
                     | Trispuffer
pk(-Wertes) |

---

25 chemischen (und) physikalischen

---

26 geometrischen (Isomeren) | cis-·(und) trans(-Verbindungen)

cis(-Verbindungen) | geometrische (Isomere)

---

27 (sinngemäß:) Es besteht keine Isomerie.
Begründung: Es liegen zwei gleichberechtigte Schreibweisen vor. Freie Drehbarkeit der Bindung zwischen den C—C-Atomen.

---

28 Chiralität

---

29 Gruppenübertragung

Antworten zur Kleinen Erfolgskontrolle

30 | *Carbonsäuren* | *Salze* |
|---|---|
| Milchsäure | Lactat |
| Brenztraubensäure | Pyruvat |
| Glycerinsäure | Glycerat |
| Äpfelsäure | Malat |
| Weinsäure | Tartrat |

---

31 | *Salze* | *Carbonsäure-Namen* | *Carbonsäure-Formeln* |
|---|---|---|
| Acetat | Essigsäure | $H_3C—COOH$ |
| Butyrat | Buttersäure | $H_3C—CH_2—CH_2—COOH$ |
| Malonat | Malonsäure | $HOOC—CH_2—COOH$ |
| Succinat | Bernsteinsäure | $HOOC—CH_2—CH_2—COOH$ |
| Oxalat | Oxalsäure | $HOOC—COOH$ |

Lektion 2:
Aminosäuren

Antwortenvergleiche zu den Lernelementen

1 — die Amino-Gruppe $-NH_2$ / — die Carboxy-Gruppe $-COOH$

$$
\begin{array}{c}
COOH \\
| \\
H_2N-C-H \\
| \\
R
\end{array}
$$

---

2 asymmetrisches (Molekül) / H_2N-CH_2-COOH / kann deshalb nicht

---

3 $R-COOH \longrightarrow R-COO^{\ominus} + H^{\oplus}$ / $H^{\oplus}$(-Ionen) / $NH_3 + H^{\oplus} \longrightarrow NH_4^{\oplus}$

4
$$
\begin{array}{c}
COO^{\ominus} \\
| \\
\overset{\oplus}{H_3N}-C-H \\
| \\
R
\end{array}
$$

---

5 geladenen (Formen)

$$
\begin{array}{ccc}
\begin{array}{c}
COO^{\ominus} \\
| \\
\overset{\oplus}{H_3N}-C-H \\
| \\
R
\end{array}
&
\begin{array}{c}
COOH \\
| \\
\overset{\oplus}{H_3N}-C-H \\
| \\
R
\end{array}
&
\begin{array}{c}
COO^{\ominus} \\
| \\
H_2N-C-H \\
| \\
R
\end{array}
\\
\text{I.} & \text{II.} & \text{III.}
\end{array}
$$

---

6 pH-Wert (der Lösung) / MWG (Massenwirkungsgesetz) / $1,5-2,5$ / $9,0-9,8$

---

7 isoelektrischen (Punkt) | Zwitterionen-Form

isoelektrischen (Punkt) | positiven (und einer) negativen (Ladung)

8
$$
\begin{array}{c}
COO^{\ominus} \\
| \\
\overset{\oplus}{H_3N}-C-H \\
| \\
R
\end{array}
$$
Glykokoll (oder) Glycin | keine (Spiegelbildisomerie)

kein (asymmetrisches C-Atom) |

$$\overset{\oplus}{H_3N}-\overset{\overset{\displaystyle COO^{\ominus}}{|}}{CH_2}$$
 Glykokoll
(Gly)

---

9 Methyl-Gruppe CH_3 / $\overset{|}{H}\overset{|}{C}-CH_3$ / $\overset{|}{C}H_2$
        $\overset{|}{C}H_3$ $\overset{|}{H}C-CH_3$
                                  $\overset{|}{C}H_3$

                   (Valin)

                            (Leucin)

---

10 $\overset{\oplus}{H_3N}-\overset{\overset{\displaystyle COO^{\ominus}}{|}}{\underset{\displaystyle \overset{|}{C}H_3}{\underset{|}{HC-CH_3}}}{C}-H$ / L-Leucin (abgek.: Leu)

---

11 (abgek.:) Pro / $\overset{\oplus}{H_2N}\overset{COO^{\ominus}}{\diagdown}$ oder: $\overset{\oplus}{H_2N}\overset{COO^{\ominus}}{\overset{|}{\diagdown}H}{}H_2$

                   L-Valin H_2 H_2

---

12 4 (C-Atomen)

N(-Atom)

5(-Ring)

$$\overset{\oplus}{H_3N}-\overset{\overset{\displaystyle COO^{\ominus}}{|}}{\underset{\displaystyle CH_2}{|}}{C}-H$$

---

13 unpolarem (Rest) / (Gly,) Ala, Val, Leu, Ile, Phe, Pro

---

14 OH, SH

(abgek.:) Ser

$\overset{\oplus}{H_3N}-\overset{\overset{\displaystyle COO^{\ominus}}{|}}{\underset{\displaystyle CH_2-OH}{|}}{C}-H$

L-Cystein (abgek.: Cys)

L-Threonin

$\overset{\oplus}{H_3N}-\overset{\overset{\displaystyle COO^{\ominus}}{|}}{\underset{\displaystyle \overset{|}{C}H_3}{\underset{|}{H-C-OH}}}{C}-H$

---

15 nicht ionisierten (aber) polar

L-Serin	OH-Gruppe		z.B.	L-Methionin
L-Threonin	OH-Gruppe			L-Asparagin
L-Cystein	SH-Gruppe			L-Glutamin

16   Carboxy(-Gruppe)

---

17   Diamino(-monocarbonsäuren)

---

18   basischen (Gruppe)

6 (C-Atome)

ϵ(-Stellung)

ϵ(-Stellung)

$$
\begin{array}{c}
COO^{\ominus} \\
| \\
H_3\overset{\oplus}{N}-C-H \\
| \\
CH_2 \\
| \\
CH_2 \\
| \\
CH_2 \\
| \\
CH_2-\overset{\oplus}{N}H_3
\end{array}
$$

(Lysin)

---

19 δ(-Stellung)

δ(-C-Atom)

$$
\begin{array}{c}
COO^{\ominus} \\
| \\
H_2N-C-H \\
| \\
CH_2 \\
| \\
CH_2 \\
| \\
H_2C-NH \\
\quad\quad\quad C=\overset{\oplus}{N}H_2 \\
H_2N
\end{array}
$$

20

$$
\begin{array}{c}
COO^{\ominus} \\
| \\
H_3\overset{\oplus}{N}-C-H \\
| \\
CH_2
\end{array}
$$

L-Histidin (His)

---

21   Gruppe I   – unpolarer Rest R
    Gruppe II   – nicht ionisierte, aber polar wirkende Gruppe
    Gruppe III   – 2. Carboxy-Gruppe im Rest R
    Gruppe IV   – 2. basische Gruppe im Rest R

22

L-Methionin   L-Leucin   L-Prolin   L-Serin
(Met)   (Leu)   (Pro)   (Ser)
II.   I.   I.   II.

---

23 Hydrolyse / Aminosäuren

---

24 Amino(-Gruppe) / Carboxy(-Gruppe) / sehr ähnlich

---

25 qualitativen (Analyse)

---

26 quantitativen (Bestimmung) / $Cl^{\ominus}$

---

27 unterschiedlich / zu verschiedenen Zeiten

---

28 Farbtiefe / Quantität / Qualität

Antworten zur Kleinen Erfolgskontrolle

29

I. Zwitterionenform   II. Nach Säurezusatz   III. Nach Alkalizusatz

---

30 Im Bereich der pK-Werte

---

31 Aus den pK-Werten der Säure und der basischen Gruppe $\dfrac{pK_1 + pK_2}{2} = I.P.$

In Zwitterionenform

---

32 1. Aminosäuren mit unpolarem Rest R
2. Aminosäuren mit nichtionisierten, aber polar wirkenden Gruppen.
3. Saure Aminosäuren
4. Basische Aminosäuren

---

33 Sie gehören der L-Reihe an.

---

34 1. L-Ala   2. L-Lys   3. L-Cys   4. L-Tyr

5. L-Glu   6. L-Ser   7. L-Val   8. L-Gly

35

1. L-Histidin   2. L-Asparagin   3. L-Prolin   4. L-Leucin
(His)   (Asp·NH_2 (Pro)   (Leu)
oder Asn)

5. L-Methionin   6. L-Tryptophan   7. L-Arginin   8. L-Glutaminsäure
(Met)   (Trp)   (Arg)   (Glu)

---

36 1. Papierchromatographie   Papierchromatographie
2. Ionenaustauschchromatographie   Ionenaustauschchromatographie

---

Lektion 3:
Peptide

Antwortenvergleiche zu den Lernelementen

1

$$R-C\overset{\displaystyle O}{\underset{\displaystyle NH-R}{\diagup}}$$

---

2 Hydrolyse / Carbonsäureamide / Aminosäuren

---

3 Aminosäuren / Carboxy-Gruppe / Aminogruppe

---

4 Aminosäuren / Valin + Tyrosin + Glutaminsäure (+ $NH_4^{\oplus}$)

---

5 Tripeptid / Oligopeptid

---

6 Ala | Sequenz
     Pro |
     Met | Sequenz(-Ermittlung)

---

7 Thiohydantoin

---

8 1. (Edman-) Aminosäure-Derivat | Sequenzierung
     2. Peptid-Restkette |

---

9 Tri(-peptid) / Cystein / Glycin

---

10 γ-Carboxy-Gruppe / Gly   Gly
                           | |
                           Cys—S—S—Cys
                           | |
                           Glu   Glu

---

11 Oxidation / $2\ R-CH_2-S^{\ominus}\ \underset{-\,2e}{\overset{+\,2e}{\rightleftarrows}}\ R-CH_2-S-S-CH_2-R$

Antworten zur Kleinen Erfolgskontrolle

12 1. Carbonsäureamide

   2. $\underset{\diagup C \diagdown_{NH} \diagup}{\overset{\overset{\text{O}}{\|}}{}}$, Peptid-Bindung

   3. Oligopeptide bestehen aus nicht mehr als 10 Aminosäuren.
      Polypeptide bestehen aus nicht mehr als 100 Aminosäuren
      Makropeptide oder Proteine bestehen aus mehr als 100 Aminosäuren.

   4. a) Formel
      b) Tyrosyl — Valyl — Glutaminyl — Glycin
         Ist Glutamin eingebaut, heißt der Rest Glutaminyl; ist Glutaminsäure eingebaut,
         heißt er Glutamyl.
      c) NH_2 oder
         $H-Tyr-Val-Glu-Gly-OH$ $H-Tyr-Val-Gln-Gly-OH$

   5. Vgl. LE 8

      $\boxed{1}-\boxed{2}-\boxed{3}-\boxed{4}$ _____ $+\ E \longrightarrow E-\boxed{1}-\boxed{2}-\boxed{3}-\boxed{4}$ _____ $\longrightarrow$

      $\longrightarrow \boxed{E\ \ 1}\ +\ \boxed{2}-\boxed{3}-\boxed{4}$

   6. Glutathion / Protamine / Peptidhormone

Lektion 4:
Proteine

Antwortenvergleiche zu den Lernelementen

1   Anzahl   /   100 (Aminosäure-Resten)

2   Protein   /   Peptid(en)

3   Aminosäuren | Peptid-Bindung | $-\overset{\displaystyle O}{\underset{\displaystyle NH-}{C}}$

4   Sequenz   /   Edman-Abbau

5   homologe (Proteine)

6   drei(-dimensionale)

7   räumliche (Anordnung)   /   räumliche   /   Quartärstruktur

8   funktionellen Gruppen

9   Disulfid-Bindung | a) Lys | b) Glu
                                  Arg   Asp
    Disulfid-Bindung | His |

10   H-Brücken

11   Nebenvalenz-Bindung   /   Innern   /   Wassermoleküle

12   L(-Aminosäuren)
α-C-Atom
zwei(-dimensionale)
èbene (Lage)

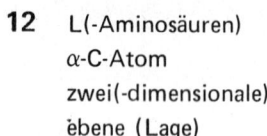

---

13   Faden(-Molekül) | >N−H(-Gruppen) | Seitenketten
>C=O(-Gruppen) | H-Brücken |

---

14   (ca.) 10%   /   Faltblattstruktur

(sinngemäß:) Seitenketten haben genügend Raum. Identitätsperiode ist berücksichtigt. H-Bindungen zwischen parallelen und antiparallelen Ketten möglich.

---

15   H-Brücken-Bindungen | α-Helix | α-Helix
(von) Windung (zu) Windung | innerhalb einer Kette | H-Brücken-Bindungen

---

16   Haare | (1.) Die Seidenfibroin-β-Keratin-Gruppe
Vogelfedern | (2.) Die α-Keratin-Myosin-Fibrinogen-Gruppe
| (3.) Die Kollagen-Gruppe
Röntgenstruktur(-Forschung) |

---

17   Faltblatt(-Struktur)

---

18   2 (oder) 3 (α-Helices) | α(-Keratin-Struktur)
11 (solcher "Seile") | β(-Keratin-Struktur)

---

19   drei (Ketten)   /   schraubenförmig   /   Glycin

---

20   unverbundene (Moleküle)   /   Haupt(-valenzen)   /   SH(-Gruppen)   /   Dehydrierung

---

21   Faltblattstruktur (und die) α-Helix   /   variiert stark

---

22   (sinngemäß:) Unter Quartärstruktur versteht man die Art der Aggregation mehrerer Peptid-Ketten zu einem definierten Molekül.

---

23 Quartärstruktur / H-Brücken / hydrophobe (Bindungen)

---

24 Sequenz

---

25 Innern / im Molekülinnern

---

26 verändert / ungeordneten (Zustand)

---

27 verändert werden

---

28 physikalischen (und) chemischen (Eigenschaften) / (Protein-)Raumstruktur

---

29 (sinngemäß:) Raumstruktur, biologische, chemische und physikalische Eigenschaften des Proteins werden verändert.

---

30 hochmolekulare (Stoffe) | x $\triangleq$ Abstand von der Drehachse | größer
	w $\triangleq$ Winkelgeschwindigkeit
	t $\triangleq$ Zeit
	s $\triangleq$ Sedimentationskonstante

---

31 Molekulargewicht

$$M = \frac{R \cdot T \cdot s}{D\left(1 - \dfrac{\rho_L}{\rho_{Prot}}\right)}$$ ρ_{Prot}: Dichte des gelösten Proteins

ρ_L: Dichte des Lösungsmittels

---

32 33 000 − 60 000

---

33 60 000 / 500 (Aminosäuren)

---

34 Trennung

34a Nachweis / Glu, Asp, Lys, Arg, His

35

His

Arg

Glu

Asp

Lys

---

36   pH-Wert (der Lösung) / ungeladen / undissoziiert / ungeladen

---

37   dissoziiert / negativ / positive (Ladungen)

---

38   isoelektrische Punkt

---

39   Anode   /   (sinngemäß:) In keine Richtung, da kein Antrieb besteht.

---

40   serologische (Methode) oder immunologische (Methode)

---

41   Antigenen / Proteine

---

42   Antikörper(-bildung) / Antigenen / Antikörpern

---

43   Spezifität / selbst kleinste (Unterschiede)

---

44   Skleroproteine (und die) Sphäroproteine (oder) globulären Proteine

Skleroproteine (und der) globulären (Proteine)

---

45   (1.) Histone
(2.) Albumine
(3.) Globuline

---

46   Albumine / hoher / Globuline

---

47   Metallproteine   Nucleoproteine
Phosphoproteine   Glykoproteine
Lipoproteine   Chromoproteine

---

48   Blutplasma

---

49   Erythrozyten / ungeronnenen (Blutes) / 7–8% (Eiweiß) / Gerinnungs(-faktoren)

---

50   Papierelektrophorese | Präalbumin, Albumin,
Anode | α_1-, α_2-, β-, γ-Globuline
Serum(-Fraktionen) |

---

51   52–62% / Transportfunktion (und der) osmotischen Funktion

---

52   Fette (und) Lipide / Transportfunktion / Lipid(-anteil)

---

53   Globulin(-Fraktion) / α_1-Glykoprotein

---

54 γ-Globulins

---

55   (sinngemäß:) Immunglobuline sind Antikörper gegen fremde Proteine und bakterielle Antigene.

56

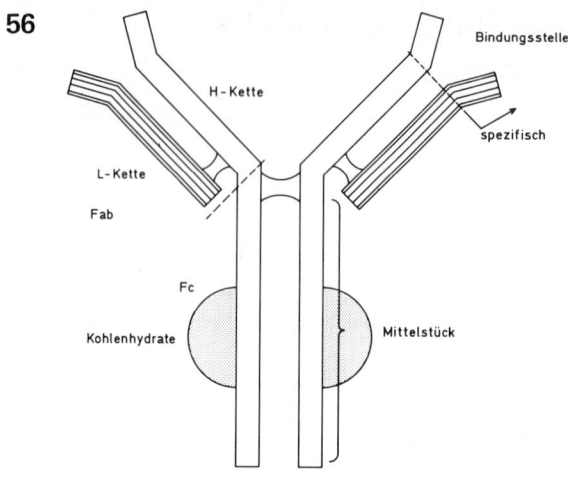

---

57   mit den Antigenen   /   Wasserstoffbrücken- (und) Ionen(-Bindungen)

---

58   Gerinnungsfaktoren   /   Fibrinogen

---

59   (1. das) äußere System oder extrinsic system
(2. das) innere System oder intrinsic system

---

60   Verlust   /   römischen Ziffern   /   (Zusatz) a

---

61   (Name: Stuart-Prower-Faktor)   /   aktive (Form)

---

62   exogenen (System)   /   (Name: Gewebsthromboplastin)   /   (Faktor VII). /   (Form) Xa

---

63   (Name: Proaccelerin)   /   Komplex   (Name: Prothrombin)

---

64   (Faktor IIa)   /   (Faktor I)

---

65   Fibrin-Monomer   /   Thrombin   /   zellulären (Elementen)

---

66   (Faktor XII)   /   unphysiologischen (Oberflächen)

67

Oberflächenkontakt
Phospholipide

⇓

XIIa ⟵ XII

⇓

XIa ⟵ XI

⇓

IXa ⟵ IX

⇓

VIII ⟶ VIIIa

⇓

X ⟶ Xa

⇓ $Ca^{2\oplus}$ Phospholipide

II ⟶ IIa

Prothrombin   Thrombin

⇓

I ⟶ Ia

Fibrinogen   Fibrin

Antworten zur Kleinen Erfolgskontrolle

68   100

---

69   (sinngemäß:) Proteine mit großer Übereinstimmung in der Aminosäurensequenz, z.B. Trypsin/Chymotrypsin, α- und β-Ketten des Hämoglobins

---

70   a) Aminosäurensequenz
       b) Kettenanordnung im Raum
       c) Aggregation mehrerer Peptid-Ketten zu einem definierten Molekül

---

71   a) Hauptvalenzbindungen. Zwischen zwei Cystein-SH-Gruppen
       b) Nebenvalenzbindungen. Zwischen einer   C=O-Gruppe und dem Proton einer NH- oder OH-Gruppe
       c) Nebenvalenzbindungen. Zwischen Gruppen vom Kohlenwasserstofftyp.

---

72   a) Faltblattstruktur
       b) α-Helix
       c) drei schraubenförmig gebaute Ketten, die seilartig umeinander gedreht sind.

---

73   (sinngemäß:) Die Veränderung der Konformation (Raumstruktur) eines zusammengesetzten Proteins durch niedermolekulare Substanzen. Hämoglobin bei O_2-Anlagerung.

---

74   Struktur. Biologische, chemische und physikalische Eigenschaften.

---

75   Stoffkonstante für ein bestimmtes Protein. Abhängig vom Molekulargewicht.

---

76   Zur Trennung von Salzen und Eiweiß, da Proteine die Dialysemembran aufgrund ihrer Molekülgröße nicht passieren können.

---

77   a) von der überwiegenden Ladungsart des Proteins
       b) von Ladungsgröße, Molekülform und -größe

---

78   Auf dem Prinzip der Antigen-Antikörper-Reaktion

---

79 Komplexe aus einem Proteinanteil und einer nichtproteinartigen sog. „prosthetischen"
Gruppe.

---

80 Präalbumine, Albumine, α_1-, α_2-, β-, γ-Globuline

---

81 Osmoregulation des Blutes. Proteinreserve

---

82 durch Nebenvalenzen

---

83 Inneres und äußeres System. Bei Aktivierung des Faktors X zu Xa.

84

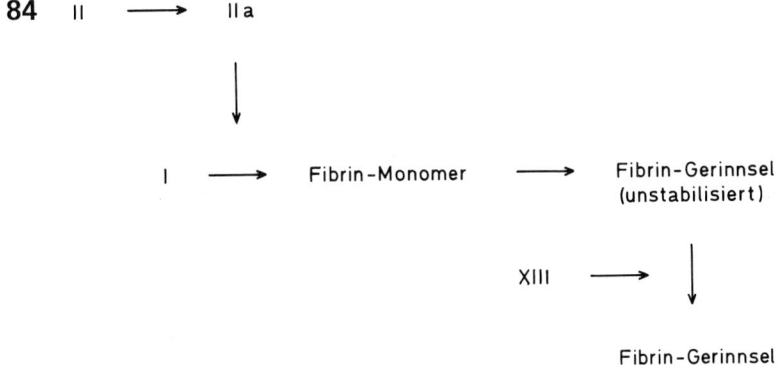

---

85 Plasmin spaltet das Fibrin in lösliche Peptide.

Lektion 5:
Enzyme und Biokatalyse

Antwortenvergleiche zu den Lernelementen

---

1 nicht möglich

---

2 katalysierenden | Raumstruktur (des) aktiven Zentrums

Raumstruktur | geht damit verloren

(sinngemäß:) Proteide sind definiert als Komplexe, die aus einem Proteinanteil und einer nicht proteinartigen „prosthetischen" Gruppe bestehen. Vgl. Lektion 4, LE 47 Kleine Erfolgskontrolle, Antwort zu Frage 14.

---

3 nichtproteinartige (Gruppe) | spezifische (Auswahl)

Co-Enzym + Apo-Enzym = Holo-Enzym | Substratspezifität

Apo-Enzym |

---

4 proteinartigen (Anteil) / Apo-Enzym

---

5 Massenwirkungsgesetz (MWG) | Gleichgewicht

$$\frac{[R - COO^{\ominus}] \cdot [H^{\oplus}]}{[R - COOH]} = K$$

keine (Rolle)

umkehrbar

---

6 $\dfrac{C_C \cdot C_D}{C_A \cdot C_B} = K$ | hoch | groß | größer

---

7 ΔG^0 = Änderung der freien Energie des Systems durch die Reaktion

Index^0 = Bezug auf den Standardzustand

R = Gaskonstante = 1,987 cal/Mol · Grad

T = absolute Temperatur

$\ln K$ = natürlicher Logarithmus der Gleichgewichtskonstanten

freien Energie / $\Delta G^0 = -RT \cdot \ln K$

8 negativ · aufgenommen · exergonische

exergonischen · positives · Gleichgewicht

---

9 Aktivierungsenergie / exergonisch / verkleinert / ... beschleunigt

---

10 (sinngemäß:) Ein geschlossenes System im Gleichgewicht verbraucht weder Energie, noch ist es in der Lage, welche zu liefern.

auf das Gleichgewicht zustreben / sich im Gleichgewicht befinden

---

11 Fließgleichgewicht / Substraten / Reaktionsprodukten

```
        Transportvorgang        Transportvorgang
              |                        |
              ↓                        ↓
        ┌─────────────────────────────────┐
   →→→  │        Reaktionsablauf          │ →→→
        └─────────────────────────────────┘

Substrate                    Reaktionsprodukte
```

offenes

---

12 Einstellung · Fließ(-Gleichgewichts) · keine

Lage · sehr wohl · Gleichgewicht

---

13 (sinngemäß:) Man erreicht in der Gesamtenergiebilanz ein negatives ΔG und ermöglicht dadurch den Ablauf der 1. endergonischen Reaktion.

ATP = Adenosintriphosphat

---

14 endergonisch · ATP · Phosphorsäure (und) Glucose

kleine · exergonisch · ATP

Energieniveau · große · endergonisch

---

15 Glycerinaldehyd (zu) Glycerinsäure · Wärmeenergie

a) Glucose + ATP → Glucose-6-Phosphat + ADP · chemische

b) gekoppelt mit der Oxidation von Glycerinaldehyd zu Glycerinsäure aus ADP + Phosphat · Wärmeenergie

16   hohen / exergonische / Wasser

---

17   Hydrolyse / reaktionsfähig / Ade – Rib – $\textcircled{P}$ ~ $\textcircled{P}$ ~ $\textcircled{P}$

---

18   Substrat- (und) Wirkungsspezifität / proteinartigen (Anteil) / Apo-Enzym

---

19   Wirkungsspezifität / Isoenzyme / Wirkungsspezifität / Sequenz

---

20   Substratspezifität / keinesfalls alle

---

21   Aktivierungsenergie / (die) Menge (und die) Aktivität

---

22 $\dfrac{[E] \cdot [S]}{[ES]} = KS$

---

23   Enzym-Substrat-Komplexes / (Reaktions-)geschwindigkeit

(sinngemäß:) Dann, wenn bereits die gesamte Enzymmenge als Enzym-Substrat-Komplex vorliegt. Dann ist nämlich die maximale Reaktionsgeschwindigkeit erreicht.

24

E-S-Komplexes	Hälfte	[S] = K
Hälfte	genau gleich	(S) Halbmax. Geschwindigkeit = K_m

(sinngemäß:) Es ist eine hohe Substratkonzentration notwendig, um die Hälfte der zur Verfügung stehenden Enzymmenge in den Enzym-Substrat-Komplex überzuführen.

---

25   (sinngemäß:) Die Reaktionsgeschwindigkeit ist groß, da die Anzahl der Substratmoleküle , die von einem Enzymmolekül pro Minute umgesetzt werden, groß ist.

---

26   pH(-Bereich) / pH-Bereich

---

27   Metallionen / „Vergiftung"

28   kompetitiver   /   Enzym   /   Substratkonzentration

---

29   kompetitiven   /   konkurrieren also nicht   /   Konkurrenz   /   Raumstruktur

---

30   (sinngemäß:) Es wird verhindert, daß zuviel vom Endprodukt produziert wird.

(sinngemäß:) Ein Multi-Enzym-Komplex ist ein Aggregat von mehreren Enzymen, die die Einzelschritte einer Reaktionsfolge katalysieren.

---

31   1. Oxidoreduktasen   3. Hydrolasen   5. Isomerasen
2. Transferasen   4. Lyasen   6. Ligasen

---

32   (1.) Oxidoreduktasen   Oxidations-Reduktions-Reaktionen
(2.) Transferasen   Übertragung von Molekül-Gruppen
(3.) Hydrolasen   hydrolytische Molekül-Spaltungen
(4.) Lyasen   nichthydrolytische Molekül-Spaltungen
(5.) Isomerasen   Strukturänderungen (Umlagerungen innerhalb d. Moleküls)
(6.) Ligasen   Verknüpfungen zweier Moleküle unter ATP-Spaltung

---

Antworten zur Kleinen Erfolgskontrolle

33   Zu den Proteinen und Proteiden

---

34   a) Apoenzym; b) Coenzym   /   Substrat und Wirkungsspezifität

---

35 $\Delta G^0 = -RT \cdot \ln K$

---

36   a) Eine Reaktion, bei der Energie freigesetzt wird. ΔG ist negativ.
b) Eine Reaktion, bei der Energie verbraucht wird. ΔG ist positiv.

---

37   a) wird reduziert
b) wird erhöht
c) bleibt unverändert

---

38   (sinngemäß:) Einen stationären Zustand, bei dem dauernd Substanzen einströmen und Reaktionsprodukte herausgeschleust werden.

---

39   Durch eine energetische Kopplung mit einer „energiereichen" Verbindung.

---

40   (sinngemäß:) Bindungen, bei deren Hydrolyse eine größere Energiemenge freigesetzt wird. Formales Zeichen: ~

---

41   (sinngemäß:) a) Die Fähigkeit des Enzyms, nur eine von zahlreichen thermodynamisch möglichen Umwandlungen des Substrats zu katalysieren.
b) Die Fähigkeit des Enzyms, nur bei bestimmten Substraten, die die gleiche Reaktion eingehen können, diese Reaktion zu katalysieren.

---

42   (sinngemäß:) Enzyme, die zwar die gleiche Reaktion katalysieren, sich aber durch analytische Methoden trennen lassen und sich meist im Hinblick auf ihr Aktivitätsverhalten voneinander unterscheiden.

---

43   Die Reaktionsgeschwindigkeit = Stoffumsatz pro Zeiteinheit (meist in Mikromol pro Minute).

---

44   Die Substratkonzentration, bei der die halbmaximale Reaktionsgeschwindigkeit erreicht ist.

---

45   (sinngemäß:) Die Wechselzahl (synonym: molekulare Aktivität) ist die Anzahl der Substratmoleküle (bzw. μMole), die pro Minute von einem Enzymmolekül (bzw. μMol) umgesetzt werden.

---

46   1. pH-Optimum muß gewährleistet sein
2. evtl. notwendige Ionen als Aktivatoren müssen vorliegen
3. Enzym darf nicht vergiftet sein
4. es darf keine kompetitive Hemmung vorliegen
5. es darf keine allosterische Hemmung vorliegen
6. es darf keine Substrat- oder Produkthemmung vorliegen

---

47   (sinngemäß:) Bei der kompetitiven Hemmung konkurrieren Substrat und Hemmstoff um die Bindung am aktiven Zentrum des Enzyms. Der Hemmstoff ist hier durch Erhöhung der Substratkonzentration zu verdrängen.
Bei der allosterischen Hemmung greifen Substrat und Hemmstoff an verschiedenen Stellen des Enzymmoleküls an. Der Hemmstoff verändert die Konformation des Proteins und ist durch Erhöhung der Substratkonzentration aus seiner Enzymbindung nicht zu verdrängen.

---

48 (sinngemäß:) Ein Aggregat von mehreren Enzymen, die eine über mehrere Reaktions-schritte verlaufende Reaktions-Kette unter „Weiterreichen" der Zwischenprodukte katalysieren.

---

49 1. Oxidoreduktasen   3. Hydrolasen   5. Isomerasen
       2. Transferasen   4. Lyasen   6. Ligasen

Lektion 6:
Coenzyme

Antwortenvergleiche zu den Lernelementen

1 leicht / schwer

2 Coenzyme / (Co-)substrate

3 fest / verbunden / abgibt / aufnimmt

Zum Antwortenvergleich ,,Unterschied zwischen Coenzym und prosthetischer Gruppe'' nehmen Sie bitte das LB zur Hilfe.

4 Coenzymen

5 Esterbindung / Phosphorsäure

6 Enzymklassen / Oxidoreduktasen / Transferasen / Hydrolasen

7 Wasserstoff(-übertragende)

8 zwei

9 Oxidoreduktasen | Nicotinsäureamid |

10 N-Glykosid(-Bindung) / Ribose

11 Nucleosid	Pyrophosphat	NAD$^\oplus$
Nicotinsäureamid-ribosid (und) Adenosin	Nicotinsäureamid-adenin-dinucleotid Nicotinsäureamid-adenin-dinucleotid-phosphat	NADP$^\oplus$

12   Wasserstoff   /   reduziert   /   positive (Ladung)   /   Formel: vgl. LB S. 85

---

13   NAD$^{\oplus}$ /   340   /   NADH   /   Reaktionsgeschwindigkeit

---

14   Aldehyd

$$R-C\overset{\displaystyle O}{\underset{\displaystyle H}{\Big\langle}} \quad + \quad NADH \quad + \quad H^{\oplus}$$

---

15   Wasserstoff   /   oxidiert   /   reversible (Übertragung)   /   Wasserstoff

---

16   NAD . H: vor allem die Enzyme der Atmungs-Kette
NADP . H: für Biosynthesen verschiedener Art

---

17   Riboflavin   /   Pteridinring mit ankondensiertem Benzolring   /   Ribit   /   Ribit

---

18   die prosthetische Gruppe   /   Wasserstoff

---

19   Nicotinamidnucleotide   /   Flavinnucleotide

---

20   Coenzym Q   /   ein Coenzym   /   Eisen(-Porphyrin-Verbindung)   /   Hämin

---

21   Liponsäure

---

22   gruppenübertragenden (Coenzymen)   (Base:)   Adenin
ATP   (Zucker:) Ribose

Phosphorsäure   Adenosin

23   ATP

Adenin   Ribose   Phosphorsäure

Adenosin

Adenosinmonophosphat
AMP

Adenosintriphosphat
ATP

Ade—Rib—(P)~(P)~(P)

Ade—Rib—(P)   Ade—Rib—(P) ~ (P) ~ (P)
(AMP)   (ATP)

---

24   zwei / hohes (Gruppenübertragungspotential) / → Ade—Rib—(P) ~ (P) + RO—(P)

---

25   Gruppenübertragungspotentials / Kinasen

---

26   Ortho(-Phosphat-Restes) / AMP / → R—O—(P) ~ (P) + Ade—Rib—(P)

---

27   Orthophosphat-Rest (P) / Pyrophosphat-Rest (P) ~ (P) / Pyrophosphat (P) ~ (P)

$$\longrightarrow \quad R-C \overset{O}{\underset{O\sim(P)-Rib-Ade}{\big\langle}} \quad + \quad (P) \sim (P)$$

Adenosinmonophosphat (AMP) / aktivierten (Verbindung)

---

28   Sulfat / endergonischen / wenig

(sinngemäß:) Durch die exergonische Spaltung des Pyrophosphats, die die Rückreaktion verhindert. Außerdem reagierte Adenosinphosphosulfat noch mit ATP unter Phosphorylierung und wird damit auch aus dem Gleichgewicht entfernt.

---

29   Orthophosphat (P) , Pyrophosphat (P) ~ (P) (und) Adenosinmonophosphat AMP
Adenosyl-Restes

Übertragen werden kann:	Abgespalten wird dabei:
a) Orthophosphat-Rest	ADP
b) Pyrophosphat-Rest	AMP
c) AMP-Rest	Pyrophosphat
d) Adenosyl-Rest	Ortho- und Pyrophosphat

---

30 gruppenübertragenden

a) Methylgruppe $-CH_3$

b) Hydroxymethylgruppe $-CH_2OH$

c) Formylgruppe $-CHO$

d) Carboxy-Gruppe $-COOH$

---

31 Sie haben *ein* C-Atom

a) Methylgruppe CH_3

b) Hydroxymethylgruppe $-CH_2OH$

c) Formylgruppe $-CHO$

d) Carboxy-Gruppe $-COOH$

32

$$COO^{\ominus}$$
$$\overset{\oplus}{H_3N}-\overset{|}{\underset{|}{C}}-H$$
$$CH_2$$
$$H_3C-S-CH_2$$

L-Methionin
(Met)

Schwefel(-Atom)

Adenosyl(-Rest)

Sulfonium(-Verbindung)

Methylgruppe

33

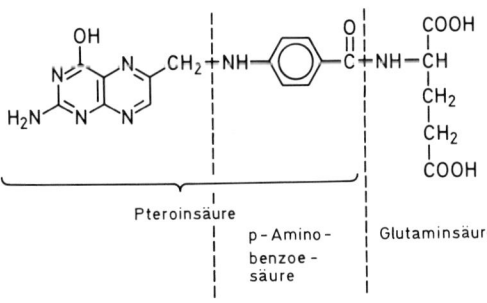

Pteroinsäure

p–Amino-
benzoe-
säure

Glutaminsäure

Pteroylglutaminsäure = Folsäure

---

34 Tetrahydrofolsäure / vier H-Atome

35

N^5,N^{10}-Methylen-tetrahydrofolsäure

---

36 Tetrahydrofolsäure

Formaldehyds

L-Serin
(Ser)

---

37 Histidin (und) Tryptophan / Hydroxymethyl(-Gruppe)

---

38 Hydroxymethyl(-Gruppe) / Formyl(-Gruppe) / N^{10}

---

39 COOH(-Gruppe) / Biotin / denaturiert / nicht mehr in der Lage

---

40 ATP / Kohlendioxid

a) Methylgruppe (Adenosylmethionin)   c) Formylgruppe (Tetrahydrofolsäure)
b) Hydroxymethyl-Gruppe (Tetrahydrofolsäure)   d) Carboxy-Gruppe (Biotin)

---

42 Acetaldehyd (und der) Glykolaldehyd

Thiamin

Pyrimidinring-   Thiamin   Thiazolring-
system   system

---

43 B$_1$ / Coenzym

Diphosphat

Thiamindiphosphat

---

44 Essigsäure / Coenzym A / exergonisch

45 (Adenosin-3′,5′-)bisphosphat; Phospho-(Pantothen-)Säure

| Cysteamin | Phospho-Pantothensäure | Adenosin-3′,5′-bisphosphat |

---

46 Phospho-Pantothensäure

Phospho-Pantoinsäure β-Alanin

---

47 Acyl(-Rest)

---

48 (1.) Esterbildung
(2.) Säureamidbildung   [Reihenfolge beliebig]

---

49 Alkoholgruppe

Amino-Gruppe

1. Esterbildung
2. Säureamidbildung
3. Substitution

---

50 Thiaminpyrophosphat / Coenzym A / Basen(-Anteil)

---

51 Uridindiphosphat UDP / Adenin / Uracil

---

52 Phosphatid-Biosynthese

Cytidindiphosphat-cholin   Pyrophosphat

53

54

Pyridoxal-
phosphat

Pyridoxalphosphat

Schiffsche Base

55 gruppenübertragenden (Coenzyme) / Lyase

(Beispiele:) Bitte vergleichen Sie mit LB.

56 Vitamin B_{12}

57 perniziöse Anämie

Antworten zur Kleinen Erfolgskontrolle

58 (sinngemäß:) Coenzyme und prosthetische Gruppen stellen den nichtproteinartigen
Anteil von Enzymen dar. Während Coenzyme vom Enzymprotein abdissoziieren, sind
die prosthetischen Gruppen fest mit diesem verbunden. Coenzyme wirken als ,,Co-
substrate''. Ihr Reaktionszyklus wird von zwei verschiedenen Enzymen katalysiert,
während zur Regeneration der prosthetischen Gruppen immer nur dasselbe Holoenzym
notwendig ist. Coenzyme und prosthetische Gruppen fungieren als Wasserstoff- oder
Gruppendonatoren.

59 Sie besteht darin, daß das Vitamin Bestandteil eines Coenzyms ist.

60 Nicotinamid-adenin-dinucleotid ($NAD^{\oplus}$) arbeitet mit den Oxidoreduktasen zusammen.
Seine Funktion besteht in der reversiblen Aufnahme von Wasserstoff.

61

$$NAD^{\oplus} + 2[H] \rightleftharpoons NADH + H^{\oplus}$$

---

62   Die unterschiedliche Lichtabsorption: NAD·H hat ein Absorptionsmaximum bei 340 mμ, NAD$^{\oplus}$ nicht.

63

Adenin

Ribose

Triphosphorsäure

$$Ade-Rib-\textcircled{P}\sim\textcircled{P}\sim\textcircled{P}$$

Adenosintriphosphat
ATP

---

64   Orthophosphat-, Pyrophosphat-, Adenosinmonophosphat-, Adenosyl-Rest

---

65   (1.) $Ade-Rib-\textcircled{P}\sim\textcircled{P}\sim\textcircled{P} + H_2SO_4 \rightleftharpoons Ade-Rib-\textcircled{P}-SO_3H + \textcircled{P}\sim\textcircled{P}$

(2.) $\textcircled{P}\sim\textcircled{P} \rightleftharpoons \textcircled{P} + \textcircled{P}$

(3.) $Ade-Rib-\textcircled{P}\sim SO_3H + ATP \rightleftharpoons Ade-Rib-\textcircled{P}\sim SO_3H + ADP$
   $\textcircled{P}$

66

C$_1$-Bruchstücke	Coenzyme/prosthetische Gruppen
a) Methylgruppe	Adenosylmethionin
b) Hydroxymethyl-Gruppe	Tetrahydrofolsäure
c) Formylgruppe	Tetrahydrofolsäure
d) Carboxy-Gruppe	Biotin

---

67   a) Methionin
b) Serin
c) Histidin, Tryptophan

68   a) durch Thiaminpyrophosphat
         b) durch Thiaminpyrophosphat
         c) Coenzym A

69

Thiamin

---

70   Adenin, Ribose, Pantothensäure (Pantoinsäure und β-Alanin), Cysteamin.
         Der Essigsäure-Rest wird an die freie SH-Gruppe des Cysteamins gebunden.

---

71   a) Reaktionen der Carboxy-Gruppe
         b) Reaktionen der Methyl- bzw. α-Methylen-Gruppe

---

72   a) Überträger von Glucose und anderen Zuckermolekülen
         b) Coenzym der Phosphatid-Biosynthese. Verknüpft Diglyceride mit Phosphocholin.

73

Pyridoxol   Pyridoxal-   Pyridoxamin-
                         phosphat   phosphat

a)   b)   c)

---

74   Schiffsche Base

---

75   a) Schutzfaktor gegen die perniziöse Anämie
         b) Ähnlichkeit mit dem Häminsystem

---

76   a) Vitamin B_2 c) Vitamin B_1
         b) Vitamin H   d) Vitamin B_{12}

Lektion 7:
Nucleinsäuren und Proteinbiosynthese

Antwortenvergleiche zu den Lernelementen

1 Pentosen / Ribo(-Nucleinsäuren) / Desoxyribo(-Nucleinsäuren)

---

2 Ribonucleinsäuren / RNS (oder) RNA

β-D-Desoxyribose

Ribose / Desoxyribose

---

3 Doppel(-Bindung)

Uracil (tautomere Formen)

4

Cytosin (Cyt)   Uracil (Ura)

---

5 Pyrimidin(-Basen)

Uracil (Ura)   Thymin (Thy)

---

6   ATP

Adenin (Ade)

---

7   Adenin

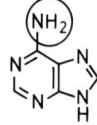

Adenin (Ade)   Guanin (Gua)

---

8   Uracil, Thymin (und) Cytosin / Adenin (und) Guanin / Ribose (oder) Desoxyribose

H_2O +

Ribose   Uracil   Uridin

---

9   N-Glykosid(-Bindung) / 1' bis 5'

Cytidin (C)

---

10   Thymidin   Guanosin
          Adenosin   Cytidin
          Uridin

11

Adenosin-5'-phosphat

(sinngemäß:) Nucleoside sind Verbindungen aus organischen Basen und Zuckern, die über eine N-Glykosidbindung verbunden sind. Bei den Nucleotiden tritt zusätzlich noch Phosphorsäure ein.

---

13 (1'-Stellung:) a) nicht möglich,   b) durch die Base besetzt
(2'-Stellung:) a) nicht möglich;   b) keine OH-Gruppe vorhanden
(3'-Stellung:) a) Esterbildung möglich
(4'-Stellung:) a) nicht möglich,   b) durch Ringschluß des Zuckers besetzt
(5'-Stellung:) a) Esterbildung möglich

---

14 groß / paarweise / hohem / Adenin (und) Thymin / Guanin (und) Cytosin

(sinngemäß:) Es sind gleich viel Pyrimidin- und Purinbasen vorhanden.

Uracil / Thymin

---

15 Ribose / Desoxyribose / OH(-Gruppe)

Kurzschreibweise dieser Sequenz: −dA−dT−dC−dG−dT oder d(pApTpCpGpT)

---

16 Ap−Cp−Ap−Gp−Cp−Up−Cp−Gp−Ap oder A−C−A−G−C−U−C−G−A

---

17 1b   2c   3a

---

18   Cytosin   Guanin

19   Adenin (und) Thymin   /   Guanin (und) Cytosin   /   Thymin   /   Cytosin

---

20   (sinngemäß:) Als Doppelhelix, d.h. durch schraubenförmige Verdrillung zweier DNA-Stränge, so daß 10 Basenpaare zwischen einer Windung um 360° liegen.

---

21   nahe   /   Polynucleotidstränge   /   Doppelhelix

---

22   (sinngemäß:) Nahe Verwandschaft von Nucleinsäuren
Wasserstoff-Brückenbindung   /   komplementäre (Basenstruktur)

---

23   Adenin   /   Guanin   /   Cytosin (und) Thymin

---

24   genetische Information   /   Information   /   A, G, C, T   /   Basen

---

25   Gene | identischen Reduplikation | Information
Merkmalprägung | Mutation

---

26   drei (Basen)   /   Proteins
(sinngemäß:) Nach dem Prinzip der Basenpaarung determiniert jeder Einzelstrang
einer DNA den zweiten, komplementären Strang.

---

27   (Partner-)basen   /   neuen   /   alten   /   semikonservative Reduplikation

---

28   Zellkern   /   einem Strang   /   Hybrid

---

29   energetisch   /   Hydrolyse   /   nicht möglich
in eine energiereiche Form gebracht (aktiviert)

30

$$R-\underset{\underset{NH_2}{|}}{CH}-\overset{\overset{O}{\|}}{C}\diagdown_{O-\text{\textcircled{P}}-Rib-Ade} \quad + \quad \text{\textcircled{P}} \sim \text{\textcircled{P}}$$

---

31 ATP / Pyrophosphat

---

32 (sinngemäß:) Die Aminosäure verbindet sich unter Pyrophosphatabspaltung mit ATP. Der Aminosäure-AMP-Komplex lagert sich dann unter AMP-Abspaltung an die 3'-OH-Gruppe der Ribose im tRNA-Molekül esterartig an. Der so entstandene Ester ist aufgrund seines hohen Gruppenübertragungspotentials in der Lage, die Peptid-Bindung zu ermöglichen.

tRNA / Enzym

---

33 (1.) DNA / (2.) Basen / (3.) mRNA / komplementäre (Basensequenz)
Translation / drei / vier

---

34 drei (Basen) / eine Aminosäure   .

---

36 Ribosomen / submikroskopische / Eiweiß (und) Ribonucleinsäure
Sedimentationskonstante 30 S und 70 S

---

37 UAU – CGU – ACU – AUG – UGU – GAU
Tyr – Arg – Thr – Met – Cys – Asp

---

38 (1.) Merkmalsauslösung
(2.) identischen Reduplikation (und)
(3.) Mutation

---

39 Mutanten / Mangel(-Mutanten)

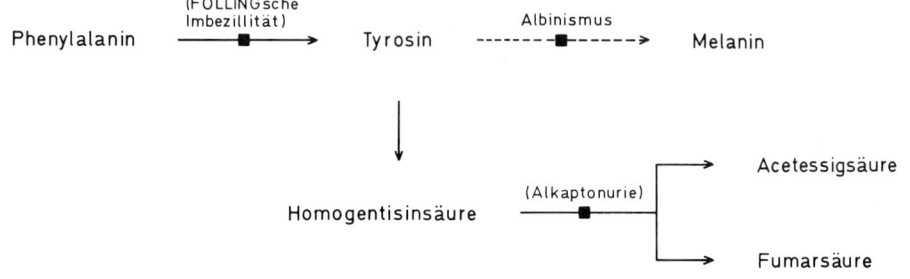

---

40 Stoffwechsels / Zu den Krankheitsnamen vgl. A 39

---

41   (sinngemäß:) Unter Enzyminduktion versteht man die stimulierende Wirkung bestimmter Substanzen, die zur Enzymproduktion der Zelle führt, wenn diese Substanzen in
die Zelle gelangen.

---

42   Enzyminduktion / Operons / mehreren / Operator(-Gen)

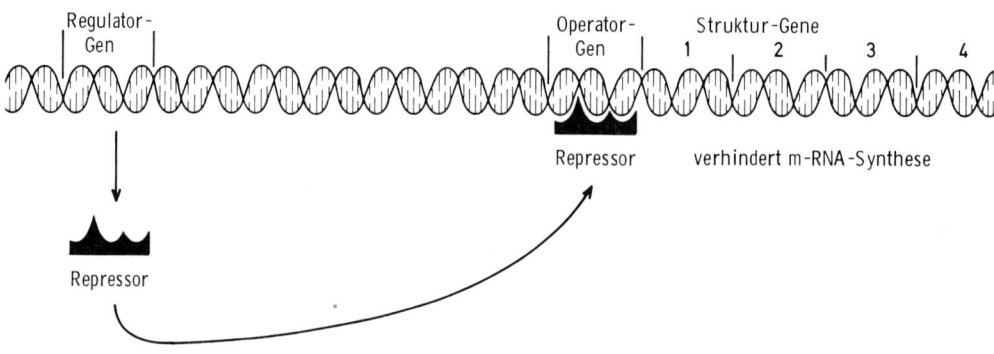

---

43   Regulator-Gen | Operator-Gen | Regulator-Gen

Repressor | Operons | Operator-Gen

---

44   (sinngemäß:) (1.) die m-RNA-Synthese wird verhindert.
(2.) die m-RNA-Synthese läuft ungehindert ab.

(sinngemäß:) Der Induktor verbindet sich mit dem Repressor. Der Repressor-Induktor-
Komplex ist nicht mehr in der Lage, das Operator-Gen und damit die Aktivitätsentfaltung des Operons zu blockieren. Die Blockade wird aufgehoben. Die mRNA-Synthese
und die nachfolgende Proteinsynthese können ungehindert ablaufen.

---

45   identischen Reduplikation | (1.) identische Reduplikation
(2.) Merkmalsauslösung
Genen | (3.) Mutation

---

46   Energiestoffwechsel / Enzyme / Absterben

---

47   hydrolytische (Spaltung)

---

48   Hydrolasen / Desoxyribonucleasen / DNA / RNA

---

49 DNA / RNA / Phosphodiesterasen

---

50 Phosphodiester-Bindungen   Phosphomonoester(-Bindungen)   (1.) sauren

Phosphomonoester-Bindungen   (2.) alkalischen

---

51 5 / 7—8

---

52 (a) 3'-Phosphodiester-Bindungen   (d) 3'-Phosphodiester-Bindungen
(b) 5'-Phosphodiester-Bindungen   (e) 3'- und 5'-Monophosphoester-Bindungen
(c) Phosphodiester-Bindungen in der RNA,
die von Pyrimidin-3'-phosphaten ausgehen.

Antworten zur Kleinen Erfolgskontrolle

53 Organischen Basen, Zucker (Ribose bei der RNA, Desoxyribose bei der DNA), Phosphorsäure

---

54 Purinbasen:

Adenin   Guanin

Pyrimidinbasen:

Cytosin   Uracil   Thymin

---

55 in RNA: Uracil
in DNA: Thymin

---

56 N-Glykosid-Bindung

Cytidin (C)

---

57 Nucleoside bestehen aus organischer Base und Zucker, die durch N-Glykosid-Bindung miteinander verbunden sind. Bei den Nucleotiden ist zusätzlich Phosphorsäure esterartig an den Zucker gebunden.

Beispiele: *Nucleoside*   *Nucleotide*
                  eines der Beispiele   vgl. LB S. 91 die Adenosinphosphate.
                  aus dem LB S. 105   Anstelle des Adenosins ist jedes andere
                  (vgl. dort)   Nucleosid möglich.

58

Harnsäure

---

59 Ausschnitt einer DNA-Kette
Basen von links nach rechts: Adenin, Thymin, Cytosin, Guanin, Thymin

(Die Nucleoside sind durch) 3'-5'-Phosphordiester-Bindungen (verknüpft).

60 Adenin und Thymin / Guanin und Cytosin

---

61 *RNA*   *Molekulargewicht*

  1. ribosomale (rRNA)   ca. 500 000 bzw. ca. 1 000 000
  2. Matrizen- oder messenger-RNA (mRNA) mehrere hunderttausend
  3. Transfer-RNA (tRNA)   25 000 − 30 000
                    [Reihenfolge beliebig]

---

62 (sinngemäß:) Das Modell der Doppelhelix von Watson und Crick. Ihm liegt die Annahme zugrunde, daß je ein Basenpaar (Adenin-Thymin, Guanin-Cytosin) durch Wasserstoff-Bindungen miteinander in Beziehung treten.

---

63 (sinngemäß:) Zwei DNA-Stränge sind schraubenförmig miteinander verdrillt. Pro Schraubenumdrehung sind 10 Basenpaare, die durch Wasserstoffbrücken verbunden sind, vorhanden. Die Basenpaare liegen horizontal, die Zuckerphosphatketten stehen senkrecht dazu und bilden die äußere Schraubenlinie.

---

64 (sinngemäß:) Nucleinsäuren, die miteinander nahe verwandt sind und deshalb über lange Molekülstrecken eine komplementäre Basensequenz aufweisen, lagern sich zu einer Doppelschraube zusammen.

---

65 Durch die Sequenz der Basen.

  Fähigkeiten zur: identischen Reduplikation, Merkmalsauslösung, Mutation

---

66 (sinngemäß:) Die DNA-Doppelhelix wird über eine kurze Strecke entspiralisiert. An jedem Einzelstrang reihen sich die komplementären Basen auf und werden durch Phosphorsäure enzymatisch verknüpft.

---

67 (sinngemäß:) Die mRNA wird im Zellkern an einem DNA-Strang nach dem Prinzip der Basenpaarung synthetisiert, trägt dann die genetische Information ins Zytoplasma, wo sie an den Ribosomen als Matrize für die Aminosäuresequenz der Proteinbiosynthese fungiert.

---

68 (sinngemäß:) Aminosäuren müssen unter Zuhilfenahme von ATP aktiviert werden, da sich aus energetischen Gründen aus freien Aminosäuren keine Proteine bilden können. (Das Gleichgewicht liegt weit auf seiten der Proteolyse.) Die aktivierten Aminosäuren werden auf tRNA übertragen.

---

69   (sinngemäß:) Primär durch die Basensequenz der DNA und im zweiten Schritt durch die der mRNA, die direkt als Matrize für die Proteinsynthese fungiert.

---

70   (sinngemäß:) *Transkription:* Die Erstellung der „Arbeitskopie" der DNA in Form von mRNA.
Translation: Die „Übersetzung" der Basensequenz der mRNA in die Aminosäurensequenz des Proteins.

---

71   (sinngemäß:) Ein Codon besteht aus drei benachbarten Basen (aus einem sog. „Triplett"), die jeweils eine bestimmte Aminosäure determinieren.
Die vier Buchstaben des genetischen Codes sind A (Adenin), G (Guanin), C (Cytosin), U (Uracil).

---

72   (sinngemäß:) Die einzelnen tRNA-Moleküle, die die aktivierten Aminosäuren tragen, besitzen an hervorragender Stelle ein „Anticodon", das eine zum Codon komplementäre Basensequenz hat und sich so mit diesem paaren kann. So „erkennt" jede tRNA ihren „richtigen" Platz auf der mRNA und ermöglicht damit eine korrekte Aminosäurensequenz des entstehenden Proteins.

---

73   (sinngemäß:) Gene wirken dadurch, daß sie die Enzymproduktion kontrollieren.
Sie codieren für die Aminosäuresequenz der Enzymproteine.

---

74   (sinngemäß:) Das Regulator-Gen produziert einen Repressor, der durch Blockierung des Operator-Gens am Operon dieses zur Inaktivität (mRNS-Synthese wird verhindert) zwingt. Taucht jedoch ein Induktor (= Substrat oder Substratanalogon) auf, so verbindet sich dieser mit dem Repressor, wodurch die Blockade des Operatorgens wieder aufgehoben wird.

---

75   (sinngemäß:) Viren sind auf den Stoffwechsel der Wirtszellen angewiesen, da sie selbst über keinen Energiestoffwechsel und keine Enzyme verfügen. Viren können den Stoffwechsel der Wirtszelle so beeinflussen, daß virusspezifische Substanzen (Proteine, Nucleinsäuren) auf Kosten der zelleigenen Substanz gebildet werden, was eventuell zum Untergang der Zelle führt.

76

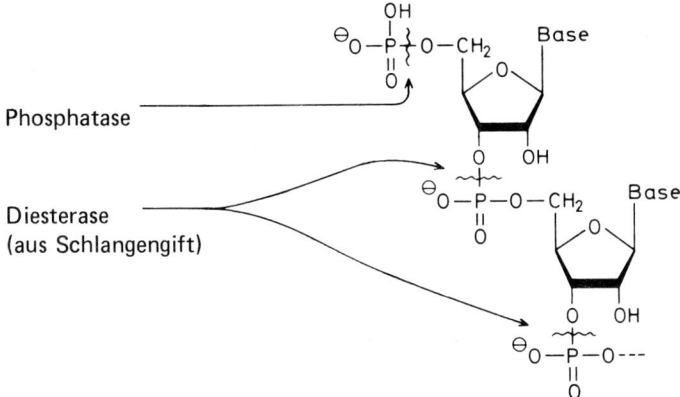

Phosphatase

Diesterase
(aus Schlangengift)

Lektion 8:
Stoffwechsel der Proteine

Antwortenvergleiche zu den Lernelementen

1 Halbwertszeit

(sinngemäß:) Die Zeit, in der die Hälfte des vorhandenen Stoffes abgebaut wird.

---

3 Eiweiße/Proteine / Peptid(-Bindung) / Peptid-Bindung / Proteasen

---

4 (a) Endopeptidasen | am Kettenende | — an bestimmten Stellen
(b) Exopeptidasen | | der Kettenmitte. ☒

---

5 Exopeptidasen

Aminoende (und) Carboxyende

Exo(-peptidasen)

Exopeptidasen

Aminopeptidasen   Carboxypeptidasen

---

6 Lysin (bzw. Arginin) | Substrate | Lysin- bzw. Arginin-Bindung
keine Rolle | Strukturmerkmale | Carboxyende

---

7 Dünndarm / Endo(-peptidase)

---

8 am Ende | am Aminoende durch | am Carboxyende durch
| Aminopeptidasen | Carboxypeptidasen

---

9 noch nicht

---

10 Pepsinogen / sauren / — neutraler ☒

(sinngemäß:) Der Pepsin-Inhibitor-Komplex wird dissoziiert. Das Pepsin zerstört den Inhibitor.

---

11 Kathepsine

---

12 Pepsin / Trypsin

---

13 Saurer pH   Enteropeptidase
       (Pepsin)   (Trypsin)

---

14 (sinngemäß:) Das System der Blutgerinnung

       (Beispiel:) (1.) Prothrombin
                    (2.) Fibrinogen

15

Enzyme	Vorkommen		Enzymart	
	Magen	Dünndarm bzw. Dünn-darm-schleimhaut	Endopeptidase	Exopeptidase
Trypsin	☐	☒	☒	☐
Aminopeptidase	☐	☒	☐	☒
Carboxypeptidase	☐	☒	☐	☒
Pepsin	☒	☐	☒	☐
Dipeptidase	☐	☒	☐	☒
Kathepsin	☐	☐	☒	☐
Chymotrypsin	☐	☒	☒	☐

---

16 (1.) (sinngemäß:) Bildung neuer körpereigener Proteine
       (2.) Abbau im Stoffwechsel

---

17 Carboxy(-Gruppe)   Decarboxylierung   biogenes Amin

       − α-Amino-carbonsäure-Gruppierung ☒ CO_2

---

18 Amino(-Gruppe) / α-Ketosäure / Keto(-Säure) / Transaminierung

---

19 Amino(-Gruppe)

20/21 (a) 3   (b) 1   (c) 4   (d) 2

---

22   (a) Pyridoxalphosphat
(b) Reaktionsweg d (oxidative Desaminierung)

---

23   Decarboxylierung / CO_2 / Histamin

---

24   Transaminierung / α-Ketosäuren / Pyridoxalphosphat

25

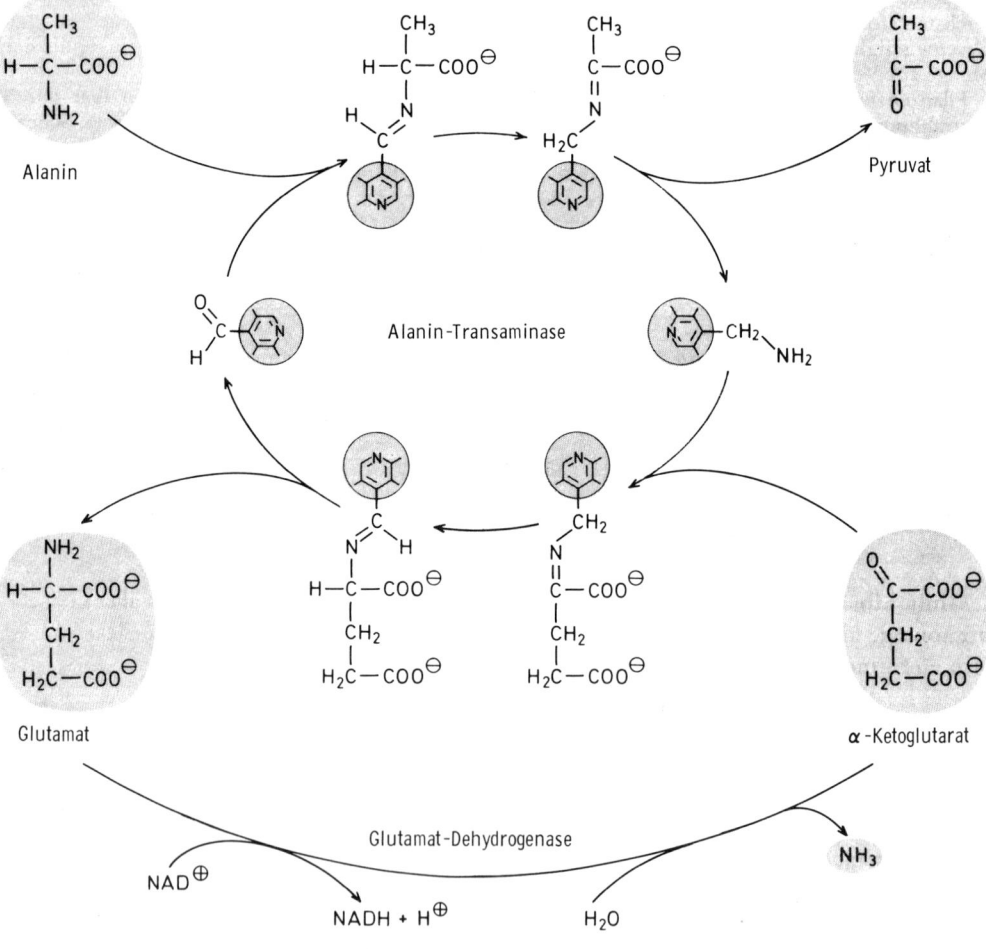

26 α-Ketoglutarsäure (und) | Pyridoxaminphosphat | α-Ketoglutarsäure → Glut-
Oxalessigsäure | | aminsäure
Aminogruppe | | Oxalessigsäure → Aspara-
| | ginsäure

---

27 Stickstoffs / Ammoniak

---

28 zugeführt / essentielle

Für die Namen der essentiellen Aminosäuren vgl. LB, S. 144.

29

Glykokoll	Phenylalanin	Methionin	Asparaginsäure
Alanin	Prolin	Tryptophan	Glutaminsäure
Valin	Serin	Tyrosin	Lysin
Leucin	Threonin	Asparagin	Arginin
Isoleucin	Cystein	Glutamin	Histidin

30

$$
\underset{\text{Aminosäure}}{H-\overset{\displaystyle COOH}{\underset{\displaystyle R}{C}}-N\big\langle\begin{smallmatrix}H\\H\end{smallmatrix}}
\;\xrightarrow{-\,2\,H}\;
\underset{\text{Iminosäure}}{\overset{\displaystyle COOH}{\underset{\displaystyle R}{C}}=NH}
\;\xrightarrow{+\,H_2O}\;
\underset{\substack{\text{α-Keto-}\\\text{säure}}}{\overset{\displaystyle COOH}{\underset{\displaystyle R}{C}}=O}
\;+\;\underset{\text{Ammoniak}}{NH_3}
$$

---

31 Glutaminsäure + NAD$^{\oplus}$ + H$_2$O $\rightleftharpoons$ NH$_3$ + α-Ketoglutarsäure + NADH + H$^{\oplus}$

---

32 Ammoniak / Harnstoff

---

33 spezifisch / Aminosäure-Oxidasen

---

34 (sinngemäß:) Unter nichtoxidativer Desaminierung versteht man die enzymatische Eliminierung von NH$_3$ unter Ausbildung einer Doppelbindung.

---

35 (a): Umwandlung der Seitenkette | (d): Oxidative Desaminierung
(b): Decarboxylierung | (e): Nichtoxidative Desaminierung
(c): Transaminierung

36   Zellgift   /   Harnstoff

---

37   endergonisch   /   nicht ablaufen   /   notwendig

---

38   ATP-Spaltung   /   Carbamoylphosphat   /   ATP   /   energiereiche (Verbindung)

$$NH_4^{\oplus} \; + \; CO_2 \; + \; 2\ ATP \; \longrightarrow \; H_2N-\overset{\overset{\displaystyle O}{\|}}{C}-O\sim\text{\textcircled{P}} \; + \; 2\ ADP \; + \; \text{\textcircled{P}}$$

---

39   Carbamoylphosphat

$$
\begin{array}{l}
H_2C-\underline{NH_2} \quad \delta\text{-Aminogruppe} \\
\ \ |\\
\ CH_2 \\
\ \ |\\
\ CH_2 \\
\ \ | \quad \oplus \\
H-C-NH_3 \\
\ \ |\\
\ COO^{\ominus}
\end{array}
$$

Ornithin

---

40   Ornithin

---

41   Asparaginsäure (Aspartat) | Aspartat (Asparaginsäure) | (1.) Ornithin
(2.) Aspartat
(3.) Carbamoyl $\sim$ \textcircled{P}

42

Ornithin

Citrullin

Aspartat

ATP

AMP + \textcircled{P}$\sim$\textcircled{P}

Arginino-succinat

Arginino-succinat → Arginin + Fumarat

---

43 Arginin (und) Fumarat / Ornithin / Citrullin

---

44 Arginase (in) Harnstoff (und) Ornithin

Ornithin

Arginin

Harnstoff

---

45 Carbamoylphosphat Citrullin | Arginino-Succinat (in) Arginin (und) Fumarat | Arginase (in) Ornithin (und) Harnstoff ausgeschieden

---

46 Vgl. LB, S. 146

---

47 (1.) Glutaminsäure (und) | Energieverbrauch | ATP
(2.) Asparaginsäure

Bildung von Carbamoyl ~ $\textcircled{P}$: 2 ATP | Ammoniak
Bildung von Arginino-Succinat: 1 ATP, aber 2 energiereiche $\textcircled{P}$ | Zellgift

---

48 α-Ketosäuren / CO_2 (und) H_2O

---

49 Fumarat / Oxalacetat / Succinat

---

50 Glucose

---

51 Acetessigsäure / pathologischen / ketoplastischen

(Fumarat, Succinat (und) Oxalacetat)

---

52 Acetyl-Coenzym A

---

53 aktivierte Fettsäure / Decarboxylierung

---

54 Pyruvat

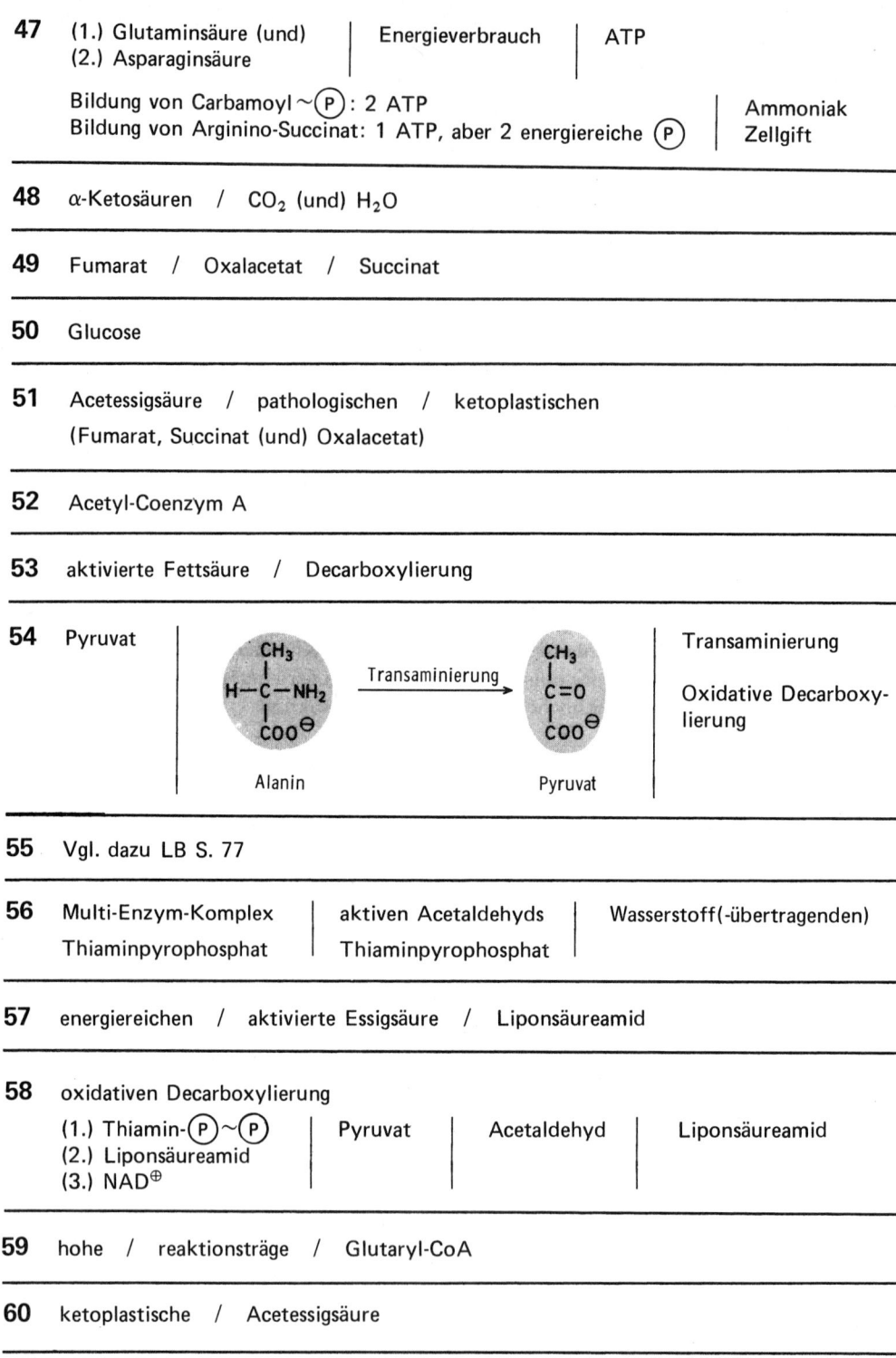

Alanin   Pyruvat

Transaminierung

Transaminierung

Oxidative Decarboxy-
lierung

---

55 Vgl. dazu LB S. 77

---

56 Multi-Enzym-Komplex | aktiven Acetaldehyds | Wasserstoff(-übertragenden)
Thiaminpyrophosphat | Thiaminpyrophosphat

---

57 energiereichen / aktivierte Essigsäure / Liponsäureamid

---

58 oxidativen Decarboxylierung

(1.) Thiamin- $\textcircled{P}$ ~ $\textcircled{P}$ | Pyruvat | Acetaldehyd | Liponsäureamid
(2.) Liponsäureamid
(3.) NAD$^{\oplus}$

---

59 hohe / reaktionsträge / Glutaryl-CoA

---

60 ketoplastische / Acetessigsäure

61 OH(-Gruppe)

$$H_3\overset{\oplus}{N}-\underset{\underset{\displaystyle CH_2}{|}}{\overset{\overset{\displaystyle COO^{\ominus}}{|}}{C}}-H$$

Tyrosin

---

62 Tyrosin

63

$$H_3\overset{\oplus}{N}-\underset{\underset{\displaystyle CH_2}{|}}{\overset{\overset{\displaystyle COO^{\ominus}}{|}}{C}}-H \longrightarrow H_3\overset{\oplus}{N}-\underset{\underset{\displaystyle CH_2}{|}}{\overset{\overset{\displaystyle COO^{\ominus}}{|}}{C}}-H \longrightarrow$$

Phenylalanin   Tyrosin

p-Hydroxy-phenyl-pyruvat $\xrightarrow[+O_2]{CO_2}$ Homogentisat $\xrightarrow{+O_2}$ Maleyl–acetoacetat $\xrightarrow{}$

Fumarat

$H_3C-\underset{\underset{\displaystyle O}{\|}}{C}-CH_2-COO^{\ominus}$

Acetoacetat

64   Homogentisinsäure   /   wichtigste   /   Albinismus

---

65   Vitaminen

Nicotinsäureamid   Tryptophan

---

66   Methionin   /   Adenosylmethionin   /   Methionins
(Unterschied:)   Homocystein trägt eine CH_2-Gruppe mehr als Cystein.

---

67   Serin (in) Glycin   /   Pyridoxalphosphat (PLP)
Bei Decarboxylierung und Transaminierung zu α-Ketosäuren

---

68   Pyridoxalphosphat   /   Hydroxymethyl(-Gruppe)   /   Tetrahydrofolsäure

---

69   Pyridoxalphosphat (PLP) | Hydroxymethyl(-Gruppe)
Tetrahydrofolsäure | Formaldehyd

---

70   umkehrbar
(sinngemäß:)   Serin kann aus Glycin und „aktivem Formaldehyd" gebildet werden.
(sinngemäß:)   Pyruvat, Hydroxypyruvat, Cystein, Phosphatide

71

Threonin

---

72 Ketoglutarsäure (oder) C_4-Dicarbonsäuren / Oxalacetat

α-Ketoglutarat geht in Glutaminsäure über

---

73 Transaminierungs(-Reaktion) / Harnstoffzyklus

(a) Als Produkt im Rahmen der Transaminierungsreaktion
(b) Nach Einschleusung in den Harnstoffzyklus über Fumarat und Malat

---

74 (a) Gluconeogenese
(b) Citronensäurezyklus

---

75 ungesättigte

---

76 Glutaminsäure (Glutamat)

77 | Prolins | NADH + H$^\oplus$ | ATP
| α-Ketoglutarat | Harnstoff(-Zyklus) | Transaminierungs(-Reaktion)

---

78   Transaminierungs(-Reaktion) / α-Ketoglutarsäure vgl. LB S. 158

Antworten zur Kleinen Erfolgskontrolle

79   (sinngemäß:) Exopeptidasen spalten jeweils die endständigen Aminosäuren der Peptid-Kette ab, während die Endopeptidasen an bestimmten Stellen in der Mitte der Kette die Peptid-Bindung lösen.

80

Pepsin

↓   ↓

—Ala—Gly—Asp—Tyr—Gly—Leu—Val—Lys—Asp—

↑

Trypsin

---

81   (sinngemäß:) Eine autokatalytische Reaktion liegt vor, wenn der katalytisch wirksame Stoff gleichzeitig Produkt der Reaktion ist.

Beispiel 1: Pepsinogen $\xrightarrow{\text{Pepsin}}$ Pepsin

Beispiel 2: Trypsinogen $\xrightarrow{\text{Trypsin}}$ Trypsin

---

82   (sinngemäß:) Sowohl Amino- wie Carboxypeptidasen sind Exopeptidasen. Carboxypeptidasen spalten die Aminosäuren am Carboxyende, Aminopeptidasen die am Aminoende der Peptid-Kette ab.

---

83   Reaktionswege

	Pyridoxalphosphat beteiligt
a) Umwandlung der Seitenkette unter Erhalt der α-Amino-carbonsäure-Gruppierung	☒
b) Decarboxylierung	☒
c) Transaminierung zu α-Ketosäuren	☒
d) oxidative Desaminierung zu α-Ketosäuren	☐

---

84   „biogene Amine"

Vgl. Sie Ihre Beispiele mit den in Tab. 8—2 im LB genannten biogenen Aminen.

---

85 Vgl. Sie Ihre Antwort mit dem Schema auf S. 143 im LB.

---

86 α-Ketoglutarsäure — geht in Glutaminsäure über
Oxalessigsäure — geht in Asparaginsäure über

---

87 Essentielle Aminosäuren kann der Organismus nicht selbst synthetisieren; sie müssen ihm deshalb mit der Nahrung zugeführt werden.

Für den Menschen sind folgende Aminosäuren essentiell:
Val, Leu, Ile, Lys, Met, Thr, Phe, Try.

---

88 Aus Glu entsteht α-Ketoglutarsäure.

$NAD^{\oplus}$ muß beteiligt sein (wird übergeführt in $NADH + H^{\oplus}$)

---

89 2 Mol NH_3 / aus Glu und Asp.

3 Mol ATP sind dazu notwendig (4 energiereiche Bindungen wegen der Hydrolyse von Pyrophosphat).

---

90 Vgl. Sie Ihr Schema mit dem auf S. 146 im LB.

---

91 (sinngemäß:) Aminosäuren, die zur Bildung von Acetessigsäure Anlaß geben, bezeichnet man als „ketoplastisch".
Vertreter: Phe, Tyr, Leu und in geringem Maße auch Ile.

Solche, die in Kohlenhydrat übergehen und zur Neubildung von Glucose führen, bezeichnet man als „glucoplastisch".
Vertreter: die übrigen Aminosäuren einschließlich Ile.

---

92 Endprodukt: aktivierte Essigsäure
Cofaktoren: Thiaminpyrophosphat, Liponsäureamid, Coenzym A

---

93 Val, Leu, Ile

---

94 a) Phenylketonurie, Föllingsche Imbezillität: Übergang Phe → Tyr gestört.
b) Alkaptonurie: Homogentisinsäure kann nicht weiter zu Fumarsäure und Acetessigsäure abgebaut werden und erscheint im Urin.
c) Albinismus: Der Weg vom Tyr zum Melanin ist gestört.

---

95 Nicotinsäureamid; Vitamin der B-Gruppe

---

96 (sinngemäß:) Met bildet als Methyldonator mit ATP „aktives Methyl". Met kann zu Homocystein, das den Cysteinschwefel liefert, demethyliert werden.

---

97 Vgl. Sie Ihre Antwort mit dem Reaktionsschema auf S. 155 im LB.

---

98 a) Via Transaminierung direkt → Oxalessigsäure
b) Via Harnstoffzyklus → Fumarsäure → Äpfelsäure → Oxalessigsäure

---

99 Glutaminsäure

---

100 (sinngemäß:) Glutaminsäure wird (via Transaminierung) in α-Ketoglutarsäure übergeführt; diese wird im Citronensäurezyklus in aktivierte Bernsteinsäure umgewandelt, die mit Glykokoll δ-Aminolävulinsäure, eine Vorstufe für den Aufbau des Blutfarbstoffs, bildet.

Lektion 9:
Porphyrine und Zellhämine

Antwortenvergleiche zu den Lernelementen

1   δ-Amino-Lävulinsäure-Synthetase   /   Pyridoxalphosphat   /   δ-Aminolävulinsäure

---

2

δ-Aminolävulinsäure

Porphobilinogen

---

3   Porphobilinogen

---

4   Isotope

---

5   (sinngemäß:) Isotope verhalten sich chemisch gleich, lassen sich physikalisch jedoch voneinander unterscheiden. Sie haben unterschiedliche Atommassen, stimmen aber in Kernladung und Elektronenzahl überein.

---

6   Radioaktivität   /   Radioaktivität   /   Radioaktivität

---

7   III   /   Methyl(-Gruppen)   /   Vinyl(-Gruppen)   /   Eisen

---

8 Methylgruppen ($-CH_3$) in Position 1, 3, 5 und 8; Vinylgruppen ($-CH=CH_2$) in Position 2 und 4; Propionsäure-Rest ($-CH_2-CH_2-COOH$) in Position 6 und 7.

Zur Strukturformel des Häm: vgl. LB, S. 165.

---

9 die Gruppen im Ring IV anders angeordnet sind.

---

10 (im Häm nur) 4 (besetzt) / positiv / zwei

---

11 zweiwertige / Hämin ($Fe^{3\oplus}$-Porphyrin) / Wertigkeit / Sauerstoff(-Transport)

---

12 – ändert sich die Wertigkeit des Eisens nicht. ⊠ | – zweiwertig ⊠ | Hämin (-Fermenten)

---

14 (sinngemäß:) Hämoglobin; Häminfermente: Katalasen, Peroxidasen; Cytochrome

dem Apoferment

---

15 Häm / Globin

---

16 67 000 / 4 (Peptid-Ketten) / 4 (Hämgruppen)

---

17 $Fe^{2\oplus}$ / Histidin / $Fe^{2\oplus}$ / Sauerstoff

(sinngemäß:) Von der O_2-Konzentration; oder besser: vom Sauerstoffpartialdruck im Gewebe.

---

18 nimmt Hb Sauerstoff auf

---

19 wesentlich höhere / dreiwertiges / nicht in der Lage

---

20 Hämoglobin → Verdoglobin → Biliverdin → Bilirubin
              (Choleglobin)

21   Bilirubin   /   Bilirubinglucuronid   /   direkt reagierendes (Bilirubin)

---

22   Gelbsucht

(sinngemäß:) Das direkt reagierende Bilirubin kann nicht auf natürlichem Weg über die Galle abfließen. Es kommt zu einem Rückstand mit Übertritt ins Blut. Wieder wird der Patient gelb.

---

23   direkt reagierendes (und) indirekt reagierendes

---

24   Oxidation

---

25   Cytochrome   /   intrazellulär   /   Katalysatoren der Zellatmung   /   Absorptionsspektrum

---

26   Absorptionsbanden   /   Hauptvalenz-Bindung

---

27   (Cytochrome a zu)   3
(Cytochrome b zu)   1
(Cytochrome c zu)   2

Antworten zur Kleinen Erfolgskontrolle

28

---

29   (sinngemäß:) Kondensation von zwei Molekülen δ-Aminolävulinsäure unter Abspaltung zweier Moleküle H_2O.

---

30   (sinngemäß:) (1./2.) Die Carboxy-Gruppen des Porphobilinogens stammen aus der Carboxy-Gruppe des Succinyl-CoA, was sich durch die sog. Isotopenmethode beweisen läßt.
(sinngemäß:) (3.) Bei Verwendung der Isotopenmethode werden bestimmte Atome der reagierenden Substanzen durch Isotope (z.B. radioaktive Isotope) markiert und das Reaktionsprodukt auf Vorhandensein dieser Isotope untersucht.

31   Uroporphyrin III

---

32   Die Essigsäure-Seitenketten in Ring I—IV werden zu Methylgruppen verkürzt.
Die Propionsäure-Seitenketten in Ring I und II werden zu Vinylgruppen verkürzt.

---

33   (sinngemäß:) „umgekehrte" Anordnung in Ring IV

---

34   Häm   = $Fe^{2\oplus}$-Protoporphyrin (zweiwertiges Eisen)
Hämin = $Fe^{3\oplus}$-Protoporphyrin (dreiwertiges Eisen)

---

35   Vgl. Sie Ihre Formel mit der im LB auf S. 165. Beachten Sie dabei, daß mesomere
Formen möglich sind.

---

36   (1./2.:) Das Hb-Molekül setzt sich zusammen aus 4 Peptid-Ketten (2 α- und 2 β-Ketten)
und 4 Hämgruppen.
(3.:) Das Hb-Molekül hat ein Molekulargewicht von 67 000.

---

37   Die Wertigkeit ändert sich nicht; das Eisen bleibt zweiwertig.

---

38   (sinngemäß:) Die O_2-Bindungsfähigkeit des Hb wird verringert, da CO eine wesentlich
höhere Affinität zum Hb hat als O_2.

---

39   Methämoglobin kann keinen Sauerstoff transportieren.

---

40   direktes Bilirubin: an UDP-Glucuronsäure gekoppeltes Bilirubin
indirektes Bilirubin: freies Bilirubin

(sinngemäß:) Die Namen sind von dem unterschiedlichen Reaktionsverhalten abgeleitet: Bilirubinglucuronid liefert mit diazotierter Sulfanilsäure die „direkte Diazoreaktion"
(sofortige Rotfärbung); freies Bilirubin zeigt die Rotfärbung erst nach vorherigem
Alkoholzusatz („indirekte Diazoreaktion").

---

41   a) Hämoglobin
b) Katalase
c) Peroxydase (pflanzliche und tierische)
d) Cytochrome

Lektion 10:
Die biologische Oxidation

Antwortenvergleiche zu den Lernelementen

---

1 a) $C_6H_{12}O_6 + 6\ O_2 = 6\ CO_2 + 6\ H_2O$ b) $C_{16}H_{32}O_2 + 23\ O_2 = 16\ CO_2 + 16\ H_2O$

gleiche / gleicher

---

2 (sinngemäß:) (1.) Die in der Technik wichtige Oxidation von C zu CO_2 spielt in der Biochemie nur eine untergeordnete Rolle.
(2.) Technische Verbrennungsvorgänge sind mit starker Wärmeentwicklung verbunden; bei der biologischen Oxidation herrscht dagegen im Organismus konstante Temperatur, und ein Großteil der freiwerdenden Energie wird als chemische Energie gespeichert.

---

3 a) C_2-Bruchstücke
b) C_2-Bruchstücke / 2 H-Atomen / einem CO_2

---

4 (1.) C_2-Bruchstücke
(2.) Abspaltung von jeweils 1 CO_2 oder 2 H-Atomen
(3.) Decarboxylierung organischer Säuren
(4.) wasserstoffbeladene Coenzyme der Atmungs-Kette (dabei Energiespeicherung in Form von) energiereichen Phosphaten (ATP)

---

5 — weniger Elektronen   ☒

---

6 (a) $2\ H_2 - 4e^{\ominus} \rightleftharpoons 4\ H^{\oplus}$ | exergonisch | abgibt | aufnimmt
(b) $O_2 + 4e^{\ominus} = 2\ O^{2\ominus}$

---

7 (sinngemäß:) Als Redoxpotential eines Redoxsystems bezeichnet man das elektrische Potential (in Volt oder Millivolt), das gegenüber der Bezugselektrode (H_2-Elektrode) gemessen wird.

---

8 freie Energie

---

9 Reduktionsmittel / Differenz

---

11 pH 7 / pH 7 / Potentialunterschied

---

12 Wasser(-bildung)

---

13 –52 kcal / Wärme / ATP

---

14 nicht direkt / Mitochondrien

---

15 Redoxpotentiale / –0,31 (Volt) / NAD·H / ~0,00

---

16 Ubichinon | reduzierten Flavoprotein | Ubihydrochinon

  Ubichinon | +0,10 | 0,26 (Volt)

---

17 Substratspezifisches Fp ⟶ Fp$_{ET}$

---

18 FMN

(sinngemäß:) Das Enzym überträgt in der Atmungs-Kette den Wasserstoff vom reduzierten NAD auf das nächste Redoxsystem — wahrscheinlich Ubichinon. An der Katalyse
sind Eisen-Ionen vermutlich durch Valenzwechsel beteiligt.

flavin(-haltige)

---

19 Elektronen-übertragende Flavoprotein

---

20 Atmungs-Kette / Ubichinon (oder) Cytochrom b

---

21 Ein(-Elektronenübergänge) / Ubisemichinon

---

22 Elektronen / Hämoglobin

---

23 (von) Ubihydrochinon (auf) Cytochrom c / Hilfssubstrat / hauptvalenzmäßig

---

24 Hämin a

---

25 Hämin a

(sinngemäß:) unterschiedliche Spektren; Cytochrom a_3 bindet $CN^{\ominus}$ und CO im neutralen Bereich, Cytochrom a nicht.

---

26 Kupfer

---

27 a) Cytochrom c   f) Cytochrom $(a+a_3)$-Komplex
    b) Cytochrom b   g) Cytochrom a_3
    c) Cytochrom $(a+a_3)$-Komplex h) Cytochrom $(a+a_3)$-Komplex
    d) Cytochrom a und a_3 i) Cytochrom c
    e) Cytochrom c und a

28

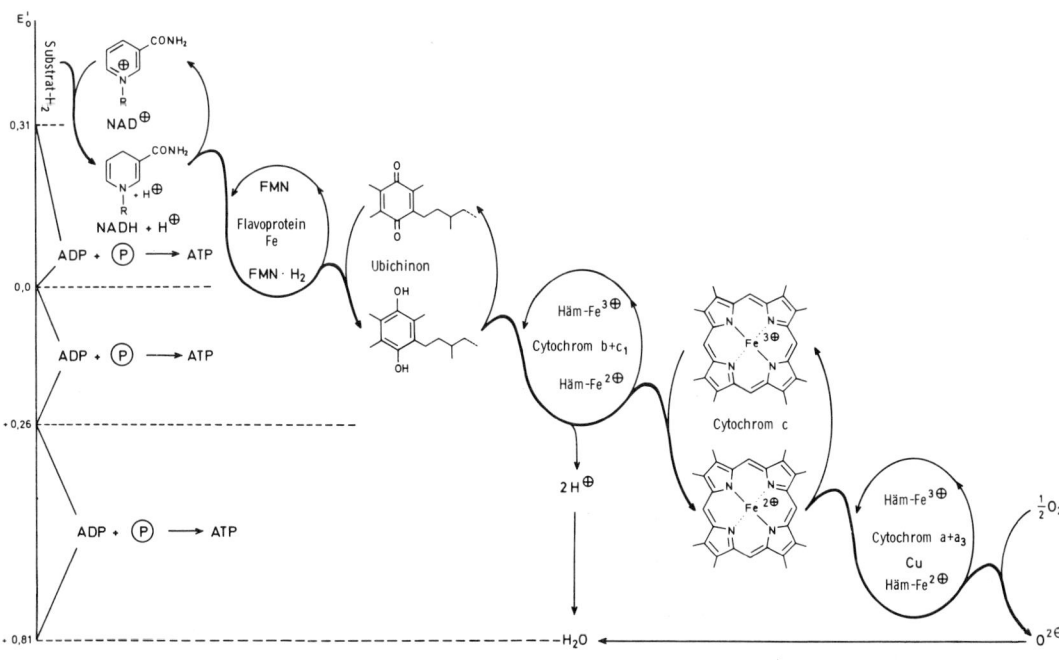

29   „Elektronen-transportierenden Partikel"

---

30   Ubihydrochinon   /   Cytochrom aa_3 /   Kupfer

---

31   energieliefernde   /   ATP   /   52 kcal

---

32   3 (Mol)

(1.) Beim Übergang von NAD·H auf Flavoprotein
(2.) Beim Übergang von Flavoprotein auf Cytochrom c
(3.) Beim Übergang von Cytochrom c auf Sauerstoff

---

33   Kopplung   /   chemiosmotische (Theorie)   /   Vgl. LB S. 185

---

34 $\dfrac{P}{O}$

---

35   Cytochrom-Oxidase (Cytochrom aa_3-Komplex)

(a) $O_2 + 4e^{\ominus} \longrightarrow 2\,O^{2\ominus} + \underset{\longleftarrow}{4\,H^{\oplus}}\,2\,H_2O$

(b) $O_2 + 2e^{\ominus} \longrightarrow O_2^{2\ominus} + \underset{\longleftarrow}{2\,H^{\oplus}}\,H_2O_2$

---

36 $AH + DH_2 + O_2 \longrightarrow AOH + D + H_2O$

---

37   Vgl. mit LE/A 35 und LE/A 36

---

38 Dioxygenasen / Tyrosins

---

39 Z.B.: Oxidation der 3-Hydroxy-anthranilsäure oder Oxidation des Tryptophans zum Formylkynurenin
(Falls Sie sich nicht mehr erinnern, lesen Sie nach im LB auf S. 151/153).

---

40 $\longrightarrow$ AOH + D + H_2O

---

41 (1.) Es wird nur ein bestimmtes C-Atom des Steroidmoleküls angegriffen.
(2.) Die OH-Gruppe tritt in sterisch spezifischer Weise in das Molekül ein.

Antworten zur Kleinen Erfolgskontrolle

42 (sinngemäß:) Beide zeigen in der Bruttogleichung zunächst keinen Unterschied: Endprodukte sind in beiden Fällen CO_2 und H_2O.
Unterschied: Verbrennung führt zu Temperaturerhöhung und Wärmeentwicklung. Biologische Oxidation findet bei konstanter Temperatur (37°C) unter Speicherung chemischer Energie statt.

---

43 Oxidation = Entzug von Elektronen
Oxidation molekularen Wasserstoffs: $H_2 - 2e \rightleftharpoons 2 H^{\oplus}$

---

44 (sinngemäß:) Mit Hilfe des Redoxpotentials, das dem elektrischen Potential (in Volt oder Millivolt) entspricht, welches gegen die Wasserstoffbezugselektrode gemessen werden kann.

---

45 (sinngemäß:) Als das auf pH 7 bezogene Potential E'_0. Bei diesem pH hat die Wasserstoffelektrode gegen die Wasserstoffelektrode bei pH 0 eine Potentialdifferenz von $-0{,}42$ V.

---

46 Für die freie Energie einer Reaktion

47   Die Differenz des Redoxpotentials

---

48   Ihre Funktion als energieliefernde Reaktion

---

49   In den Mitochondrien in der Zelle.

---

50   Der Wasserstoff von NAD·H

---

51   (a) NAD·H-Dehydrogenase: Übernimmt Wasserstoff von NAD·H und gibt ihn an Ubichinon weiter.
(b) Succinat-Dehydrogenase: Übernimmt Wasserstoff von Bernsteinsäure und gibt ihn
an Ubichinon oder Cytochrom b weiter.
(c) Elektronen-übertragendes Flavoprotein: Mittlerrolle zwischen verschiedenen Substratspezifischen Flavin-Enzymen und der Atmungs-Kette. Gibt Wasserstoff an Ubichinon
oder Cytochrom b weiter.

---

52   (a) Cytochrom c   (d) Cytochrom-(a+a$_3$)-Komplex
(b) Cytochrom-(a+a$_3$)-Komplex   (e) Cytochrom a$_3$
(c) Cytochrom b   (f) Cytochrom-(a+a$_3$)-Komplex

---

53   3 Mol ATP / dazu sind 21 kcal notwendig / entspricht einem Wirkungsgrad von 40%

---

54   P/O-Quotient = zwei

---

55   Beim Elektronen-(oder Wasserstoff-)Übergang von
a) NAD·H auf Flavoprotein,
b) Flavoprotein auf Cytochrom c,
c) Cytochrom c auf Sauerstoff

---

56   a) Oxidasen (Elektronen-übertragende Oxydasen):

$$O_2 + 4e \longrightarrow 2\ O^{2\ominus} + \underrightarrow{\ 4\,H^{\oplus}\ } 2\ H_2O$$

$$O_2 + 2e \longrightarrow O_2^{2\ominus}\ + \underrightarrow{\ 2\,H^{\oplus}\ } H_2O_2$$

b) Dioxygenasen (= Sauerstoff-Transferasen): $A + O_2 \longrightarrow AO_2$

c) Hydroxylasen (Monooxygenasen, mischfunktionelle Oxygenasen):
$$AH + DH_2 + O_2 \longrightarrow AOH + D + H_2O$$

Lektion 11:
Die Kohlendioxidproduktion im Citronensäure-zyklus

Antwortenvergleiche zu den Lernelementen

1 CO_2 (und) H_2O / Atmungs-Kette

(sinngemäß:) Das Endprodukt CO_2 entsteht ohne erhebliche Energieänderung durch die Decarboxylierung organischer Säuren.

---

2 Pyruvats / Val, Ile, Leu

---

3 α-Ketosäuren (und) β-Ketosäuren / Coenzym A

---

4 aktivierten Essigsäure

---

5 (1.) Aufbau zelleigenen Materials
(2.) Abbau unter Energiegewinn

---

6 „aktivierte Essigsäure" (Acetyl-CoA) / Oxalessigsäure / Citronensäure

---

7 Acetyl-CoA (und) Oxalacetat | Das „aktivierende" Coenzym A
C_6-Verbindung Citrat |

8

Oxalacetat   Acetyl-CoA   Citrat

---

9 Aconitat-Hydratase

---

10 α-Ketoglutarat (Oxoglutarat) / α-Ketoglutarat (Oxoglutarat) / Glutaminsäure.

---

11 α-Ketoglutarat (Oxoglutarat) / Isocitrat-Dehydrogenase / CO_2

---

12 — „oxidativ" decarboxyliert   ☒ / CO_2

---

13 Thiaminpyrophosphat / Thiaminpyrophosphat

---

14 α-Oxoglutarat-Dehydrogenase   Lipoylreductase-Transsuccinylase
        Thiaminpyropbosphat   Liponsäure (den Lipoyl-Rest)

---

15 Atmungs-Kette / Liponsäure-Rest / Thiamin- (P)–(P) / Wasserstoff (NADH)

---

16 ...die oxidative Decarboxylierung des Pyruvats
        Pyruvat / aktive Essigsäure

---

17 (1.) körpereigener (Stoffe)   Succinat
        (2.) Citronensäurezyklus

---

18 Fumarat

---

19 Succinat (zu) Fumarat / trans(-Verbindung) / Malat

---

21   Dehydrierung   /   Wasserstoff

---

22   aktivierten Essigsäure   /   Citronensäure   /   Oxalessigsäure

---

23   2 (Moleküle) | α-Ketoglutarat (zum) Succinyl-CoA

Isocitrat (zum) α-Ketoglutarat | vier(-mal)

---

24 ⎫
25 ⎬   Vgl. Sie bitte mit dem Lehrbuch, S. 192
26 ⎭

---

27   Atmungs-Kette

---

28   25 kcal   / H_2O-Bildung

---

29   3 (ATP)

(1.) Umwandlung Isocitrat $\longrightarrow$ α-Ketoglutarat (Reaktion 3)
(2.) Umwandlung α-Ketoglutarat $\longrightarrow$ Succinyl-CoA (Reaktion 4)
(3.) Umwandlung Malat $\longrightarrow$ Oxalacetat (Reaktion 8)

9 (ATP)

---

30   2 (ATP)   /   Guanosintriphosphat (GTP)

---

31   9 (ATP)
2 (ATP)
1 (ATP)
───────
12 (ATP)

Antworten zur Kleinen Erfolgskontrolle

32   (a) Die Decarboxylierung von β-Ketosäuren und
(b) die „oxidative" Decarboxylierung von α-Ketosäuren

---

33   (a) In der Kondensation von Oxalessigsäure und aktivierter Essigsäure zu Citronensäure.
(b) aktivierte Essigsäure aus Alanin (oder auch aus Fetten und Kohlenhydraten);
Oxalessigsäure aus Asparaginsäure durch Transaminierung.

---

34   Citronensäure (89%), Isocitronensäure (8%), Aconitsäure (3%).

---

35   Enzym: prosthetische Gruppe:
α-Oxoglutarat-Dehydrogenase   Thiaminpyrophosphat, Acceptor: ein Lipoyl-Rest
Lipoylreductase-Transsuccinylase   Liponsäure
Dihydrolipoyl-Dehydrogenase   Flavin

---

36   (sinngemäß:) Für den Aufbau der δ-Aminolävulinsäure bzw. des Häms.

---

37   Bei der Umwandlung von Isocitrat in α-Oxoglutarat und α-Oxoglutarat in Succinyl-CoA.

---

38   Bei der Umwandlung von Isocitrat in α-Oxoglutarat, α-Oxoglutarat in Succinyl-CoA
und Malat in Oxalacetat.

---

39   Insgesamt freigesetzte Energie: 216 kcal; davon fallen auf die Atmungs-Kette: 191 kcal.

---

40   12 Mol ATP pro Mol oxidierter Essigsäure. Entspricht einem „Wirkungsgrad" von rund
40%.

---

41   Vgl. Sie Ihre Darstellung des Citratzyklus mit der im LB auf S. 192.

Lektion 12:
Fette und Fettstoffwechsel

Antwortenvergleiche zu den Lernelementen

1 gleichen / fettähnliche

Benzol   ☒
Äther   ☒
Chloroform   ☒
Chloroform-Methanol-Gemische   ☒

organischen

---

2 Monocarbon-Säuren / drei(-wertigen)

---

3 dreiwertiger

$$H_2C-O-\overset{\overset{O}{\|}}{C}-(CH_2)_x-CH_3$$
$$HC-O-\overset{\overset{O}{\|}}{C}-(CH_2)_y-CH_3$$
$$H_2C-OH$$

Diacylglycerin

$$H_2C-O-\overset{\overset{O}{\|}}{C}-(CH_2)_x-CH_3$$
$$HC-O-\overset{\overset{O}{\|}}{C}-(CH_2)_y-CH_3$$
$$H_2C-O-\overset{\overset{O}{\|}}{C}-(CH_2)_z-CH_3$$

Triacylglycerin

---

4 Triglyceriden / Alkali(-Laugen) / Alkali(-Salze) / Verseifung

---

5

$$H_2C-O-\overset{\overset{O}{\|}}{C}-(CH_2)_n-CH_3$$
$$HC-O-\overset{\overset{O}{\|}}{C}-(CH_2)_n-CH_3 \quad + \quad 3\ NaOH \quad \longrightarrow$$
$$H_2C-O-\overset{\overset{O}{\|}}{C}-(CH_2)_n-CH_3$$

$$H_2C-OH$$
$$HC-OH \quad + \quad 3\ H_3C-(CH_2)_n-\overset{\overset{O}{\|}}{C}-ONa$$
$$H_2C-OH$$

6 hydrolytischen Spaltung / Seifen

Ester + Wasser $\rightleftharpoons$ Alkohol + Säure

---

7 1. gerade | Palmitin (und) | Palmitin(-Säure): $C_{16}H_{32}O_2$
   2. 16 (und) 18 | Stearin(säure) | Stearin(-Säure): $C_{18}H_{36}O_2$

---

8 cis(-Konfiguration) / π(-Elektronen) / Ölsäure

(Linolsäure:)

---

9 18:1 / Linolsäure / 18:3 / 20:4

---

10 $C_{18}H_{32}O_2$ / 18:2 / $C_{18}H_{30}O_2$ / 18:3 / essentiellen

---

11 Reservestoffe / Glycerin / Hydrolasen

---

12 Gallensäure

---

13 (2-)Monoacyl-glycerin-Lipase

---

14 Pyrophosphat

$$H_3C-(CH_2)_n-COOH \; + \; ATP \; + \; HS-\overline{CoA} \longrightarrow H_3C-(CH_2)_n-C\!\!\begin{smallmatrix}O\\ \\SCoA\end{smallmatrix} \; + \; AMP \; + \; \textcircled{P}\sim\textcircled{P}$$

---

15 CoA / CoA

Acyl-carnitin

---

16 Acyl-Carnitin / Acyl-CoA / Carnitin

---

17 Dehydrierung / FAD$\cdot$H$_2$

---

18 FAD / 3 / FAD

---

19 ungesättigter / gesättigte / β-Hydroxyfettsäure / Vgl. im LB, S. 203

---

20 OH(-Gruppe)

---

21 Atmungs-Kette

22

$$\longrightarrow \quad R-\overset{\overset{\displaystyle O}{\|}}{C}-CH_2-\overset{\overset{\displaystyle O}{\|}}{C}\sim S\overline{CoA}$$

---

23 aktivierte Essigsäure (Acetyl-CoA)

---

24 2 / β-Oxidation

---

25 Vgl. Buch S. 203

---

26 Citratzyklus / Mitochondrien

---

27 $H_3C-\overset{\overset{\displaystyle O}{\|}}{C}-CH_3-COOH$ | $H_3C-\overset{\overset{\displaystyle O}{\|}}{C}-CH_2-COO^{\ominus}$ | Leucin
Phenylalanin
Tyrosin

---

28 Aminosäuren

---

29 aktivierten Essigsäure (Acetyl-CoA)

---

30 Acetacetyl-CoA + Succinat / = Succinyl-CoA + Acetacetat

31   Vgl. Sie das Reaktionsschema in Kap. 12 Abschnitt 5, S. 206.

32

$$H_3C-\underset{\underset{O}{\|}}{C}-CH_3$$

$$H_3C-\underset{\underset{O}{\|}}{C}-CH_3 \quad \longleftarrow \quad \underset{H_2C-COO^\ominus}{H_3C-C=O} \quad \underset{\longleftarrow}{\overset{NADH+H^\oplus \quad NAD^\oplus}{\rightleftharpoons}} \quad \underset{OH}{H_3C-CH-CH_2-COO^\ominus}$$

Aceton CO_2 Acetocetat $D-\beta$-Hydroxybutyrat

---

33   Aceton / Acetessigsäure / β-Hydroxy-butyrat

---

34   Acetyl-CoA

---

35   (sinngemäß:) Die Synthese vollzieht sich nach dem Malonyl-CoA formelmäßig wie die Umkehrung der β-Oxidation.

---

36   nicht als Umkehrung

(sinngemäß:) Das Reaktionsgleichgewicht liegt ungünstig.

---

37   (sinngemäß:) Weil die Zwischenstufen des Synthesewegs fest an einen Multi-Enzym-Komplex gebunden sind. Außerdem läuft die β-Oxidation in den Mitochondrien, die Synthese im Cytosol ab.

Antworten zur Kleinen Erfolgskontrolle

38   Die Neutralfette gehören zu den Estern. Sie sind aus Glycerin (dreiwertiger Alkohol) und Fettsäuren zusammengesetzt.

---

39   Verseifung der Fette = ihre hydrolytische Spaltung, durchgeführt mit Alkalilauge. Dabei entstehen: Alkalisalze der Fettsäuren (= Seifen) und Glycerin.

---

40   Palmitinsäure: $C_{16}H_{32}O_2$ Linolsäure: $C_{18}H_{32}O_2$
Stearinsäure: $C_{18}H_{36}O_2$ Linolensäure: $C_{18}H_{30}O_2$
Ölsäure: $C_{18}H_{34}O_2$

---

41   (bevorzugt) 16 und 18 C-Atome
Doppelbindung zwischen C-Atomen 9 und 10

---

42   Ölsäure: Linolensäure:

---

43   (sinngemäß:) Schmelzpunkt liegt dann bei niedrigeren Temperaturen.

---

44   Es handelt sich um das Carboxyende der Kette.

---

45   (sinngemäß:) Lipasen setzen durch hydrolytische Spaltung der Esterbindung die Fettsäuren frei. Zunächst entstehen dabei Diglyceride. Besteht die Enzymeinwirkung länger,
wird auch der zweite, von manchen Lipasen auch der dritte Fettsäure-Rest abgespalten.

---

46   Durch Bindung an Coenzym A.
Die Fettsäureaktivierung ist eine endergonische Reaktion.
1 ATP wird dabei in AMP und $\text{P} \sim \text{P}$ gespalten. (ATP $\longrightarrow$ AMP + P$\sim$P)

---

47   (sinngemäß:) Carnitin verbindet sich mit der Fettsäure-CoA-Verbindung zum Carnitinester, der eine intrazelluläre Transportform der Fettsäure darstellt, wodurch diese die
Mitochondrienmembran passieren kann.

---

48   Vgl. Sie das Reaktionsschema mit dem LB auf S. 203.

---

49   Mit dem Citratzyklus (Endabbau des Acetyl-CoA) und mit der Atmungs-Kette (zur Oxidation von NAD·H und FAD·H$_2$).

---

50   Acetacetat / β-Hydroxybutyrat / Aceton

---

51   (sinngemäß:) Gesteigerter Fettabbau $\longrightarrow$ gesteigerte Acetyl-CoA-Produktion $\longrightarrow$
Citratzyklus überlastet $\longrightarrow$ Entstehung von Acetacetyl-CoA $\longrightarrow$ Entstehung von Acetacetat, Aceton und β-Hydroxybutyrat.

52   Ausgangsmaterial: Acetyl-CoA   /   Knotenpunkt: β-Ketoacyl-CoA

---

53   (sinngemäß:) Acetyl-CoA wird zu Malonyl-CoA carboxyliert. CO_2 stammt dabei von „aktivem Carboxyl", dem unter ATP-Verbrauch an Biotin gebundenen Kohlendioxyd.

---

54   (sinngemäß:) An ihm vollziehen sich die eigentlichen Synthesereaktionen; er fixiert sozusagen die Zwischenprodukte und verbindet damit einen von den Substanzen her möglichen Austausch zwischen Auf- und Abbau der Fettsäuren.

Lektion 13:
Phospholipide, Glykolipide und Membranen

Antwortenvergleiche zu den Lernelementen

1 Lipide / Lipide

---

2 Sterine / Isoprenoid / Lipoide

---

3 Phosphodiester / Sphingosin- / Phosphatide / Zwitterionen

---

4 Mono- / Saccharid

---

5 Lecithin, Cardiolipine, Plasmalogen, Cerebrosid, Gangliosid

---

6 Glycerinphosphatide / Phosphatidsäure

7

$$H_2C-O-\overset{\overset{O}{\|}}{C}-R'$$
$$\underset{(gesätt.)}{\overset{|}{C}=O}$$
$$H_2\overset{|}{C}-O-\textcircled{P}$$

Dihydro-aceton-phosphat

NADPH + H$^\oplus$ → NADP $\oplus$

$$H_2C-O-\overset{\overset{O}{\|}}{C}-R'$$
$$HO-\overset{|}{C}-H$$
$$H_2\overset{|}{C}-O-\textcircled{P}$$

$$R''-\overset{\overset{O}{\|}}{C}\sim S\overline{CoA}$$
(ungesätt.) → HS$\overline{CoA}$

$$\underset{(ungesätt.)}{R''-\overset{\overset{O}{\|}}{C}-O-\overset{|}{C}H}$$
$$H_2C-O-\overset{\overset{O}{\|}}{C}-R'\ (gesätt.)$$
$$H_2\overset{|}{C}-O-\textcircled{P}$$

Phosphatidsäure

gesättigten / ungesättigten

---

8 Phosphatidylcholin

1. Weg   *2. Weg*

Phosphatidsäure   Cholin

| Reaktion mit CTP | Aktivierung mit CTP | Phosphorylierung mit ATP |

Produkt: Cytidindiphosphatdiglycerid   CDP-cholin

Abspaltung   spez.   Reaktion mit
von CMP   Transferase   Diglycerid

1. Phosphatid: Phosphatidyl-serin   Lecithin   CMP

pyridoxal-
abhängige   Decarboxylierung
Reaktion

2. Phosphatid: Phosphatidyl-äthanolamin

                  Übertragung von
                  drei CH$_3$-Gruppen
                  des S-Adenosyl-
                  methionin auf die
                  H$_3$N$^\oplus$-Gruppe

Endprodukt: Lecithin (Phosphatidylcholin)

---

9   Membranen | *Funktion in der Leber* | *Funktion im Fettgewebe*
                            Phosphatiden   Phosphatide
                            Phosphatide
                            Blut

Phosphatid(-Biosynthese)   /   Verfettung

---

10   myo-Inosit   /   Inositphosphatide (z.B. Phosphatidyl-inosit)

11

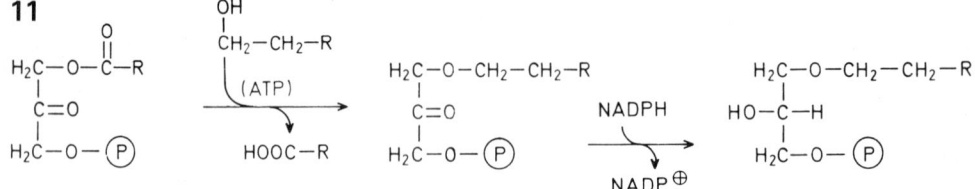

12 Cholin

Plasmalogen

---

13 Aldehyde / Aldehyd(-Reaktion) oder Plasmal(-Reaktion)

---

14 Phosphatid-spaltende
Carbonsäure(-esterasen) | Carbon(-Säuren) oder Fett(-säuren)
Phosphordiesterasen

---

15 Sphingosin / 18 / trans(-Doppelbindung) / Amino / 2

16

Sphingosin

---

17 Amino(-Gruppe) / Ceramide

---

18 Sphingomyeline

Sphingomyelin

---

19 Lipid- (und einen) Kohlenhydrat(-Anteil)
Ceramid | Sulfatide, (die) Ganglioside (und die neutralen) Glykosphingolipide

---

20

Cerebrosid

---

21   Di-, Tri- (oder) Tetra-(saccharid)

---

22   Glykosphingolipide

---

23   Oligosaccharid / Sialinsäure(n)

a) (In besonders hoher Konzentration in) der grauen Substanz des Gehirns
b) (auch in) anderen Organen, (vor allem auf der) Zelloberfläche.

---

24   erblich / Idiotie / Fehlen bestimmter Enzyme

(sinngemäß:) Infolge des Fehlens dieser Enzyme wird der hydrolytische Abbau gestört und es kommt bei konstanter Neusynthese zur Anhäufung der betreffenden Sphingolipide.

---

25   Proteine / Lipide

---

26   Phosphatide

1. Phasentrennung ohne molekulare Ordnung / 3. Lamellenbildung

---

27   Lipid-Doppelschicht / Proteine

---

28   flüssiges Mosaik / Matrix

---

30   Glykoproteinen / Glykolipiden

---

31 Einschränkung / Reaktionsräumen / selektive / Konzentrationsgefälle

---

Antworten zur Kleinen Erfolgskontrolle

32 Hydrophobe Schichten   ☒

(sinngemäß:) Dieses Verhalten ist bedingt durch die Wasserunlöslichkeit der Lipoide. und durch die Tatsache, daß die Lipide hydrophobe *und* hydrophile Gruppen im Molekül enthalten.

---

33 Vgl. das Reaktionsschema im LB S. 212.

Das Reaktionsprodukt Phosphatidsäure ist Grundbestandteil der Glycerinphosphatide.

---

34 Vgl. Sie das Formelschema mit dem im LB auf S. 213.

---

35 (sinngemäß:) Lysolecithine und -kephaline entstehen bei der Spaltung von Lecithinen bzw. Kephalinen mit Schlangengiftenzymen. Sie tragen in α-Stellung eine Fettsäure, während die mittlere OH-Gruppe des Glycerins freigelegt ist.

---

36 (sinngemäß:) Mittleres C-Atom der Glycerinphosphorsäure mit Fettsäure verestert; CH_2OH-Gruppe trägt langkettige Aldehyde, die als Enoläther gebunden sind; als Base ist Äthanolamin oder Cholin möglich.

---

37 Durch das Cytidintriphosphat.

---

38 Durch die sog. Phosphatidasen oder Phospholipasen. Spaltungstyp: Hydrolytische Spaltung. Exergonische Reaktion.

---

39 Vgl. Sie die Formeln mit denen im LB auf S. 216/217.

---

40 Sphingosin und Cholin

---

41 (sinngemäß:) Ceramid-Rest mit kompliziertem Kohlehydratanteil glykosidisch verbunden. Charakteristisches Vorkommen von N-Acetyl- bzw. N-Glykolyl-Neuraminsäure.

42   (sinngemäß:) In der Einschränkung des Stoffaustausches zwischen verschiedenen Reaktionsräumen.

---

43   Proteine und Lipide (vorwiegend Phospholipide).

---

44   Lecithin, Cholesterin, Glykolipide

---

45   Helle Mittelstreifen: vermutlich aus Lipiden
         Dunkle Randstreifen: vermutlich aus Proteinen

---

46   Etwa 70–100 Å

Lektion 14:
Isoprenoidlipide: Steroide und Carotinoide

Antwortenvergleiche zu den Lernelementen

1

$$H_2C \diagdown_{C} \diagup CH_3$$
$$H \diagup^{C} \diagdown CH_2$$

Acetacetyl-CoA

glutaryl-CoA

---

2 NADPH + H$^{\oplus}$ / Mevalonsäure

3

$$HOOC \diagdown_{CH_2} \diagup^{HO \diagup CH_3}_{C} \diagdown_{CH_2} \diagup CH_2OH$$

---

4 ATP

5

$$HOOC \diagdown_{CH_2} \diagup^{HO \diagdown CH_3}_{C} \diagdown_{CH_2} \diagup^{O}_{C} \diagdown_{SCoA} \longrightarrow HOOC \diagdown_{CH_2} \diagup^{HO \diagdown CH_3}_{C} \diagdown_{CH_2} \diagup CH_2OH$$

β-Hydroxy-β-methyl-glutaryl-CoA

Mevalonsäure

$$\begin{array}{c} CH_3 \\ \diagdown \\ _{H_2C} \diagup^{C} \diagdown_{CH_2} CH_2-O-\text{(P)}-\text{(P)} \end{array} \longleftarrow HOOC \diagdown_{CH_2} \diagup^{HO \diagdown CH_3}_{C} \diagdown_{CH_2} CH_2-O-\text{(P)}-\text{(P)}$$

Isopentenyldiphosphat

Mevalonsäurediphosphat

---

6 15 / Farnesyldiphosphat / Vgl. Abb. LB Seite 225

---

7   Squalen   │   symmetrisch   │

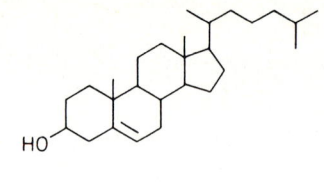

Cholesterin

---

8   Vgl. Sie mit den Formeln im LB S. 224

9

Cholestan

10

HO—

Cholesterin

---

11   derselben   /   verschiedenen Seiten

---

12   trans-   /   gilt nicht

13

5α-Androstan (Androstan)

(sinngemäß:) Die Methylgruppe am C-Atom 10 liegt oberhalb der Ringebene.

14

5α-Androstan (Androstan)

trans-Stellung

5β-Androstan (Ätiocholan)

cis-Stellung

---

15 β- / cis-

---

16 Cholesterin

---

17 oberflächenaktiv

---

18 Leber / Cholesterin / Glykokoll / Taurin

---

19 Hormone / Gallensäuren

---

20 Pregnan

Pregnan (Grundkohlenwasserstoff)

---

21 Cholesterin

OH− an C_3 in β-Stellung, d.h. in cis-Stellung zum Methyl am C 10
O an C 20

---

22 Progesteron

---

23 Hydroxy-Gruppen   /   Cortexon, Corticosteron (und) Cortisol

---

24 Aldehyd(-Gruppe)

Aldosteron

---

25 Vgl. LB S. 234/235

---

26 Vgl. Tabelle 14–1, LB S. 228

---

27 hoch ungesättigte

---

28 5 / 8

29

Mevalonsäure

---

30 (sinngemäß:) In den beiden Substanzen sind beide Kettenenden ringgeschlossen. Im β-Carotin sind beide Ringdoppelbindungen mit den letzten Doppelbindungen der Kette konjugiert (= β-Jononstruktur). Beim α-Carotin liegt in einem Fall zwischen Kette und Ring keine konjugierte Doppelbindung vor (= α-Jononstruktur), im anderen Ring eine β-Jononstruktur.

---

31 Retinol

---

32 Retinal / Retinol

---

33 Vgl. LB S. 237

---

34 Opsin / Rhodopsin

(sinngemäß:) Beim Neoretinal b liegt die Doppelbindung zwischen den C-11- und C-12-Atomen in cis-Stellung vor.

---

35 all-trans-Retinal (LB S. 238)

---

36 11-cis-Retinal / all-trans-Retinal

---

37 11-cis-Retinal / trans-Retinol

---

38 Benzochinon / Naphthochinon

---

39 Atmungs-Kette

---

40 Vgl. Sie die Ubichinon-Formel mit der im LB auf S. 239

---

41 (sinngemäß:) Vitamin K ist für die Synthese von Prothrombin in der Leber verantwortlich. (Eine sog. „Antikoagulantientherapie" mit Dicumarin blockiert die Vitamin-K-Wirkung, was zum Prothrombin-Mangel und zur Gerinnungszeit-Verlängerung führt.)

---

42 Benzochinonrings (Ubichinone) / Naphthochinonring (Vitamin K)

---

43 Vgl. Sie die Formel von Vitamin K_2 mit der im LB auf Seite 239.

---

44 Vitamin E = Tocopherol

Vgl. Sie das Formelschema mit dem im LB auf S. 239.

---

45 Vgl. Sie die Formeln mit denen im LB, S. 239.

Antworten zur Kleinen Erfolgskontrolle

46   Vgl. Sie die Formeln mit denen im LB auf S. 224/225

---

47   a) Vgl. Sie Ihre Numerierung mit der im LB auf S. 226.
b) Numerierungsverlauf der Ringe A und B: Form eines „W";
Numerierungsverlauf der Ringe C und D: Form eines liegenden Fragezeichens.

---

48   a) 1 b / 2 a
b) Bezugspunkt: Methylgruppe an C-Atom 10 β-Stellung: Substituent befindet sich auf derselben Seite der Ringebene wie die Methylgruppe am C-Atom 10

---

49   5β-Androstan   ☒
Ätiocholan   ☒
5-cis-Androstan   ☒

---

50   Die alkoholische Hydroxy-Gruppe an C-Atom 3.

---

51   Vgl. Sie die Ergosterin-Formel mit der im LB auf S. 229.
Funktion: Provitamin D

---

52   a) Durch UV-Licht
b) Vgl. Sie die Calciferol-Formel mit der im LB auf S. 230.
c) gegen Rachitis

---

53   (sinngemäß:) 1. Sie emulgieren die Fette durch Herabsetzen der Oberflächenspannung.
2. Sie aktivieren die Lipasen.

---

54   1. b, c, e, g
2. a
3. d, f

---

55   a) Testosteron (s. Formel im LB S. 234)
b) Progesteron (s. Formel im LB S. 233)
c) Cortisol (s. Formel im LB S. 233)

---

56 systematischer Name: Δ^4-Pregnen-11β,21-diol-3,20-dion-18-al
allgemeiner Name: Aldosteron

---

57 Typisches Kennzeichen: hoch ungesättigt = viele Doppelbindungen.
Farbiges Aussehen: Durch große Zahl konjugierter Doppelbindungen.

---

58 (sinngemäß:) β-Carotin: Beide Ringdoppelbindungen der Kette konjugiert (β-Jonon-struktur)
α-Carotin: Nur eine Ringdoppelbindung mit den Kettendoppelbindungen konjugiert (α-Jononstruktur)
Physiologische Bedeutung: Aus β-Carotin kann doppelt so viel Vitamin A entstehen. wie aus α-Carotin, denn bei der Spaltung von α-Carotin entstehen 1 Molekül Retinol und 1 Molekül des Isomeren mit α-Jononstruktur, das nicht als Vitamin wirksam ist.

Lektion 15:
Einfache Zucker, Monosaccharide

Antwortenvergleiche zu den Lernelementen

1 Zuckern

2 (Polyhydroxy-)aldehyde / (Polyhydroxy-)ketone / Carbonyl(-Gruppe)

3 Aldehyde / Ketone / Glycerinaldehyd / Glycerin-Keton

4 Keto(-Gruppe) / Aldehyd(-Gruppe)

5 D-Glycerinaldehyd / L-Glycerinaldehyd

6 rechts

7 nicht möglich / keine Aussage (D-Glycerinsäure dreht links, vgl. LB S. 16)

8 D(-Reihe)

9 Halbacetal(-Bildung) / Halbacetal(-Bildung)

10 Pyranosen, Furanosen

Furan   Pyran

11 (sinngemäß:) In dem unter schräger Aufsicht betrachteten Molekülmodell steht der Ringsauerstoff hinten, die CH_2OH-Gruppe als Seitenkette nach oben.

12 nicht gedreht, sie muß vielmehr im Bedarfsfall neu gezeichnet werden.

14   hinten / rechts / oben / trans(-Position)

---

15   asymmetrisches / α(-Form) / β(-Form) / sind keine

---

16   zu a) Vgl. Sie die Formeln S. 245 mit Ihrer Schreibweise.
zu b) Die Hydroxy-Gruppe am C_1-Atom muß umrahmt werden.
zu c) Vgl. Sie sinngemäß Ihre Antwort mit den beiden Regeln im LB S. 245.

---

17   (sinngemäß:) Die einfachen Farbreaktionen fallen negativ aus, weil in der Lösung praktisch kein Aldehyd, sondern nur die Halbacetal-Form vorliegt.

Phosphorsäure(-ester) / phosphorylierte

---

18   3

$$
\begin{array}{ccc}
\underset{\displaystyle H}{\overset{\displaystyle H}{}}\!\!\!\!\diagdown C\!\!=\!\!O & & H_2COH \\
H\!-\!C\!-\!OH & \rightleftharpoons & C\!=\!O \\
H_2C\!-\!O\!-\!\textcircled{P} & & H_2C\!-\!O\!-\!\textcircled{P}
\end{array}
$$

---

19   β-D-Ribose

---

20   DNA / Deoxyribose

---

21   Ribose / Deoxyribose

(1) Basen, Zucker, Phosphorsäure
(2) RNA: Ribose, Uracil
(3) DNA: Deoxyribose, Thymin

---

22   D-Glucose | Traubenzucker | 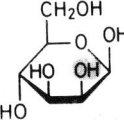 β-D-Mannose

23   2 / 4

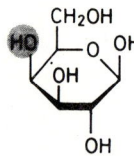

β-D-Galaktose

24

β-D-Galaktose

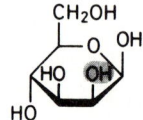

β-D-Mannose

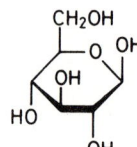

β-D-Glucose

---

25   Aldo(-Hexosen) /   Keto(-Hexose)

---

26   Rohrzuckers /   trotzdem zur D-Reihe   ☒

27

$$CH_2OH$$
$$|$$
$$C=O$$
$$HO-C-H$$
$$H-C-OH$$
$$H-C-OH$$
$$|$$
$$CH_2OH$$

$$HO-C-CH_2OH$$
$$HO-C-H$$
$$H-C-OH$$ O
$$C$$
$$|$$
$$CH_2OH$$

D-Fructose, Projektionsformel

β-D-Fructofuranose

28 Amino-Gruppe / NH_2 (-Gruppe) / OH(-Gruppe)

β-D-Glucosamin   β-D-Galaktosamin

---

29 2 / Neuraminsäure

---

30 Uronsäuren / Glucuronsäure

31

β-D-Glucuronsäure

---

32 Vitamin C

$+ 2[H]$

$- 2[H]$

L-Ascorbinsäure   L-Dehydro-ascorbinsäure

---

33 Zuckern / nicht verändert

---

34 Beispiel: Glucose ⇌ Galaktose
(sinngemäß:) Unter Epimerisierung versteht man die Umkehr der sterischen Anordnung
an einem C-Atom (im oben genannten Beispiel am C-4).

35   Aldose   /   Ketose   /   Isomerisierung

---

36   Epimerisierung   /   Isomerisierung   /   Pentose

---

37   Verkürzung

---

38   Gluconsäure-6-phosphat   /   Ribulose-5-(P)   /   Hexose   /   Pentose

---

39   Ketose   /   Aldose   /   Isomerisierung

---

40   Epimerisierung, Isomerisierung   /   oxidativer Abbau   /   vgl. S. 251 LB

---

41   bleibt dabei gleich

---

42   Aldose   /   liefert   /   empfängt

43

Glycerinaldehyd-3-phosphat

Fructose-1,6-bisphosphat $\rightleftharpoons$ +

Dihydroxyacetonphosphat

---

44   Fructose-1,6-bisphosphat   /   Aldolase

---

45   Aldolase   /   Aldosen

---

46   Transaldolase

Sedoheptulose-7-(P)		Erythrose-4-(P)
+	Trans- $\rightleftharpoons$ aldolase	+
Glycerinaldehyd-3-(P)		Fructose-6-(P)

47   aktive Glykolaldehyd   /   Gleichgewichts(-reaktion)

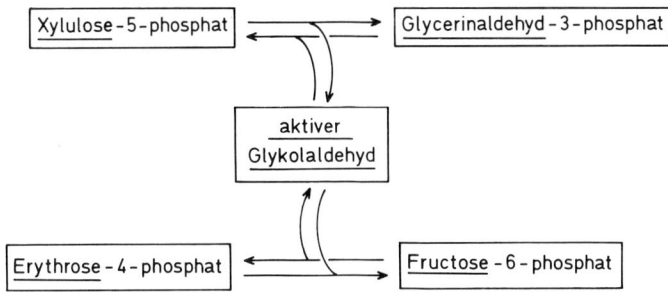

48

(Typ 1)	(Typ 2)	(Typ 3)
Epimerisierung	Dehydrierung	C_2- (oder) C_3-Bruchstücken
Isomerisierung	Decarboxylierung	Transketolase
nicht verändert	verkürzt	Transaldolase
		Ketose
		Aldose
		bleibt gleich ☒

49   Erythrose(-4-Ⓟ)   / C_2-Fragmentes   /   Transketolase-Reaktion vor uns ☒

50

Transketolase(-Reaktion)	Glycerinaldehyd(-3-Ⓟ)	Transaldolase-Reaktion
Sedoheptulose-7-(Ⓟ)	C_3(-Fragmentes)	

51 C_2(-Bruchstück-Übertragung)   /   Transketolase-Reaktion

52   Transketolase-Reaktionen   /   Transaldolase-Reaktion   /   3 Moleküle C_5-Zucker

53   anaeroben   /   Glykogen   /   kein Sauerstoff

54   Glykolyse   /   Embden-Meyerhoff-Weg   /   reduzierten

55 $C_6H_{12}O_6$ (= 2) $C_3H_6O_3$
         (Glucose   = 2   Milchsäure)

56   ATP

57   Hexokinase   /   Glucokinase

---

58   Glucose   /   Hexokinase   /   Glucose-6-(P)

---

59   Glucose   /   Fructose-1,6-bisphosphat

---

60   Dihydroxyacetonphosphat   /   Glycerinaldehydphosphat

---

61   Ketoseform   /   Triphosphat-Isomerase

---

62   Vgl. Sie Ihre Darstellung mit dem Schema im LB S. 258.

---

63   (sinngemäß:)   Phase 1 beinhaltet die Umwandlung der Hexose in 2 Mol Triosephosphat; sie vollzieht sich auf der Oxidationsstufe des Kohlenhydrats und erfordert ATP zur Phosphorylierung.

---

64   exergonische   /   ATP

---

65   Glycerinaldehydphosphats | Dehydrierung | energiereich
         NAD$^{\oplus}$ | Acyl-S-(Enzym-Verbindung) |

---

66   Phosphorolyse   /   energiereich   /   C-1   /   ATP   /   3-(P)-Glycerinsäure

---

67   ATP (und) NADH + H$^{\oplus}$

$\rightarrow$

Glycerinaldehyd-3-phosphat

Glycerinsäure-3-phosphat

Glycerinsäure-1,3-bisphosphat

---

68 anorganischem / ADP

(sinngemäß:) Phase 2 beinhaltet die Dehydrierung von Glycerinaldehydphosphat mit $NAD^{\oplus}$ zur 3-Phosphoglycerinsäure. Ein Teil der dabei freiwerdenden Energie bleibt durch die Substratkettenphosphorylierung in Form von ATP (1 Mol pro 1 Mol Triose) als chemische Energie erhalten. Dabei wird anorganisches Phosphat aufgenommen.

---

69 3-Phosphoglycerinsäure | 2-Phosphoglycerinsäure

3-Phosphoglycerinsäure | 2,3-Bisphosphoglycerinsäure

---

70 2-Phosphoglycerat

---

71 Phosphoenolpyruvat / H_2O-Abspaltung / Enolase

---

72 energiereicher | (a) ATP
| (b) Pyruvat

---

73 (sinngemäß:) Phase 3 beinhaltet die Umwandlung der 3-Phosphoglycerinsäure in Brenztraubensäure, wobei das eingesetzte Phosphat auf ein hohes Energieniveau gehoben und auf ATP zurückübertragen wird.

→

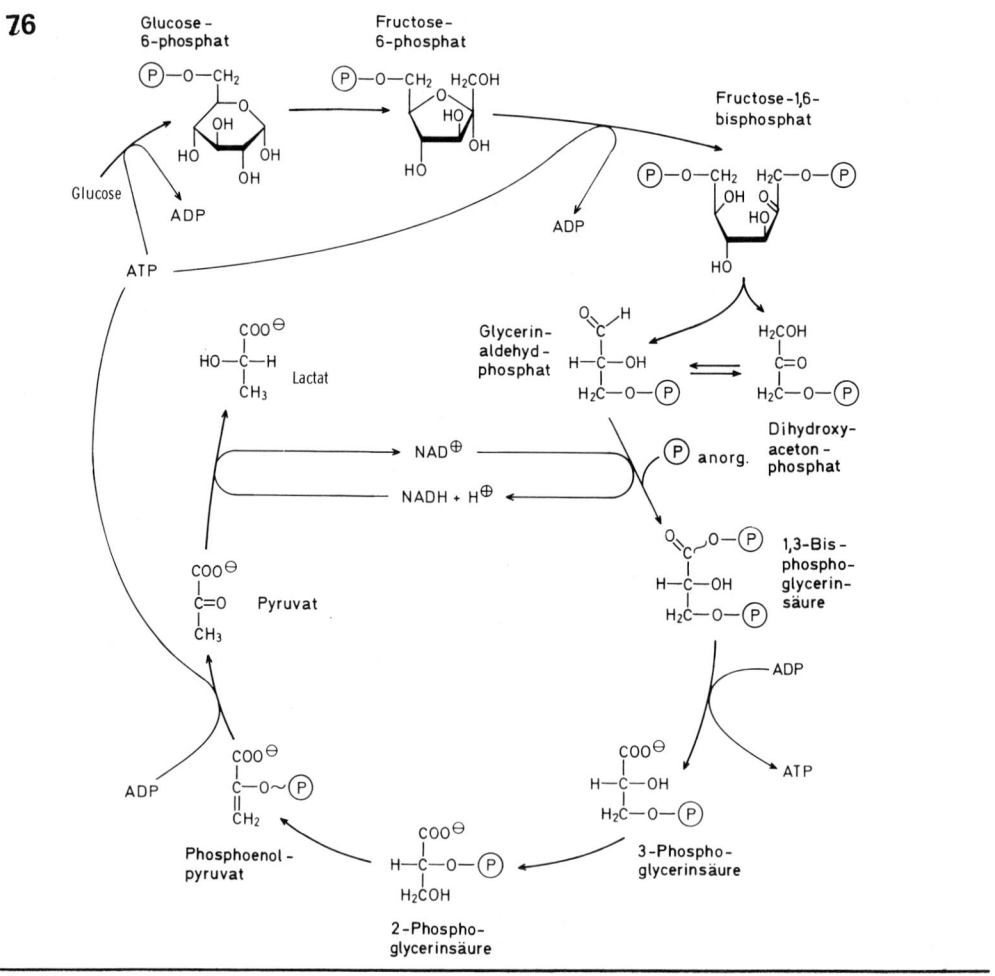

$$\underset{\substack{\text{3-Phospho-}\\\text{glycerat}}}{\overset{\text{COO}^\ominus}{\underset{\text{H}_2\text{C}-\text{O}-\text{P}}{\overset{|}{\underset{|}{\text{H}-\text{C}-\text{OH}}}}}} \xRightarrow[\substack{\text{Mutase}}]{\substack{\text{Phospho-}\\\text{glycerat-}}} \underset{\substack{\text{2-Phospho-}\\\text{glycerat}}}{\overset{\text{COO}^\ominus}{\underset{\text{H}_2\text{C}-\text{OH}}{\overset{|}{\underset{|}{\text{H}-\text{C}-\text{O}-\text{P}}}}}} \xRightarrow[]{\substack{\text{Enolase}}} \underset{\substack{\text{Phosphoenol-}\\\text{pyruvat}}}{\overset{\text{COO}^\ominus}{\underset{\text{CH}_2}{\overset{|}{\underset{\|}{\text{C}-\text{O}\sim\text{P}}}}}}$$

Pyruvat-kinase (mit ADP → ATP)

$$\underset{\text{Pyruvat}}{\overset{\text{COO}^\ominus}{\underset{\text{CH}_3}{\overset{|}{\underset{|}{\text{C}=\text{O}}}}}}$$

---

74   Glycerinaldehyd-3-(P)   /   Atmungs-Kette   /   anaerob   /   Sauerstoff

---

75   Lactat

76

77   2 ATP / NAD$^\oplus$

(1) Bei der Umwandlung von 3-Phospho-glycerinaldehyd in Glycerinsäure-3-Ⓟ
(2) Bei der Überführung von Phosphoenolpyruvat in Pyruvat.

---

78   zwei

(sinngemäß:) Die Dehydrierung von Glycerinaldehyd-3-Ⓟ zu Glycerinsäure-3-Ⓟ

---

79   Fructose

---

80   Glucose / Fructose

---

81   ATP (zu) Fructose-1-Ⓟ

---

82   Dihydroxyacetonphosphat / Glycerinaldehyd

---

83   (sinngemäß:) Während im Fructoseabbau als Ausgangssubstrat Fructose-1-Ⓟ vorliegt und demzufolge ein Spaltprodukt, der Glycerinaldehyd, nicht phosphoryliert ist, wird in der Aldolase-Reaktion Fructose-1,6-bisphosphat in zwei phosphorylierte Reaktionsprodukte, Dihydroxyaceton-Ⓟ und Glycerinaldehyd-3-Ⓟ zerlegt.

---

84   Dihydroxyacetonphosphat / Glycerinaldehyd

---

85   schlecht / aerob

---

86   Brenztraubensäure (zum Pyruvat) / Lactat / NADH

---

87   Atmungs-Kette

---

88   (sinngemäß:) Die „oxidative Decarboxylierung" von Pyruvat zur aktivierten Essigsäure (Acetyl-CoA).

89

$$H_3C-\overset{\overset{\displaystyle O}{\|}}{C}-COOH + HS \sim CoA + NAD^{\oplus} \longrightarrow CO_2 + H_3C-\overset{\overset{\displaystyle O}{\|}}{C}\sim S\cdot CoA + NAD\cdot H + H^{\oplus}$$

---

90   Pyruvat

(sinngemäß:) An der Kondensation von Oxalacetat mit Acetyl-CoA zum Citrat.

---

91   oxidative Decarboxylierung (zu) Acetyl-CoA / Citronensäurezyklus / Fettsäuren

---

92   1 / 1 / 7 Mol ATP

---

93   12 / 19 / 38

---

94   Pyruvat / Kohlensäure

---

95 $(H_3C-CO-COO^{\ominus}$ + $^{\ominus}OOC \sim Biotinenzym)$

$\rightleftharpoons$ $^{\ominus}OOC-CH_2-CO-COO^{\ominus}$ + Biotinenzym

a) Die oxidative Decarboxylierung zu Acetyl-CoA.
b) Die Carboxylierung zu Oxalacetat.

---

96   Milchsäure / Milchsäure (Lactat)

---

97   Phosphorylierung / Brenztraubensäure / nicht möglich

---

98   Oxalacetats

---

99   Carboxylierung / Pyruvat / Biotin(-haltigen)

---

100 Guanosintriphosphat   /   Phosphoenolpyruvat

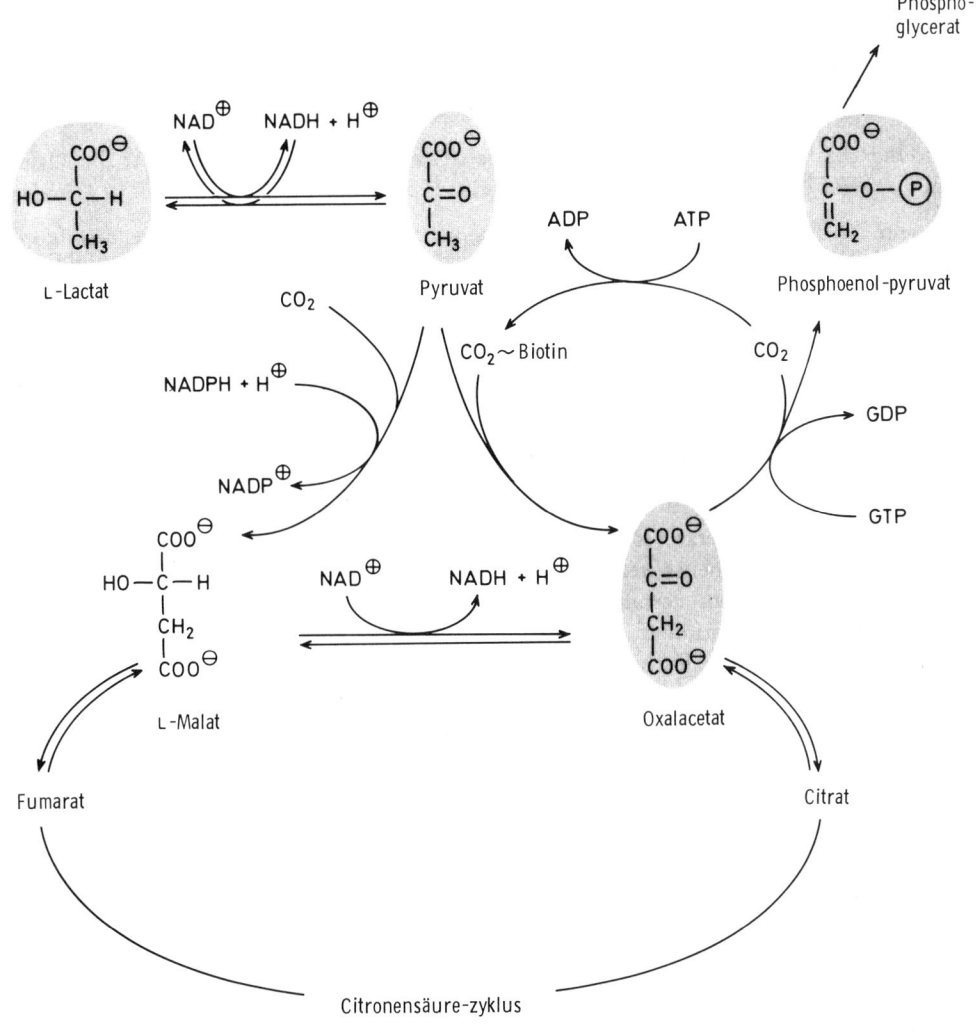

101 Phosphorylierung   /   Decarboxylierung

102 (3)-Phosphoglycerinsäure-1-phosphat

103 NAD·H   /   3-Ⓟ-Glycerinaldehyd

104 Fructose-1,6-bisphosphat   /   Glykogen

105 (sinngemäß:)

1. Die Bildung von Carboxybiotin, das zur direkten Carboxylierung von Pyruvat zu Oxalacetat notwendig ist, verbraucht 1 ATP.

2. Die decarboxylierende Phosphorylierung von Oxalacetat zu Phosphoenol-pyruvat verbraucht 1 GTP.

3. Die Umwandlung von Glycerinsäure-3-(P) in Glycerinsäure-1-(P)-3-(P) verbraucht 1 ATP.

---

106 Citronensäurezyklus / Oxalacetat / Glykogen

---

107 Nicht umkehrbar ist lediglich die Phosphorylierung der Hexosen mit ATP   ☒

(sinngemäß:) Aufbau und Abbau können durch Regulation dieser Schritte (bzw. der Enzyme) getrennt gesteuert oder reguliert werden.

---

108 denselben Weg / stimuliert

Antworten zur Kleinen Erfolgskontrolle

109 (sinngemäß:) Aldosen sind Zucker, die im Molekül eine Aldehyd-Gruppe aufweisen (Beispiel: Glycerinaldehyd), während Ketosen eine Keton-Gruppe tragen (Beispiel: Dihydroxyaceton).

---

110 D-Glycerinaldehyd / OH-Gruppe zeigt nach rechts

---

111 nein

---

112 Das am höchsten oxidierte C-Atom steht oben.

Die Zugehörigkeit zur D- oder L-Reihe bestimmt das „unterste" asymmetrische C-Atom, das gleichzeitig die höchste Nummer trägt.

---

113 (sinngemäß:) Zucker, die aufgrund von intramolekularer Halbacetalbildung als Fünfring mit Sauerstoffatom (= Furanose, entsprechend dem Grundkörper Furan) bzw. als Sechsring mit Sauerstoffatom (= Pyranosen, entsprechend dem Grundkörper Pyran) vorliegen.

In freier Form liegen die wichtigsten Zucker als Pyranosen vor.

114 (sinngemäß:) (a) Wenn der Sauerstoff hinten, C-1 rechts und die CH_2OH-Gruppe nach oben stehen, gehört der Zucker zur D-Reihe.
(b) Alle H-Atome stehen in trans-Stellung.

---

115 Vgl. Sie die Formeln mit denen im LB auf den S. 248ff.

---

116 (sinngemäß:) Aminozucker sind formal gesehen Zucker, in denen eine Hydroxy-Gruppe durch eine Amino-Gruppe ersetzt ist.
Von besonderer Bedeutung sind: Glucosamin, Galaktosamin und Neuraminsäure.

---

117 Vgl. Sie Ihre Antwort mit der Aufstellung im LB auf S. 251.

---

118 Transaldolase überträgt den Dihydroxyaceton-Rest.
Transketolase überträgt den aktiven Glykolaldehyd.

---

119 Vgl. Sie das Schema mit dem im LB auf S. 255.

---

120 Überprüfen Sie das Schema mit Hilfe der Abb. 15—3 im LB auf S. 260.

---

121 (sinngemäß:) Die Phosphorylierung von Fructose-6-phosphat zu Fructose-1,6-bisphosphat.
Sie wird von Phosphofructokinase katalysiert und verläuft unter ATP-Verbrauch. Da sie praktisch irreversibel ist, bezeichnet man sie als Schrittmacher-Reaktion.

---

122 Die Dehydrierung des Glycerinaldehydphosphats zum Glycerinsäurephosphat, da bei dieser Reaktion pro Mol Triosephosphat ein Mol ATP gebildet wird.

---

123 zwei Mol ATP

---

124 a) Milchsäure (Lactat)
b) Äthylalkohol

---

125 Dihydroxyacetonphosphat / 2-Phosphoglycerinsäure

---

126 a) Die oxidative Decarboxylierung zu Acetyl-CoA.
b) Die Carboxylierung zu Oxalacetat.

---

127 38 Mol ATP

---

128 Vom Phosphoglycerat ab (auch möglich: Phosphoenolpyruvat)

---

129 Ein endergonischer Prozeß

---

130 (sinngemäß:) Sie müssen C_4-Dicarbonsäuren liefern können, da damit über den Citrat-zyklus eine Umwandlung in Oxalessigsäure möglich wird.

Lektion 17:
Glykoside, Oligosaccharide und Polysaccharide

Antwortenvergleiche zu den Lernelementen

1   Nucleinsäuren, Coenzyme, Glykolipide

---

2   Glucoside / Galaktoside / Zucker (und) Alkohol-Gruppe / α- / α- / α-
Links: α-Form, rechts: β-Form

---

3   α- / α-
(sinngemäß:) Die Zuckerumwandlung verläuft wahrscheinlich über die Aldehydform als Zwischenstufe. Diese kann sich bei den Glykosiden nicht mehr ausbilden, da die OH-Gruppe an C-1 durch den Alkohol-Rest blockiert ist.

---

4   Nucleoside

---

5   Glykosid(-Bindung) / Monosaccharid

---

6   drei / vier / Oligo(-saccharide) / Poly(-sacchariden)

---

7   (sinngemäß:) Glykoside bestehen aus Zuckern und beliebigen Alkoholen, die eine Glykosidbindung eingegangen sind, während bei Oligosacchariden die Zuckermoleküle mit den alkoholischen Gruppen anderer Zuckermoleküle reagiert haben.

---

8   (sinngemäß:) Durch die halbacetalische Hydroxy-Gruppe an C-1 (Aldose) bzw. C-2 (Ketose)
behält / verliert

---

9   Oligosaccharide vom Maltosetyp / Oligosaccharide vom Trehalosetyp
(a) Maltose — (b) Trehalose

---

10   Mutarotation, Glykosidbildung, Osazonbildung

---

11   (Name:) Saccharose
(Bestandteile:) α-D-Glucopyranose, β-D-Fructofuranose

---

12   weniger beständige   /   vgl. Sie mit dem LB S. 278

---

13   Maltose   /   (sinngemäß:) Aus zwei Glucosepyranose-Einheiten

---

14   reduzierend

(Begründung sinngemäß:) Sie hat eine freie halbacetalische Hydroxy-Gruppe im Molekül

---

15   Galaktose und Glucose   /   Lactose

---

16   Vgl. LB, S. 278/279

---

17   gespalten (hydrolysiert)   /   hydrolytische Spaltung durch Enzyme

---

19   Hydrolasen   /   Hydrolyse   /   gruppenspezifisch
(a) glykosidisch gebundenen Zuckers − (b) glykosidischen Bindung

---

20   (a) setzen die Aktivierungsenergie einer Reaktion herab;   ☒
(d) können die Gleichgewichtslage einer Reaktion nicht verändern;   ☒
(f) beschleunigen die Gleichgewichtseinstellung einer Reaktion.   ☒

---

21   Nucleosiddiphosphat   /   Uridindiphosphat (UDP)   /   UDP

---

22   Glucose-6-(P)   /   Uridintriphosphat (UTP)

---

23   UDP   /   UDP-Galaktose   /   C-4

---

24   ($\xrightleftharpoons{\text{Transferase}}$) UDP-Galaktose + Glucose-1-(P)

---

25 Vgl. Sie bitte das Schema im LB S. 281 unten

---

26 Galaktosämie

(sinngemäß:) Anreicherung von Galaktose oder deren Derivaten im Blut ist tödlich.

---

27 (sinngemäß:) (a) Der Galaktoseabbau über den Weg des Glucoseabbaus ist verschlossen,
(b) Ursache ist das Fehlen der Hexose-1-$\boxed{P}$-Uridyl-Transferase.
(c) Völliges Vermeiden von Galaktose in der Nahrung.

---

28 Disaccharidsynthese / UDP / UDP-Glucuronsäure / Glucuronid / Leber

---

29 (1.) Epimerisierung   (3.) Glykosidbildung
(2.) Austausch Glucose $\rightleftharpoons$ Galaktose   (4.) Oxidation zu UDP-Glucuronsäure

(sinngemäß:) Oligosaccharide besitzen bis maximal 8 Zuckermoleküle; Polysaccharide mehr als 8 Zuckermoleküle.

---

30 Homoglykanen / $Glc\beta1 \rightarrow 4\ Glc\beta1 \rightarrow 4\ Glc\beta1 \rightarrow 4\ Glc$

---

31 lediglich einem (Monosaccharid) / Amylose (als auch das) Amylopektin / Glucose

---

32 α-glykosidische 1→4(-Bindung)

Vgl. die Maltose-Formel mit der im LB auf S. 279

---

33 Amylose / Amylopektin

---

34 1α→4- (und) 1α→6(-Bindung) / 40 (Verzweigungen) / Isomaltose / Maltose

---

35 Der Formelausschnitt muß im Prinzip mit der Abb. 17–3 auf S. 285 (LB) übereinstimmen. Die Verzweigung kann jedoch von einer anderen Glucoseeinheit ausgehen.

---

36 Maltose, α1-4-Glykosidbindungen − Isomaltose, α1-6-Glykosidbindungen

| Amylopektin | (Muskelglykogen:) ca. 6000 | höhere (Molekulargewicht) |
| | (Leberglykogen:) ca. 100000 | größere (Anzahl) |

37   Amylasen

---

38   Stärke (in) Maltose   /   α-Amylasen (und) β-Amylasen   /   Endopeptidasen

---

39   6–7 (Glucoseeinheiten)   /   Maltose   /   nicht   /   vom Molekülende her   ☒

---

40   Maltose-(Einheiten)   /   Speichel, Pankreas und Malz   /   Pflanzen
                                        (Reihenfolge beliebig)

(α-Amylasen greifen) in der Molekülmitte an.
(β-Amylasen greifen) am Molekülende an.

---

41   (sinngemäß:) Spaltung der Glykosidbindung durch anorganische Phosphorsäure.

---

42   Phosphorolyse

(b) trägt keine freie halbacetalische Hydroxy-Gruppe.   ☒

---

43   Glucose-Restes | Glucose-1-$\textcircled{P}$ | Glucose-1-

anorganischem Phosphat | Glucose-1-4-Bindungen eingestellt.   ☒ | 6-Bindungen   ☒

---

44   (sinngemäß:) Die erste Phosphorylierung der Glucose ist bereits vollzogen; der Anschluß an den weiteren Abbau ist direkt möglich.

---

45   Glucose-1-$\textcircled{P}$ $\longrightarrow$ Glucose-6-$\textcircled{P}$
Analog: Glycerinsäure-3-$\textcircled{P}$ $\longrightarrow$ Glycerinsäure-2-$\textcircled{P}$

---

46   Vgl. Sie bitte Ihr Schema mit dem auf S. 288 oben (LB).

---

47   Phosphoglucomutase   /   Glykolyse

---

48   UDP-Glucose

---

49   Synthese

50   verschiedene Wege

(sinngemäß:) Einen Vorteil: getrennte Regulierung von Glykogenaufbau und Glykogenabbau

---

51   (a) stark aktiv   (b) wenig aktiv

---

52   (1.) Cyclo-AMP   (3.) Kinase-Kinase | Adrenalin und Glucagon
(2.) Kinase   (4.) ATP

---

53   Adrenalin (und) Glucagon (Reihenfolge beliebig)   /   3',5'-Cyclo-AMP

Phosphorylasekinase-Kinase (Proteinkinase) | ATP(-Verbrauch)

(Phosphorylase) b (zu Phosphorylase) a | Glucose-1-Ⓟ

---

54   Vgl. Sie die Formeln mit denen im LB S. 250.

---

55   Aminozucker (und) Uronsäuren   /   Heteroglykanen   ☒

---

56   Uronsäure (und) Acetyl-Aminozucker   /   Uronsäure (und) Schwefelsäure   /   sauer

---

57   (sinngemäß:) Synovialflüssigkeit, Haut, Glaskörper des Auges, Nabelschnur.
Allg. in der Grundsubstanz des Bindegewebes.

(sinngemäß:) Depolymerisierende Wirkung ermöglicht Eindringen von Fremdsubstanzen und deren „Ausbreitung" im Gewebe.

---

58   Hyaluronsäure

---

59   konjugierten Verbindungen   ☒   /   Proteinmolekül

---

60   Peptid(-Kette)   /   Oligosaccharid(-Seitenketten)

---

61   Polypeptid-Ketten | $Asp-NH_2$ | α- und β-Globulin(-Fraktion)

Serin (und) Threonin | Proteine

62 kohlenhydratreicher / Im Gegensatz zu diesen

---

63 (1.) Plasma-Glykoproteine   (2.) Mucoide

---

64 Erythrozyten	M	Antikörper	Hämolyse
Isoagglutininen	regelmäßig	Immun(-Reaktion)	

---

65 (sinngemäß:) Bei Bluttransfusionen gelangen die entsprechenden Antigene ins Blut und führen damit zur Bildung der spezifischen Antikörper.

---

66 (sinngemäß:) Störungen wie Schock, Hämolyse und andere Unverträglichkeiten. Serologischer Mechanismus: Antigen-Antikörper-Reaktion
(Gegen die wiederholt transfundierten Blutgruppen-spezifischen Substanzen [Antigene] sind bereits Antikörper gebildet worden. Die Antigen-Antikörper-Reaktion kann sofort ablaufen.)

---

67 erblich / Oligosaccharid-

Antworten zur Kleinen Erfolgskontrolle

68 (sinngemäß:) Wenn die halbacetalische Hydroxy-Gruppe eines Zuckers mit einem Alkohol (oder auch einer phenolischen Hydroxy-Gruppe oder einer Carbonsäure) (= O-Glykosidbindung) oder einer HN-Gruppe (= N-Glykosidbindung) unter Wasserabspaltung eine Verbindung eingeht.

---

69 Formeln von α- und β-Methylglucosid s. LB S. 276

Unterschied: Die Glucose-Isomeren können sich ineinander umlagern, die Glycosid-Isomeren nicht (da bei ihnen eine Gleichgewichtseinstellung über die Carbonyl-Form nicht mehr möglich ist).

---

70 (sinngemäß:) Von der Existenz einer freien halbacetalischen Hydroxy-Gruppe: Ist sie im Molekül vorhanden, so bleiben die reduzierten Eigenschaften erhalten; fehlt sie, so fehlt das Reduktionsvermögen.

---

71 (sinngemäß:) Maltosetyp: Eine freie halbacetalische Hydroxy-Gruppe vorhanden (Reduktionsvermögen, Fähigkeit zu Glykosidbildung und Mutarotation vorhanden). Trehalosetyp: Beide halbacetalischen Hydroxyle reagieren miteinander zu Vollacetalen (kein Reduktionsvermögen, keine Mutarotation, keine Osazonbildung).

72 Maltosetyp: Maltose, Isomaltose, Lactose, Cellobiose
Trehalosetyp: Trehalose, Saccharose

---

73 Vgl. Sie die Formeln mit denen im LB auf S. 278f.

---

74 (sinngemäß:) Es muß in ein energiereiches Derivat (bevorzugt Bindung an Uridin-diphosphat) übergeführt werden. (Beispiel: Glucose + ATP $\longrightarrow$ Glucose- (P)
Glucose- (P) + UTP $\longrightarrow$ UDP-Glucose)

---

75 (sinngemäß:)
(a) Epimerisierung an C-4 zum Galaktoderivat;
(b) Austausch zwischen Galaktose und Glucose;
(c) Disaccharidsynthese;
(d) Glucuronbildung.   (Reihenfolge beliebig)

---

76 (sinngemäß:) Es fehlt die Hexose-1- (P) -Uridyl-Transferase. Folge: Galaktose kann nicht in Glucose umgewandelt und damit in den Glucoseabbau eingeschleust werden.
$\longrightarrow$ Galaktosehäufung im Blut mit möglichem tödlichen Verlauf.

---

77 (sinngemäß:) Sie bildet in der Leber mit Hydroxy-Verbindungen Glucuronide und führt so zur Ausscheidung („Entgiftung") von körpereigenen (Hormone etc.) und körperfremden (Medikamente, Gifte etc.) Stoffen.

---

78 Vgl. Sie Ihre Beispiele mit denen im LB auf S. 283f.

---

79 (sinngemäß:) Aus Glucosemolekülen, die zwischen C-1 und C-4 β-glykosidisch ver-knüpft sind.

---

80 (sinngemäß:) Amylose: prozentual weniger (20–30%) am Stärkeaufbau beteiligt, nur Maltose-Einheiten. Amylopektin: stärker vertreten, Maltose- und Isomaltose-Einheiten.

---

81 Mit Amylopektin.
(sinngemäß:) Glykogen ist jedoch noch stärker verzweigt und höher molekular.

---

82   (sinngemäß:) α-Amylasen spalten das Makromolekül von der Mitte her auf in Oligo-saccharide (vergleichbar den Endopeptidasen); β-Amylasen spalten vom Ende des Moleküls jeweils Maltose-Einheiten ab (vergleichbar den Exopeptidasen).

---

83   (sinngemäß:) Den Weg der sog. Phosphorolyse. Prinzip: Unter Lösung der Glykosid-bindung und Bildung von Glucose-1-(P) wird vom nichtreduzierenden Ende des Poly-saccharids ein Glucose-Rest nach dem anderen auf anorganisches Phosphat übertragen.

---

84   (a) ATP (als Phosphatdonator für die Phosphorylierung von Phosphorylase b)
(b) Spezifische Kinase (katalysiert die Phosphorylierung)
(c) Zyklisches Adenosin-3′,5′-monophosphat (aktiviert die Kinase)

(Reihenfolge beliebig)

---

85   Adrenalin und Glucagon:

(sinngemäß:) Stimulieren die Bildung von zyklischem Adenosinmonophosphat aus ATP

---

86   (sinngemäß:) Phosphoglucomutase bewirkt die Umlagerung von Glucose-1-(P) in Glucose-6-(P). Dies bedeutet den Anschluß der Phosphorolyse an den Abbauweg der Glykolyse.

---

87   In Form von Uridindiphosphatglucose

---

88   Bausteine: Glucuronsäure und N-Acetyl-glucosamin.

(sinngemäß:) Hyaluronsäure kommt als Bestandteil des Bindegewebes z.B. in Synovial-flüssigkeit, Haut, Glaskörper des Auges und Nabelschnur vor.

---

89   Bausteine: Sulfonylaminoglucose (Glucosamin-N-Schwefelsäure), Schwefelsäureester der Glucuronsäure sowie Glucuronsäure.

(sinngemäß:) Heparin hemmt die Blutgerinnung durch a) Hemmung der Prothrombin-Thrombin-Umwandlung; b) Hemmung der Thrombinwirkung auf Fibrinogen.

---

90   (sinngemäß:) O-glykosidische Bindung mit OH-Gruppen von Serin und Threonin; N-glykosidische Bindung (mit Amid-Gruppen des Asparagins).

---

91   Bestimmten Oligosaccharid-Endgruppen (die als Antigen-determinierende Gruppen wirken).

Lektion 18:
Topochemie der Zelle

Antwortenvergleiche zu den Lernelementen

1 (1.) Elektronenmikroskopie
(2.) Differentielle Zentrifugation

(sinngemäß:) Das Verfahren der differentiellen Zentrifugation gestattet es, aus Zellaufschlüssen (Homogenaten) einzelne Organellen oder Fraktionen abzutrennen.

---

2 Gene

(1.) Merkmalsauslösung   (2.) Identische Reduplikation   (3.) Mutation

---

3 DNA (und) Protein / Chromosomen / Zellkern

---

4 Erbfaktoren / vor / bevor

(1.) mRNA (Messenger)   (2.) tRNA (Transfer)   (3.) rRNA (Ribosomale)

---

5 endoplasmatischen Reticulums / Ribosomen

---

6 Proteinsynthese / Ribosomen

---

7 zerstört   hydroxylierender   Cytochrom P_{450}

Mikrosomenfraktion   (Enzyme)   Ferredoxin

Mikrosomen   Flavoproteine

---

8 Ribosomen (und) Lysosomen

(sinngemäß:) Anlagerung von mRNA und tRNA, anschließend Verknüpfung der aktivierten Aminosäuren

Lysosomen

---

9 Lysosomen / hydrolytische

(sinngemäß:) z.B. Phosphatasen, Kathepsin, Ribonuclease, β-Glucuronidase

---

10 (sinngemäß:) Peroxisomen sind Zellorganellen, die reich sind an Katalase, Peroxidase und solchen Flavoproteinen, die H_2O_2 bilden.

---

11 (1.) Atmungs-Kette
(2.) Citronensäurezyklus
(3.) β-Oxidation der Fettsäuren   (Reihenfolge beliebig)

Mitochondrien / (Der) Citronensäure(-zyklus) / Atmungs-Kette / β-Oxidation

---

12 unstrukturierte / Enzyme des Cytosols

---

13 Überstand (Cytosol) / (sinngemäß:) Glykolyse (Embden-Meyerhof-Abbau)

---

14 (a) Mitochondrien   (c) Cytosol
(b) Mitochondrien   (d) Mitochondrien

Antworten zur Kleinen Erfolgskontrolle

15 (sinngemäß:) Chromosomen sind stark spiralisierte, aus DNA und Protein aufgebaute Strukturen im Zellkern, auf denen die Gene lokalisiert sind.

---

16 (sinngemäß:) Wahrscheinlich weist Heterochromatin eine stark kondensierte, hyperspiralisierte DNA auf, während sie beim Euchromatin aufgelockert ist. Im Interphasenkern ist Heterochromatin stärker anfärbbar als Euchromatin. Euchromatin ist in bezug auf die RNA-Synthese aktiver.

---

17 (sinngemäß:) Die DNA- und die RNA-Synthese (DNA-Replikation und Transkription)

---

18 (sinngemäß:) Durch differentielle Zentrifugation eines Zellhomogenats.
Bestandteile: Ribosomen, Lysosomen, Mikrosomen

---

19 (sinngemäß:) Die Ribosomen sind der Ort der Proteinbiosynthese. Sie werden zu ihr erst befähigt, wenn sie sich mit mRNA zusammenschließen und die Polysomen bilden.

---

20 Hydrolasen: z.B. Phosphatasen, Kathepsin, Ribonuclease, β-Glucuronidase

21 Atmungs-Kette / Citronensäurezyklus

β-Oxidation der Fettsäuren, oxidative Decarboxylierung

---

22 (sinngemäß:) a) Der Citratzyklus kann auf die Dauer nur ablaufen, wenn das in ihm gebildete NAD·H in der Atmungs-Kette wieder oxidiert wird.
b) Das durch die β-Oxidation der Fettsäuren gebildete Acetyl-CoA kann direkt im Citratzyklus verbraucht werden.

---

23 (sinngemäß:) Das Grundcytoplasma, das elektronenmikroskopisch keinerlei Strukturen aufweist.

---

24 Die Glykolyse (Embden-Meyerhof-Abbau)

---

25 Pyruvat   ☒

⇩

Lektion 19:
Wechselbeziehungen im Intermediär-
stoffwechsel

Antwortenvergleiche zu den Lernelementen

1 Energieverschwendung / Kompartimentierung

(sinngemäß:) Dadurch, daß die Zelle in verschiedene Räume = Kompartimente einge-
teilt ist, können Reaktionen des Aufbaus und des Abbaus getrennt durchgeführt und
reguliert werden.

---

2 begrenzt

---

3 begrenzende Metabolite

(sinngemäß:) Sauerstoffaufnahme steigt an. Phosphorylierung wird ausgeschaltet.

(b) die oxidative Phosphorylierung ist   ☒

---

4 (sinngemäß:) Unter Fließgleichgewicht (engl. steady state) versteht man einen statio-
nären Zustand, bei dem dauernd Substanzen einströmen und Reaktionsprodukte heraus-
geschleudert werden, wobei die Konzentrationen der einzelnen Metabolite relativ
konstant bleiben.

---

5 konstanten

Phosphofructokinase-Reaktion: Phosphorylierung von Fructose-6-Ⓟ zu
Fructose-1,6-bis-phosphat

---

6 Schrittmacher-Reaktion / irreversibel

(sinngemäß:) Sie sind Kontrollstellen durch Veränderung des „Durchflusses".

---

7 (sinngemäß:) (a) Reaktionsgeschwindigkeit nimmt zu; schneller Stoffumsatz; Konzentration nimmt wieder ab.
(b) Reaktionsgeschwindigkeit nimmt ab; Konzentration normalisiert sich, da weniger
„Produkt" nachgeliefert wird.

---

8 negative (Rückkopplung) / „bremsendes" (Regulationsprinzip)

---

9   Endprodukt

---

10   gehemmt   /   aufgehoben

---

11   Regulationsmechanismen   /   Modifizierung   /   Glykogen-phosphorylase

---

12   — eine reversible Aktivierung   ☒
     — eine reversible Inaktivierung   ☒   (eines bestimmten Enzyms.)

---

13   Vgl. Sie bitte Ihre Aussagen mit denen im LB S. 308.

---

14   erhöhtem   /   offenes

---

15   Substrate

---

16   Enzyminduktion   /   gesteigert

---

17   Substrate, Hormone (Reihenfolge beliebig)

    (1.) Kompartimentierung   (4.) Allosterische Kontrolle (negative Rückkopplung)
    (2.) Begrenzende Metabolite   (5.) Enzym-Modifikation
    (3.) Michaelis-Kinetik   (6.) Enzym-Induktion

---

18   5 mM   /   Glucose-6-phosphat   /   Glucose-6-phosphat

---

19   Phosphorolyse

---

20   (sinngemäß:) Die Oxidation von Glucose-6-phosphat mit $NADP^{\oplus}$, die zu Pentosephosphat führt.

---

21   Fructose(-6-phosphat) | Fructose-1,6-bisphosphat-Kinase

    Fructose(-1,6-bisphosphat) | irreversibel

---

22   Glykolyse   /   die Milchsäure (Lactat)   /   Aminosäuren

---

23   Phosphoenol(-pyruvat)

24 vier aktiven	6-Phosphogluconsäure, Sedulose-7-phosphat (und) Erythrose-4-phosphat	Embden-Meyerhof-Kette

25   NADPH

26   Glucose-1-phosphat   /   Glykogen

27   Fructose-6-phosphat-Kinase   /   aeroben   /   anaeroben

28   Kohlenhydratabbau (Glykolyse)   /   oxidativ

29   Acetyl-CoA

(sinngemäß:)   1. Durch die oxidative Decarboxylierung von Pyruvat
2. aus langkettigen Fettsäuren und einigen Aminosäuren.

30   Pyruvat

31   Citrat   /   NADH

32   Proteinbiosynthese

33   Transaminierung   /   verbraucht

34

Arginin → Citrullin → Ornithin → Arginin (Zyklus)

35   Citrat(-zyklus)   /   oxidative Desaminierung   /   Arginin   /   Glutamin

36   Oxalacetat   Fumarat

37   Tyrosin

38   Alanin, Cystein, Threonin.

39   Vgl. LB, S. 313

Antworten zur Kleinen Erfolgskontrolle

40 CO_2 durch Decarboxylierung im Citratzyklus, H_2O durch biologische Oxidation in der Atmungs-Kette

41   (a) Acetyl-CoA, „aktivierte Essigsäure"

   (b) $H_3C-C\overset{O}{\underset{SCoA}{}}$

   (c) Wichtigste Lieferanten: Fettsäureabbau, Kohlenhydratabbau

42   Uridindiphosphat

43   Direkte Glucoseoxidation mit Decarboxylierung, nicht oxidativer Pentosephosphat-Zyklus

44   (a) Bei der Umwandlung von Glycerinsäure-1-(P)-3-(P) in Glycerinsäure-3-(P);
   (b) bei der Umwandlung von Phosphoenolpyruvat in Pyruvat.

45   aerob: in Acetyl-CoA   /   anaerob: in Lactat

46   Schlüsselsubstanz: Phosphoenolpyruvat
   Hauptbildungsweg: Umwandlung von Pyruvat in Oxalacetat durch Carboxylierung mit einem $^\ominus OOC\sim$ Biotinenzym; Phosphorylierung und gleichzeitige Decarboxylierung von Oxalacetat zu Phosphoenolpyruvat.

47   Fettsäureaufbau, Synthese der Isoprenoidlipide (vor allem Steroide)
   (auch möglich: viele Ester- und Säureamidsynthesen, z.B. Acetylcholin- und N-Acetylglucosamidbildung).

48   12 Mol ATP

49 (sinngemäß:)

α-Ketoglutarat: Reaktionspartner der Transaminierung, Beziehung zum Aminosäure-stoffwechsel

Succinyl-CoA: Über δ-Aminolävulinsäure Aufbau des Häminsystems

Oxalacetat: a) Transaminierung zur Asparaginsäure
 b) Gluconeogenese

---

50 (a) α-Ketoglutarsäure (über Glutaminsäure)
 (b) Fumarsäure
 (c) Fumarsäure (über Harnstoffzyklus), Oxalacetat (über Transaminierung)
 (d) Oxalacetat (über Brenztraubensäure durch Carboxylierung)

---

51 Serin

---

52 Harnsäure

---

53 (sinngemäß:) Folgenden Regulationsmechanismus: Unter Sauerstoffmangel erfolgt in vielen Zellen anaerober Kohlenhydratabbau zur Energiedeckung (Ausbeute: 2 Mol ATP pro Mol Glucose). Nach Sauerstoffzufuhr Umstellung auf aeroben Abbau (Ausbeute: 38 Mol ATP pro Mol Glucose) unter gleichzeitiger Drosselung des Glucosedurchsatzes (= Anpassung an Energiebedarf).

---

54 (sinngemäß:) Unter einem Fließgleichgewicht (steady state) versteht man einen statio-nären Zustand, bei welchem ständig Zu- und Abflüsse aus dem System stattfinden.

---

55 (sinngemäß:) (a) Räumliche Trennung der Enzyme in verschiedenen Kompartimenten der Zelle.
 (b) Allosterische Beeinflussung der Enzymaktivitäten.

---

56 (sinngemäß:) Die Reaktionsgeschwindigkeit nimmt zu, die Konzentration des Metaboli-ten wird wieder normalisiert.

---

57 (sinngemäß:) Die Konzentration von ADP (wenn sie steigt, wird die Atmungs-Ketten-Phosphorylierung in Gang gesetzt).

---

58 (sinngemäß:) Den hemmenden Einfluß eines Endproduktes auf Reaktionsschritte, die im Anfang der Reaktionskette liegen. Mechanismus: Allosterische Hemmung der Schlüsselenzyme.

---

59 (sinngemäß:) Eine Regulation durch veränderte Enzymspiegel. Mechanismus: Das Sub-strat erhöht die Enzymproduktion (= Enzyminduktion); die erhöhte Enzymkonzentration verursacht einen erhöhten Stoffwechselumsatz.

Lektion 20:
Hormone

Antwortenvergleiche zu den Lernelementen

---

2 (1.) Zwischenhirn (Hypothalamus), (2.) Hypophysenvorderlappen, (3.) Nebennierenrinde

Corticosteroide / Hemmung

---

3 Erfolgsorgane / Rezeptor / (a) Zellkern, (b) Zellmembran

---

4 chemische (Stoffe) / chemische (Wirkungen) / Protein

---

5 Adrenalin / Glukagon / Adenylat-Zyklase-Systems

---

6 Repressoren / Genorte / (1.) Adenylat-Zyklase, (2.) Induktion von Enzymen

---

7 (1.) Steroidhormone   (1.) Glucocorticoide
(2.) Von Aminosäuren abgel. Hormone   (2.) Mineralocorticoide
(3.) Peptid- und Proteohormone

chemisch (nahe verwandt) / funktionell (verschieden)

---

8 Tod / Mineralstoffwechsel / Glucosehaushalt

---

9 21 (C-Atome) / Cortisol, Corticosteron, Aldosteron u.a.

---

10 Progesteron / 21 (C-Atomen) / α,β-ungesättigte Ketongruppierung

Keton- (und eine) Alkohol-Funktion (Ketolgruppierung)

---

11 mineralocorticoiden (Wirkung) / Aldosteron / $Na^{\oplus}$-Retention

---

12 glucocorticoide (Wirkung) | katabole (Wirkung) | (1.) Gluconeogenese
(2.) Proteinabbau

---

13   Antikörperbildung   /   „Immunsuppressive (Wirkung)"

(sinngemäß:) Bei der Nachbehandlung nach Organverpflanzungen

---

14   Testosteron   /   Steroid-(Hormone)   /   19 (C-Atome)

15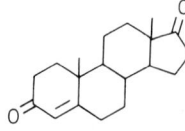

a) Androstendion   b) Testosteron

---

16   (Sexualapparat:) Sekundäre männliche Geschlechtsmerkmale / Pubertätsmerkmale /
Spermien / Akzessor / Genitaldrüsen / Psychische Wirkung.
(Stoffwechsel:) Förderung des Proteinaufbau / Erhöhung der Stickstoffretention

---

17   anabole (Wirkung)   /   Proteinabbau   /   entgegengesetzter (Weise)

---

18   Östrogen   /   Gestagen   /   18 (C-Atome)   /   Testosteron   /   aromatischen (Ring)

---

19   Vgl. LB S. 323   /   Proliferationsphase

sekundären weiblichen Geschlechtsmerkmale (Brustdrüsen)

---

20   Gestagene   Cholesterin

Nebennierenrinden-Steroide (Corticosteroide)   Gelbkörper

---

21   – Östradiol bewirkt die Proliferationsphase   ☒
– Progesteron bewirkt die Sekretionsphase   ☒

---

22   Nebennierenmarks   /   Adrenalin (und) Noradrenalin

---

23   Pharmakologisch: Vasokonstriktion der peripheren Gefäße
Biochemisch: Erhöhung des Blutzuckerspiegels / Beteiligung bei der Übertragung von
Nervenreizen im sympathischen Nervensystem

24 Schilddrüse | Thyroxin | Nebennierenmarkhormone

Thyronin | Aminosäure | ..., die sich von AS. ableiten

---

25 (Auswirkung auf Jugendliche:) Entwicklungsstörungen (Kretinismus)
Überfunktion: Grundumsatzerhöhung, Basedow
Unterfunktion: Grundumsatzerniedrigung, Myxödem

Schilddrüse

---

26 Peptid- und Proteohormonen | $Ca^{2\oplus}$-Spiegels | Phosphat

Calcitonin | Niere |

---

27 (1.) Insulin, (2.) Glucagon

---

28 Langerhansschen Inseln | Schwefel(-Brücken) oder Disulfid-Brücken

Peptid | Diabetes mellitus

~ 6000 | Blutzucker erhöht

| durch Insulingaben

(sinngemäß:) Sie ist wirkungslos, da das Insulin als Polypeptid im Magen-Darm-Trakt
zerstört wird.

---

29 Glucagon / Polypeptid / blutzuckersteigernde (Wirkung)

---

30 (Insulin:) a, c, d, e, g, h, k, l
(Glucagon:) a, b, d, f, i, m

---

31 (a) Neurohypophyse, (b) Adenohypophyse / Hypothalamus / Releasing Factors

---

32 (sinngemäß:) Die Hormonproduktion durch Nervenzellen

Neurohypophyse / Hypophysenhinterlappens

---

33 Uterus / Geburts(-vorgang) / Brustdrüse

---

34 Vasopressin oder Adiuretin | antidiuretische (Wirkung)

blutdrucksteigernde (Wirkung) | (zum) Diabetes insipidus

(sinngemäß:) Der Abfall von Adiuretin vermindert die H_2O-Rückresorption

35   Mittellappen   /   Melanotropin

---

36   Somatotropin   /   Adenohypophyse   /   − keine typischen Hormonwirkungen aus   ☒

(Reihenfolge beliebig:) Knochenwachstum / Knorpelwachstum / vermehrte Fettverbrennung / erhöhte Stickstoffretention und Proteinsynthese / Blutzuckervermehrung / Gewichtszunahme

---

37   Fett(-gewebe)   /   lipotrope (Hormon)   /   Verbrennung   /   Wachstumshormon

---

38   Schilddrüse   /   (Thyreotropin-) Releasing-Factor

---

39   Thyroxin   /   Thyreotropin

---

40   ACTH

Nebennierenrinde

erhöht

Cholesterin

(1.) von kreisendem Cortisol
(2.) von der Stressituation

CRF (Corticotropin-Releasing-Factor)

---

41   gonadotropen Hormone

männliche (als auch) weibliche

(1.) die Follikel-stimulierende Wirkung
(2.) die Zwischenzell-stimulierende Wirkung

Adenohypophyse

Harn

Hypophyse

Placenta

---

42   Placenta

---

43   720 (bis) 900 (mg pro Liter)

---

44   konstant   /   Gehirn   /   Blutzucker   /   Insulin

---

45   (a) gefördert   (d) gehemmt
        (b) gefördert   (e) gehemmt
        (c) gefördert   (f) gefördert

---

46   Glykogens   /   Adrenalin (und) Glucagon   /   Insulins

---

47 Glykogenabbau

Gluconeogenese

blutglucose-steigernde (Wirkung)

Glucocorticoide	Blutzucker
Cortisol	
Aminosäuren	

---

48 Blutzuckers

Insulin

Somatotropins (STH)	vermindert
Glucose-Oxidation	gesteigert

---

49 Insulin   /   Adrenalin, Cortisol, Glucagon, STH   /   Diabetes mellitus

(sinngemäß:) Blutglucosespiegel erhöht / evtl. Glucosurie / verminderte Alkalireserven /
nicht veresterte Fettsäuren im Blut erhöht

— ist erblich   ☒

---

50 (hemmt) Glucoseabgabe   /   (fördert) Fettsynthese   /   Fettgewebe   /   Fettsäuren

---

51 Glykogenolyse   /   mehr (Glykogen in der Leber)

---

52 Hypophyse, Hypothalamus

Follikel

Corpus luteum   } in den Ovarien

---

53 Die Follikelentwicklung (Follikelsprung)
Sekretionsphase — Proliferationsphase → Menstruation

Hypophyse   /   FSH (Follikel-stimulierende Hormon)   /   Ovar   /   Follikels

---

54 LH (Luteinisierendes Hormon)   /   Östradiol   /   luteinisierende (Wirkung)

---

55 Ovulation   /   Corpus luteum

---

56 LH(-Einfluß)   /   Proliferationsphase

---

57 Progesteron   /   Sekretionsphase   /   Eies

---

58 Progesteron

59   Corpus luteum / LH / Progesteron / Menstruation

---

60   Hypophyse / LH / FSH (und) LH / bleibt aus (findet nicht statt, o.ä.)

---

61   Geweben

---

62   Magen-Darm(-Gewebe) / Verdauungsdrüsen

(a) Sekretin
(b) Gastrin
(c) Cholecystokinin-Pankreozymin   (Reihenfolge beliebig)

---

63   (1.) c, e
(2.) a
(3.) b, d, f

---

64   Proteinen / Gefäß(-System) / Muskulatur / Angiotensin (und) Bradykinin

---

65   (wirkt) blutdrucksteigernd

(sinngemäß:) In der Regulation der Nebennierenrindentätigkeit, stimuliert die Aldosteronproduktion.

---

66   Blutdrucksenkung / glatten Muskulatur / (1.) b, c / (2.) a, d, e

---

67   Histamin, Serotonin, Tyramin, Acetylcholin

---

68   Histidin / Diaminoxidase

(sinngemäß — Reihenfolge beliebig:) Magensaftsekretion erhöht; Erweiterung der Kapillaren; Erhöhung der Permeabilität der Kapillaren; Beteiligung bei allergischen Reaktionen

---

69   Serotonin / verengenden (Einfluß) / Blutplättchen / Zentralnervensystem

---

70   (sinngemäß — stichwortartig:) Blutdruckerhöhung / Erregung der glatten Muskulatur

---

71   Dopamin / Noradrenalin(-Synthese)

---

72 (a) Serotonin   (d) Acetylcholin
  (b) Dopamin   (e) Tyramin
  (c) Histamin

Antworten zur Kleinen Erfolgskontrolle

73 (sinngemäß:) a) Wirkung über cyclo-AMP, (b) Die Induktion von Enzymen über den Weg der Aktivierung bestimmter Genorte.

---

74 (a) Steroidhormone
  (b) von Aminosäuren abgeleitete Hormone
  (c) Peptid- und Proteohormone   (Reihenfolge beliebig)

---

75 (sinngemäß:) a) Mineralocorticoide Wirkung: Förderung von $Na^{\oplus}$-Retention und $K^{\oplus}$-Ausscheidung der Niere. Glucocorticoide Wirkung: Förderung der Glykogenbildung in der Leber, vor allem aus den Proteinen.
  b) Mineralocorticoide Wirkung: Aldosteron. Glucocorticoide Wirkung: Cortisol

---

76 Vgl. Sie die Formeln mit denen im LB auf S. 322/323/324

---

77 (sinngemäß:) Insofern, als sie Proteinaufbau fördern und Stickstoffretention erhöhen.

---

78 Vgl. Sie das Schema mit dem im LB auf S. 325

---

79 (sinngemäß:) Blutdrucksteigernde Wirkung durch Konstriktion der peripheren Gefäße.

---

80 Vgl. Sie die Thyroxinformel mit der im LB auf S. 326.

---

81 (sinngemäß:) Stoffe, die mit dem normalen Ablauf der Thyroxinsynthese interferieren und dadurch zu einer Hemmung der Thyroxinproduktion führen.

---

82 Zu a): Blockieren den aktiven Transport und verhindern Jodidakkumulation, z.B.: Rhodanid, Nitrat, Perchlorat, Jodat
  Zu b): Hemmen in erster Linie den Einbau von Jod in organische Bindung, z.B.: Thiouracil
  Zu c): Konkurrieren anscheinend mit Tyrosin um das substituierende Jod, z.B.: p-Aminosalicylsäure, Sulfonamide, Phenole (Resorcin)

83 Überfunktion: Grundumsatz erhöht, Hyperthyreose, Morbus Basedow
Unterfunktion: Grundumsatz erniedrigt, Hypothyreose, Myxödem

---

84 Calcitonin: Rasche, kurzfristige Senkung des $Ca^{2\oplus}$-Spiegels.
Parathormon: Erhöhung des $Ca^{2\oplus}$-Spiegels.

---

85 Insulin fördert Eintritt von Glucose in die Zellen,
    fördert Glucose-Oxidation
    fördert Umbau Glucose → Fett

---

86 (sinngemäß:) Alloxan-Gaben können Diabetes auslösen, da Alloxan die β-Zellen der
Langerhansschen Inseln schädigt (→ Hemmung der Insulinproduktion).

---

87 (sinngemäß:) (a) Glucagon erhöht die Gluconeogenese aus Lactat.
(b) Glucagon mobilisiert die Glykogen-Reserven über Aktivierung der Phosphorylase.
(Reihenfolge beliebig)

---

88 (sinngemäß:) Stress führt zu erhöhter Corticotropinausschüttung und damit zu erhöhter
Corticoid-Produktion.
Durch den „Corticotropin-Releasing-Factor" (CRF)

---

89 (sinngemäß:) Durch eine verminderte Adiuretinproduktion. Adiuretin hemmt die
Diurese durch Förderung der Wasserrückresorption.

---

90 Vgl. Sie die Antworten mit Tab. 20–1 im LB auf S. 320.

---

91 Blutzuckersenkend: Insulin
Blutzuckererhöhend: Adrenalin, Glucagon, Glucocorticoide (Cortisol und Cortison),
Somatotropin.

---

92 Ursache: Relativer Insulinmangel (Insulinunterproduktion oder vermehrte Ausschüttung
der Insulinantagonisten Glucagon, Somatotropin und Cortisol).
Wichtigste Symptome: Erhöhter Blutzuckerspiegel; evtl. Glucosurie sowie Auftreten von
Ketonkörpern in Urin und Blut (damit verbunden: verminderte Alkalireserve und vermehrt Fettsäuren im Blut)

---

93 Kontrollieren Sie Ihre Antwort mit Hilfe von Abschnitt 11 im LB S. 337.

94 (sinngemäß:) Gestagen bremst die LH(=ICSH)-Produktion der Hypophyse. Ohne ausreichenden LH-Spiegel im Blut ist keine Ovulation möglich.

---

95 Sekretin: Regt Pankreas zur Sekretion von H_2O und Bicarbonat an.
Gastrin: Regt Magensaftsekretion an.
Cholecystokinin-Pankreozymin: Stimuliert Pankreas zur Enzymabgabe und Gallenblase zur Kontraktion.

---

96 Angiotensin II: Blutdrucksteigernd
Bradykinin: Gefäßerweiternd, blutdrucksenkend
Histamin: Erweitert Blutkapillaren
Serotonin: Gefäßverengend
Tyramin: Blutdrucksteigernd
Acetylcholin: Peripher blutdrucksenkend

Lektion 21:
Mineralstoffwechsel

Antwortenvergleiche zu den Lernelementen

1 (sinngemäß:) Mineralstoffe werden im Organismus weder produziert noch verbraucht, im Gegensatz zu Proteinen, Kohlenhydraten und Fett.

2 nur minimal / Ausscheidung / Depots

3 (1.) innerhalb der Zellen
(2.) Blutes / zwischen den Zellen
(3.) extrazellulären (Raums)

→ Vgl. hierzu THIEME Lernprogramm „Wasser-, Elektrolyt- und Säure-Basen-Haushalt" von Heinz Zumbkley.

4 intrazellulärer Raum, extrazellulärer Raum, transzellulärer Raum

5 Durst(-gefühl) / Niere / vermehrt (oder) gedrosselt

6 Adiuretin / Neurohypophyse (Hypophysenhinterlappen)

(sinngemäß:) Große Mengen sehr dünnen Harnes werden ausgeschieden.

Rückresorption / Durstgefühl

7 (sinngemäß:) 1 Mol ist die Menge der Substanz in Gramm, die ihrem Molekulargewicht entspricht.
Zweimolare Salzsäure enthält im Liter zwei Mol (73 g) Chlorwasserstoff.

8 g/l oder (bei kleinen Konzentrationen) ppm (1 part per Million = 1 Teil auf 1000000 Teile)

9 Diffusion / freiwillig / exergonischer (Vorgang) / Unordnung

10 Verdünnung / Konzentrierung

11   Konzentrationsgefälle   /   Spaltung von ATP

---

12   Membranen   /   Osmose   /   Konzentrationsgefälle   /   Energie   /   ATP

---

13   Carriers   /   Vgl. Abb. 21—4 im LB, S. 352

---

14   (sinngemäß:) Negativer dekadischer Logarithmus der Wasserstoffionen-Konzentration

---

15   (sinngemäß:) Gemische von schwachen Säuren oder Basen mit ihren Salzen. Sie dienen zur Abmilderung der pH-Änderung durch Abfangen von $H^\oplus$ und $OH^\ominus$.

(sinngemäß:) Obwohl die $H^\oplus$-Ionenkonzentration recht gering ist, wird der pH-Wert im extrazellulären Raum mit 7,4 äußerst genau eingehalten. Normale Schwankungsbreite 7,35 bis 7,45.

---

16   Henderson-Hasselbalch $\quad\Big|\quad$ $\dfrac{[Ac^\ominus]}{[HAc]} + pK = pH$

---

17 $\dfrac{[HCO_3{}^\ominus]}{[H_2CO_3]} = \dfrac{20}{1}$ $\quad\Big|\quad$ Kohlensäure-anhydratase $\quad\Big|\quad$ $H_2CO_3 \rightleftharpoons CO_2 + H_2O$

---

18   Phosphatsystem ($HPO_4{}^{2\ominus}$ / $H_2PO_4{}^\ominus$)   /   Hämoglobinsystem ($Hb \cdot H^\oplus$/Hb)

---

19   (a) Abgabe von $H^\oplus$ im Austausch gegen $Na^\oplus$ in den Tubuli
(b) erhöhte Ausscheidung von $NH_4{}^\oplus$

---

20   extrazellulares   /   intrazellulären   /   niedriger   /   intrazellulär
(sinngemäß:) Aldosteron fördert $Na^\oplus$-Retention und $K^\oplus$-Ausscheidung

---

21   Vitamin D

---

22   *Resorptionsfördernd*   *Resorptionshemmend*
Vitamin D   Phytin
Citrat   Oxalat

---

23   (a) In Proteinbindung | Calcitonin
        (b) Als Ion $Ca^{2\oplus}$ | Parathormon

        Knochen(-gewebe) | (Reihenfolge beliebig)

---

24   Hämoglobin   /   Hämoglobin   /   Ferritin, Hämosiderin, Eisentransferrin

---

Antworten zur Kleinen Erfolgskontrolle

25   (sinngemäß:) Im Gegensatz zu Protein, Kohlenhydrat und Fett werden die Mineralstoffe im Organismus weder produziert noch verbraucht.

---

26   a) Der intrazelluläre Raum: gesamte Flüssigkeit innerhalb der Zellen.
       b) Der extrazelluläre Raum: Plasmawasser und interstitielle Flüssigkeit.
       c) Der transzelluläre Raum: Flüssigkeiten des Cerebrospinal-, Intraocular-, Pleural-, Peritonealraums, der Nierentubuli und des Verdauungstraktes.

---

27   a) Das Durstgefühl (stimuliert vermehrte Flüssigkeitsaufnahme)
       b) Die Nierentätigkeit (die Wasser einspart oder ausschwemmt)

---

28   (sinngemäß:) (a) Adiuretin hemmt die Diurese durch gesteigerte Wasserrückresorption in der Niere.
       (b) Adiuretinmangel kann zum Diabetes insipidus (Ausscheidung großer Mengen sehr dünnen Harns) führen.

---

29   a) 100 ppm
       b) (sinngemäß:) Atomgewicht oder Molekulargewicht dividiert durch die Valenz des Ions.

---

30   a) (sinngemäß:) Die bei direktem Kontakt von Flüssigkeiten (oder Gasen) eintretende langsame Durchmischung (Konzentrationsausgleich).
       b) um einen freiwillig ablaufenden Prozeß.

---

31   (sinngemäß:) Den Transport von Stoffen durch Membranen, der nicht nach den Prinzipien der Osmose oder Diffusion verläuft, meist gegen ein Konzentrationsgefälle erfolgt und mit Energieverbrauch (vor allem Spaltung von ATP) verbunden ist.

---

32   pH = 7,35 bis 7,45

---

33   Der Bicarbonatpuffer ($HCO_3^{\ominus}$/H_2CO_3)

---

34 H_2CO_3 zu $HCO_3^{\ominus}$ bei pH 7,4 = 1:20

---

35   Von der CO_2-Spannung des Blutes.

---

36   Das Phosphatsystem $HPO_4^{2\ominus}$/H_2PO_4 und das Hämoglobinsystem Hb/HbO_2

---

37   a) Lunge: Durch Hyperventilation (= Verringerung der CO_2-Spannung)
b) Niere: Durch erhöhte Säureausscheidung (Ionenaustausch $H^{\oplus}$ gegen $Na^{\oplus}$ und vermehrte $NH_4^{\oplus}$-Ausscheidung)

---

38   Aldosteron fördert die $Na^{\oplus}$-Retention und die $K^{\oplus}$-Ausscheidung.

---

39   (sinngemäß:) Es kann zu Chloridmangelzuständen und zu einer Alkalose ($H^{\oplus}$-Ionenverlust) führen.

---

40   (a) etwa 5 mÄq/l
(b) Calcitonin: Senkt $Ca^{2\oplus}$-Blutspiegel durch Förderung der Calcium-Einlagerung in die Knochen.
Parathormon: Erhöht $Ca^{2\oplus}$-Blutspiegel durch Förderung der Demineralisierung der Knochen.

---

41   (a) etwa 4–5 g
(b) 3/4 davon liegt als Hämoglobin-Eisen vor.

---

42   Ferritin in Milz, Leber, Darmschleimhaut
Hämosiderin in Milz, Leber
Eisentransferrin im Blut

Lektion 22:
Ernährung und Vitamine

Antwortenvergleiche zu den Lernelementen

1 Citronensäurezyklus (und die) Atmungs-Kette / Verbrennungswärme

2 Kohlenhydrat (und) Protein / Fett

Kohlenhydrat 488 g / Protein 488 g / Fett $\sim$ 215 g

3 Grundumsatz

4 1400 (und) 2000 kcal/Tag

Schilddrüse: Überfunktion $\longrightarrow$ Grundumsatzerhöhung
Unterfunktion $\longrightarrow$ Grundumsatzerniedrigung

5 (sinngemäß:) Die Zeit, in der die Hälfte des jeweiligen Körperbaustoffes abgebaut und erneuert wird.

unterschiedlicher

(sinngemäß:) Halbwertszeit für menschliche Muskulaturproteine ca. 10mal so lang wie für Leberproteine

6 CO_2 (Kohlendioxid) / H_2O (Wasser) / CO_2 / O_2

7 $$RQ = \frac{6CO_2}{6O_2} = 1$$

8 Kohlenhydrat / Protein / Fett

(sinngemäß:) Ja – wenn KH in Fett übergeht und [H] nicht mit O_2 reagiert, sondern zur Reduktion gebraucht wird.

9 (sinngemäß:) Differenz zwischen aufgenommenem Protein-N und ausgeschiedenem (Harnstoff-)N

Stickstoffausscheidung

10 Minimum 35 g, Empfohlen: 70—100 g / 35 g / höheren

---

11 können nicht / zugeführt / Leu, Ile, Val, Phe, Thr, Lys, Trp, Met

---

12 Aminosäuren (und) | nicht gebildet | ein wesentlicher
mehrfach ungesättigte Fettsäuren | zugeführt |

---

13 (sinngemäß:) Während Pflanzen und viele „primitive" Organismen noch in der Lage sind, alle benötigten Substanzen aus einfachsten Bestandteilen aufzubauen, ist diese Fähigkeit bei „höheren" Organismen (vermutlich durch mutationsbedingte Veränderung der Synthese-Ketten) teilweise verlorengegangen. Damit werden für diese „höheren" Organismen essentielle Nahrungsbestandteile notwendig.

---

14 „kleinster (Menge") / katalytische / 10 mg / Bestandteile von Coenzymen

---

15 (sinngemäß:) Störungen der Gesundheit durch Mangel an bestimmten Vitaminen; durch Zufuhr der entsprechenden Vitamine heilbar.

---

16 Nahrungsmitteln / (Obst/Gemüse) wasserlösliche / (Butter usw.) fettlöslichen

---

17 Isoprenoidlipiden (Carotinoiden) / β-Carotin

---

18 Retinal | Nachtblindheit
Sehpurpurs (Rhodopsin) | Xerophthalmie (Verhornung der Augenepitelien)

---

19 Vitamin D / $Ca^{2\oplus}$(-Ionen) / Rachitis / Calciferol / Steroiden

---

20 UV-Bestrahlung

---

21 Vitamin E / Tocopherol

---

22 Blutgerinnung / Verlängerung

---

23   Menachinon   /   Phyllochinon

(sinngemäß:) Weil die Darmflora viel Vitamin K produziert.

---

24   Prostaglandine   /   Gefäße   /   glatten Muskulatur

---

25   fettlöslichen

a) Vitamin E	g) Vitamin A
b) Calciferol D	h) Vitamin D
c) Vitamin K	i) Vitamin A
d) Vitamin A	k) Vitamin K
e) Vitamin K	l) Vitamin D_3
f) Vitamin F	

---

26   Thiaminpyrophosphat   Glykolaldehyd   polierter (geschälter) Reis

Acetaldehyd   Beriberi

---

27   Riboflavin   /   FMN (und) FAD   /   Wasserstoff

Dermatitis, Entzündungen der Mundregion

---

28   Zum Formelbild vgl. LB, S. 85   /   Tryptophan

---

29 $NAD^{\oplus}$ / $NADP^{\oplus}$ /   Wasserstoff

Pellagra, Diarrhoen, Delirium u.a. (Reihenfolge beliebig)

---

30   Tetrahydrofolsäure

---

31   Ameisensäure   /   Formaldehyd

---

32   Sulfonamide

(sinngemäß:) In Form von Veränderungen des Blutbildes wie Anämie / Thrombozyto-penie / Leukopenie

---

33   Aminopterin   /   Amethopterin   /   Leukämie

(Begründung, sinngemäß:) Weil sie über die Steuerung der Purinsynthese die Zellteilung hemmen.

34 CoA / Acetyl-CoA / Fett(-säuren)

---

35 Kükenpellagra / Grauhaarbildung   Folsäure (Tetrahydrofolsäure =
Riboflavin (FMN, FAD)   Coenzym F)
Nicotinsäureamid (NAD$^\oplus$, NADP$^\oplus$)   Pantothensäure (CoA)

---

36 Aminosäuren(-Stoffwechsels) / Formel vgl. LB, S. 100

---

37 epileptische Krämpfe / Seborrhoe (-ähnliche Symptome)

---

38 Cobalamin / perniziöse Anämie

---

39 eine Resorptionsstörung von Vitamin B_{12} ☒
Intrinsic Factor / Vitamin B_{12} / Adenosin-Rest

---

40 Ascorbinsäure / Wasserstoff / Formel vgl. LB, S. 251

---

41 groß / Skorbut
Kapillarschädigungen, Blutungen, Zahnfleischentzündungen, Lockerung der Zähne
Vitamin C

---

42 Biotin   Oxalacetat   Dermatitis (und) Haarausfall
Malonyl-CoA   Avidin(-Gabe)

---

43 a) Nicotinsäureamid   g) B_{12}
b) Vitamin B_1 h) B_6
c) B_{12} i) Folsäure
d) Folsäure   k) Nicotinsäureamid
e) Pantothensäure   l) Vitamin C
f) Biotin

Antworten zur Kleinen Erfolgskontrolle

44 Kohlenhydrat: 4,1 kcal/g   Protein: 4,1 kcal/g   Fett: 9,3 kcal/g

---

45   durchschnittlich 1400–2000 kcal/Tag

abhängig von Körperoberfläche, Gewicht, Alter, Geschlecht.

---

46   (sinngemäß:) Die biologische Halbwertszeit ist die Zeit, in der die Hälfte der vorhandenen Substanz im Organismus abgebaut und erneuert wird.

47

$$\text{Respiratorischer Quotient RQ} = \frac{\text{Volumen gebildetes } CO_2}{\text{Volumen verbrauchtes } O_2}$$

für Kohlenhydrat: 1,0   für Protein: $\sim$ 0,8   für Fett: $\sim$ 0,7

---

48   (sinngemäß:) Die Differenz zwischen aufgenommenem Protein-N und ausgeschiedenem (Harnstoff)-N.

(negativ:) Wenn die Ausscheidung überwiegt.

---

49   Eiweißminimum: 35–50 g/Tag / empfohlene Eiweißmenge: 70–90 g/Tag

---

50   Vgl. Sie Ihre Aufstellung mit der in Tab. 22–1 im LB auf S. 359.

---

51   Vgl. Sie Ihre Unterteilung mit der in Tab. 22–2 im LB auf S. 362.

---

52   Vgl. Sie Ihre Angaben mit denen in Tab. 22–2 im LB auf S. 362.

---

53   (sinngemäß:) Es fördert die $Ca^{2\oplus}$-Resorption.

---

54   (sinngemäß:) Die Produktion von Prothrombin (sie ist vermindert bei Vitamin-K-Mangel)

---

55   (sinngemäß:) Weil die Darmbakterien normalerweise ausreichend Vitamin K produzieren.

---

56   Beim Abbau von Tryptophan.

---

57   Durch Tryptophangaben.

---

58 (sinngemäß:) Durch eine Resorptionsstörung von Vitamin B_{12}, die durch das Fehlen des „intrinsic factors" der Magenschleimhaut bedingt ist.

59 Avidin inaktiviert Biotin (Vitamin H)

60 Vgl. Sie Ihre Antworten mit Tab. 22—2 im LB auf S. 362.

Lektion 23:
Spezielle biochemische Funktionen einiger Organe

Antwortenvergleiche zu den Lernelementen

1 Organen

---

2 stark saure (Reaktion) / HCl (Salzsäure)

---

3 1,5 / des aktiven Transports / alkalische

(sinngemäß:) Durch die Reaktion $CO_2 + OH^\ominus = HCO_3^\ominus$

---

4 Pepsin / Endopeptidasen / Vitamin B_{12} (Cobalamin) / Perniziöse Anämie

---

5 Sekretin (und) Pankreozymin $\quad\bigm|\quad$ Sekretin $\rightarrow HCO_3^\ominus$-Produktion
Pankreozymin $\rightarrow$ Enzymproduktion

---

6 $HCO_3^\ominus$ / alkalisch / neutralisieren

---

7 Eiweiße, Fette und Lipide, Kohlenhydrate, Nucleinsäuren

Trypsin, Chymotrypsin, Carboxypeptidase

---

8 durch Emulgierung, Aktivierung der Pankreas-Lipase / Bilirubin

(sinngemäß:) Glykogenspeicherung im Bedarfsfall, daraus Glucose-Mobilisation /
Gluconeogenese / Stoffwechselort anderer Zucker / Äthanol-Abbau

---

9 Glykogen / Gluconeogenese / Aus Aminosäuren und Lactat

---

10 Fettgewebe

(sinngemäß:) β-Oxidation / Vermehrte Acetyl-CoA-Produktion / teilweise Verwertung
im Citratzyklus / Überschuß dient zur Bildung von Ketonkörpern

---

11   Glucoseaufbau   /   Glucuronsäure

---

12   Konjugationen, Oxidationen, Reduktionen (Reihenfolge beliebig) oder
Methylierungen, Hydroxylierungen, Acetylierungen, Inaktivierungen von Hormonen
(Reihenfolge beliebig)

---

13   Leberfunktionsproben

Galactosebelastungstest, Bestimmung der Serumproteine, Bestimmung der Gerinnungsfaktoren, Enzymbestimmung im Serum, Ausscheidung von Farbstoffen über die Galle
(Reihenfolge beliebig)

---

14   Vgl. Sie bitte Ihre Antwort mit dem letzten Absatz 23. Kapitel, Abschnitt 2 (S. 372).

---

15   (a) Blutplasma = Blutserum ohne Fibrinogen
(b) Reststickstoff = Nichtprotein-Stickstoff
(c) Aus dem Reststickstoff läßt sich auf die Nierenfunktion bezügl. der Ausscheidung
von Harnstoff u.a. N-haltigen Stoffen schließen.

---

16   „geformten" (Elemente)   /   Erythrozyten   /   Hämoglobin, den roten Blutfarbstoff

---

17   (alle Antworten sinngemäß:)
(1.) Sie haben die Fähigkeit zur Nucleinsäure- und Proteinbiosynthese verloren.
(2.) Citratzyklus und Atmungs-Kette.
(3.) Auf Glykolyse und direkte Glucose-Oxidation.
(4.) Das Erliegen der Schutzfunktionen für zahlreiche SH-Proteine, damit hämolytische
Krisen.

---

18   niedermolekularer (Stoffe)   /   hochmolekularen   /   Proteine

---

19   Rückresorption

---

20 H_2O /   Harnstoff, Harnsäure

---

21   resorbiert   /   vollständig (rückresorbiert)

---

22   pathologisch   ☒

---

23 energieverbrauchenden (Prozeß) / aktiver Transport

24 Sekretion / $NH_4^{\oplus}$-Ionen, $H^{\oplus}$-Ionen, Penicillin u.a. / Pharmaka

25 niedrigeren / $H^{\oplus}$-Ionen / (1.) Aldosteron, (2.) Parathormon, (3.) Adiuretin

26 (alle Antworten sinngemäß:) N-haltige Stoffe (z.B. Harnstoff) und Salze (NaCl)
Harnstoff — 1 g Harnstoff-N entspricht ca. 6,25 g Protein

27 nicht oder nur in geringer Menge im Urin auf.   ⊠
Nierenkrankheit / Diabetes mellitus

28 starr (oder) biegsam, dehnbar (oder) nicht dehnbar.
(sinngemäß:) Durch einen unterschiedlichen Gehalt an Makromolekülen mit sehr unterschiedlichen Eigenschaften.

29 (Proteine:) Keratin, Kollagen, Elastin
(Polysaccharide:) Chondroitinsulfat, Hyaluronsäure

30 Vgl. Sie Ihre Beschreibungen mit dem Text im LB, S. 376.

31 Mucopolysaccharide / (a) Im Knorpel, (b) In der Gelenkflüssigkeit
(sinngemäß:) Durch Einlagerung von Calciumsalzen in ein Kollagen-Netzwerk

32 ATP

33 Glykolyse | dem Herzmuskel
Oxidation | hohe Oxidationsleistung (Atmungs-Kette!)

34 Spaltung / Kreatinphosphat / ATP / ATP

35 ATP / (a) 2 ADP $\rightleftharpoons$ ATP + AMP, (b) (Enzym) Myokinase

36   Kreatinphosphat / ADP

---

37   Myosin / Actin / Tropomyosin

---

38   (1.) Löslichkeitseigenschaften
(2.) Aus 2 ungewöhnlich langen Polypeptid-Ketten und kleineren Proteinen.

---

39   Kontrollprotein / „ATPase"

---

40   chemischem / Neurotransmitter

---

41   adrenergische / cholinergische

(1.) *adrenergische* Nerven geben Noradrenalin ab.
(2.) *cholinergische* Nerven geben Acetylcholin ab.

---

42   (sinngemäß:) Die Transmittersubstanzen werden in den synaptischen Spalt abgegeben und wirken erregend auf die postsynaptische Membran.

---

43   (1.) In der morphologischen Struktur und in den verschiedenen biochemischen Leistungen.
(2.) Eine spezifische Ausstattung mit Enzymen.

---

44   Fettgewebe: Enzyme des Fettstoffwechsels. NNR (Hormondrüsen): Ausrüstung für Biosynthese entsprechender Hormone. Leber und Nieren: Enzyme der Gluconeogenese. Leber und Muskeln: Genetisch verschiedene Glykogen-Phosphorylase.

---

45   mitotischen / (Zellzyklus) Mitose- / G_1-Phase / S-Phase / G_2-Phase / Mitose

---

46   (Tumorzellen — sinngemäß:) Krebszellen, die den Kontrollmechanismen für Wachstum und Zellteilung nicht mehr gehorchen und autonom wachsen.

— irreversibel   ☒

(„Invasion" — sinngemäß:) Das ungehemmte Hineinwachsen von Tumorzellen in das gesunde Gewebe.

(Metastasen — sinngemäß:) Vom Primärtumor abgeschwemmte Tumorzellen siedeln sich an anderen Stellen des Organismus an und vermehren sich dort.

---

47   Karzinogene (Cancerogene)

Ultraviolettlicht, ionisierende Strahlen (Röntgenstrahlen), eine Reihe chemischer Substanzen, krebserzeugende Viren (Reihenfolge beliebig)

Antworten zur Kleinen Erfolgskontrolle

48   (sinngemäß:) Bei der Säurebildung handelt es sich um einen „aktiven Transport". $H^{\oplus}$-Ionen, die der spontanen Dissoziation von Wasser entstammen, werden gegen ein Konzentrationsgefälle (1:1 Mio.) transportiert.

---

49   (sinngemäß:) Er ist Voraussetzung für eine normale Resorption von Vitamin B_{12} (Cobalamin). Bei Fehlen des „intrinsic factors" kommt es zum Krankheitsbild der perniziösen Anämie.

---

50   (sinngemäß:) Eiweißspaltende (Proteinasen, Peptidasen), Fett- und Lipoid-spaltende (Lipasen), Kohlenhydrat-spaltende (Amylasen, Maltasen), Nucleinsäure-spaltende (RNAsen, DNAsen).

---

51   Sekretin, Pankreozymin

---

52   (sinngemäß:) (a) Kohlenhydratstoffwechsel: Umbau zwischen Glykogen und Glucose; je nach Blutglucosespiegel Glucoseabgabe ins Blut oder Speicherung des Kohlenhydratüberschusses in Form von Glykogen; Gluconeogenese aus Lactat und Proteinabbauprodukten.
(b) Fettstoffwechsel: Je nach Stoffwechsellage β-Oxidation der Fettsäuren (evtl. bis zur Ketonkörperbildung) oder Synthese von Fettsäuren.
(c) Proteinstoffwechsel: Aufbau von Plasmaproteinen aus Aminosäuren; Abbau der überschüssigen Aminosäuren (Stickstoff als Harnstoff ausgeschieden, C-Gerüst evtl. für Gluconeogenese).

---

53   Hydroxylierungen, Methylierungen, Acetylierungen, Kopplung mit Glucuronsäure oder Schwefelsäure.

---

54   a) Ultrafiltration des Plasmas (unter Zurückhaltung hochmolekularer Stoffe, vor allem der Proteine).
b) Rückresorption von Wasser und gelösten Stoffen in die Blutbahn (aktiver Transport).
c) Sekretion bestimmter Stoffe in den Harn (aktiver Transport).
(Reihenfolge beliebig)

55 Aldosteron: Nebennierenrinde; bewirkt $Na^{\oplus}$-Retention und $K^{\oplus}$-Ausscheidung.
Parathormon: Nebenschilddrüsen; vermindert die Phosphat-Rückresorption.
Adiuretin: Hypophysenhinterlappen; hemmt die Diurese durch Förderung der Wasser-Rückresorption.

---

56 Aus Harnstoff / 1 g Harnstoff-N entspricht etwa 6,25 g Protein

---

57 Proteine: meist Nierenschädigung. Bence-Jones-Proteine: Plasmozytome. Glucose: evtl. Diabetes mellitus. Ketonkörper: evtl. Diabetes mellitus. Galaktose, Pentose: Erbanomalien. Gallenfarbstoff: Hepatitis.

---

58 (sinngemäß:) (kurzzeitig) ... anaerobe Glykolyse
(permanent) ... aeroben Abbau und vor allem Fettverbrennung

---

59 Hauptquelle: ATP / energiereiche Phosphate: Kreatinphosphat und evtl. ADP

Antwortenvergleiche zur Großen Erfolgskontrolle

1 e)

2 e)

3 c)

4 d)

5 b)

6
$$\text{Trypsinogen} \xrightarrow{\text{Enteropeptidase oder Trypsin}} \text{Trypsin + Hexapeptid}$$

7 c)

8 d)

9 c)

10 e)

11 a)

12 c)

13 b)

14 d)

15   d)

---

16   (sinngemäß:) Keine, da Pepsinogen eine inaktive Vorstufe ist

---

17   b)

---

18   (sinngemäß:) Die Übertragung von Phosphat ($\sim$ⓅP) auf ADP zur Bildung von ATP.
Möglich, da das Phosphat im Kreatinphosphat energiereich gebunden ist.

---

19   d)

---

20   a) Galaktose und Glucose, b) Glucose, c) Glucose und Fructose, d) Glucose

---

21   die Elektrophorese

---

22   a)

---

23   b)

---

24   Ubichinon ⬛HS / FAD ⬛P

---

25   c)

---

26   Definition (sinngemäß:) Oxygenasen sind Enzyme, die beide Sauerstoffatome des
O_2-Moleküls in das Substrat einführen, meist unter Spaltung einer C=C-Bindung.
Beispiele: Homogentisinsäure-Oxygenase im Tyrosinstoffwechsel
                  Tryptophan-Pyrrolase im Tryptophanstoffwechsel
                  3-Hydroxy-anthranilinsäure-Oxygenase im Tryptophanstoffwechsel

---

27

CH$_2$OH
C=O
HO --OH

ja ⊠
Trivialname: Cortisol

Cortisol

28 (sinngemäß:) Lieferung von Pentosephosphaten für Nucleinsäurenaufbau; Lieferung von NADP·H für Synthesen (von Fettsäuren, Cholesterin u.a.)

29 Bernsteinsäure $\boxed{S}$ /   Malonsäure $\boxed{I}$

30 c)

31 d)

32 a2, b1, c3, d2, e2

33 c)

34 c)

35 a)

36 a) Definition (sinngemäß:) Oxydasen sind Enzyme, die Sauerstoff reduzieren (zu H_2O bzw. H_2O_2), d.h. Elektronen auf O_2 übertragen.
b) Beispiele: Cytochrom-Oxidase, Ascorbinsäure-Oxidase, p-Diphenol-Oxidase (Laccase), O-Diphenol-Oxidase (Catecholase), Aminosäuren-Oxidase

37

Trivialname: Aldosteron

38 Stearinsäure: $C_{18}H_{36}O_2$

$C_{18}H_{36}O_2 + XO_2 = 18\,CO_2 + 18\,H_2O$;

Benötigt: $18\,O_2 + \frac{18}{2}\,O_2 - 1$ vorhandenes $O_2 = 26\,O_2$

Gebildet: $18\,CO_2$;

$$RQ = \frac{\text{Volumen gebil. } CO_2}{\text{Volumen verbrauchtes } O_2} = \frac{18}{26} = 0{,}69$$

39 a) Adenosin, Guanosin (Inosin) / b) vgl. LB S. 105

---

40 Lactat-Dehydrogenase (fünf Isoenzyme)

---

41 a) zu den Proteinen bzw. Proteiden / b) nein

---

42 c)

43

$$H_2N-\underset{\underset{\text{Harnstoff}}{}}{\overset{\overset{\text{O}}{\|}}{C}}-NH_2$$

Harnstoff

---

44 a) Transkription (sinngemäß:) = Umschreibung, Bildung von mRNA nach der Basensequenz von DNA
b) Translation (sinngemäß:) Übersetzung des Basencodes in die Aminosäurensequenz

---

45 d)

---

46 Puromycin, Chloramphenicol, Streptomycin, Actidion u.a.

---

47 Im Harnstoffzyklus: Ornithin + Carbamoyl~(P) ⟶ Citrullin
Bei der Pyrimidin-Biosynthese: Asparaginsäure + Carbamoyl~(P) ⟶ Orotsäure

---

48 Vgl. LB S. 98

---

49 a) (sinngemäß:) Aminosäuren, die zur Bildung von Acetessigsäure Anlaß geben.
b) Phe, Tyr, Leu (Ile)

---

50 (Trypsin) $\overset{\downarrow}{-}$Arg$-$Gly$-...-$Lys$\overset{\downarrow}{-}$Ala$-$

(Chymotrypsin) $-$Tyr$-$Leu$-...-$Tyr$-$Thr$-$
                        $\uparrow$ $\uparrow$

---

51 a) Umwandlung von Phenylalanin in Tyrosin nicht möglich.
b) Abbau der Homogentisinsäure nicht möglich.

52 (sinngemäß:) pH-Wert, an dem Aminosäuren oder Proteine praktisch in Zwitterionen-form vorliegen. Negative und positive Ladungen heben sich auf. Geringe Löslichkeit bei diesem pH.

53 (sinngemäß:) Körperfremde Proteine oder Kohlenhydrate, die Anlaß zur Bildung von Antikörpern (γ-Globuline) geben.

54 c) [d) ist teilweise richtig]

55 a)

56 a)

57 e)

58 b)

59 nein
Begründung (sinngemäß:) Die Reaktion Pyruvat → Acetyl-CoA ist irreversibel.
Im Citratzyklus geht zwar Acetyl-CoA in Oxalacetat über, dabei gehen aber 2 C-Atome verloren. Die Bilanz ist also Null.
(Einzige Möglichkeit besteht im Glyoxylsäurezyklus, der aber nur bei Pflanzen und Mikroorganismen, nicht bei Säuretieren abläuft.)

60 a) Vgl. LB S. 256
b) Vgl. LB S. 192
c) Vgl. LB S. 146
d) Vgl. LB S. 203

Sachverzeichnis

Das Sachregister beinhaltet nur den Fragenteil des programmierten Unterrichts.